实用肉制品加工技术

刘骞 孔保华 主编

SHIYONG ROUZHIPIN
JIAGONG JISHU

U0301633

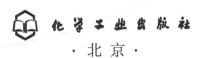
化学工业出版社

·北京·

内容简介

本书介绍了肉制品加工所用原料的分级和检验，肉制品加工用辅料的品种和性质，肉制品加工常用设备，腌制、灌制、熏制等肉制品加工的基本操作单元，肉制品食用品质及感官质量评定，腌腊肉制品、酱卤肉制品等产品的配方、工艺流程和操作要点，超高压、脉冲电场、新型滚揉技术等肉制品加工的新技术。

本书适合肉制品加工企业技术人员、高等院校师生参考使用。

图书在版编目（CIP）数据

实用肉制品加工技术 / 刘骞，孔保华主编.—北京：
化学工业出版社，2022.6（2024.10重印）
ISBN 978-7-122-40911-9

Ⅰ.①实…　Ⅱ.①刘…　②孔…　Ⅲ.①肉制品—食品
加工　Ⅳ.①TS251.5

中国版本图书馆 CIP 数据核字（2022）第037827号

责任编辑：彭爱铭
装帧设计：史利平
责任校对：杜杏然

出版发行：化学工业出版社（北京市东城区青年湖南街13号　邮政编码100011）
印　　装：北京科印技术咨询服务有限公司数码印刷分部
710mm×1000mm　1/16　印张13½　字数257千字　　2024年10月北京第1版第2次印刷

购书咨询：010-64518888
售后服务：010-64518899
网　　址：http://www.cip.com.cn

凡购买本书，如有缺损质量问题，本社销售中心负责调换。

定　　价：69.00元

编写人员名单

主　编　刘　骞　东北农业大学
　　　　孔保华　东北农业大学

副主编　李芳菲　东北林业大学
　　　　孙方达　东北农业大学

参编人员（按姓氏拼音排序）
　　　　曹传爱　东北农业大学
　　　　陈佳新　东北农业大学
　　　　陈　倩　东北农业大学
　　　　冯旸旸　东北农业大学
　　　　韩建春　东北农业大学
　　　　韩青荣　浙江艾博实业有限公司
　　　　李　鑫　东北农业大学
　　　　刘昊天　东北农业大学
　　　　王　浩　东北农业大学
　　　　王　辉　东北农业大学
　　　　魏苏萌　东北农业大学
　　　　夏秀芳　东北农业大学
　　　　徐一宁　东北农业大学
　　　　张风雪　东北农业大学
　　　　张宏伟　东北农业大学
　　　　赵金海　黑龙江省科学院
　　　　郑冬梅　东北农业大学

前言

肉类产业是我国国民经济和现代农业的重要组成部分。经过多年的发展，我国现代化肉类产业体系已初具雏形。随着经济结构的优化和转型升级，肉类产业行业集中度将越来越高，逐步向集约化和规模化的趋势发展，推进我国整体肉制品加工业的高速发展，同时带动农业和农村经济的发展，增加农民收入。我国的原料肉产业经历了从冷冻肉到热鲜肉，再到冷却肉的发展轨迹；速冻方便肉类食品、休闲肉制品、预制调理肉制品、功能性肉制品等一批新型肉制品发展迅速，成为许多肉类食品加工企业新的增长点；传统肉制品逐步走向现代化，西式肉制品发展迅猛。目前，制约我国肉类产业发展的问题主要表现为产品结构不合理、产品科技含量低、产品开发能力不足、产业集中度低、工程化技术水平不足，等等。与此同时，系统地介绍肉制品加工实用技术方面的资料或书籍也比较欠缺。

为促进我国肉制品加工业的科技水平，缩短与国外发达国家在加工技术水平上的差距，我们编写了本书。本书除了介绍常见传统肉制品的加工工艺外，还介绍了一些新产品、新设备和新技术，比如低盐、低脂、低硝酸盐肉制品，超高压技术和新型滚揉技术等。本书对于肉制品加工企业技术研发人员、大中专院校食品相关专业师生有着较强的指导作用。

本书由东北农业大学刘骞教授、孔保华教授担任主编，东北林业大学李芳菲老师和东北农业大学孙方达老师担任副主编。我们在编写过程中，尽可能采用最新研究成果及资料，尽量增加相关内容的先进性与前瞻性。由于编者水平有限，书中难免会存在不足之处，敬请读者批评指正。

编者

2022年1月

第 **1** 章

肉制品加工用原料

肉制品加工用原料主要组分是动物肌肉和动物脂肪，可食用的动物副产品，例如肉皮、内脏和血，在肉类加工中往往也可以用作原料。不同种类动物的肌肉组织或脂肪，同种动物不同部位的肌肉组织或脂肪，其质地与结构存在很大的差别。例如有的肌肉瘦肉含量高，而有的却包含一些结缔组织、肌间和肌内脂肪；有的部位脂肪较硬，而有的部位却较软，这些都决定肌肉的质量。

在肉制品加工过程中，第一步也是最重要的一步就是以产品为导向的动物性原料肉的选择。在此步骤中往往需要依据原料肉的质量和加工适合性以及需要制作的肉制品的特征作出选择。例如有肉制品需要使用去除脂肪或者结缔组织的瘦肉，而另一些肉制品则需要较高含量的脂肪。因此选择合适原料肉对于后续肉制品加工是必不可少的重要环节，只有根据肉类组织特有的性质，通过实际选择和分级才能更加有效合理地选出所需的原料肉。

1.1 ▶▶ 胴体分级

1.1.1 猪胴体分级标准

我国猪胴体的分级标准参照现行有效农业行业标准《猪肉等级规格》（NY/T 1759—2009）执行，猪胴体分级包括胴体规格等级以及胴体质量要求。其中猪胴体规格等级根据背膘厚度、胴体重量以及瘦肉率从高到低依次分为三个等级，分别为 A 级，B 级和 C 级。胴体质量有带皮和去皮之别，如表 1-1 所示。

猪胴体质量要求可按照其外观、肉色、肌肉质地和脂肪颜色从优至劣分为 Ⅰ 级、Ⅱ 级和Ⅲ级，如表 1-2 所示。

表1-1 猪胴体规格等级表（NY/T 1759—2009）

瘦肉率/%	背膘厚度/mm	胴体重量		
		>65 kg（带皮） >60 kg（去皮）	50~65 kg（带皮） 46~60 kg（去皮）	<50 kg（带皮） <46 kg（去皮）
>55	<20	A		
50~55	20~30		B	
<50	>30			C

表1-2 猪胴体质量等级要求（NY/T 1759—2009）

评价指标	胴体质量等级		
	Ⅰ级	Ⅱ级	Ⅲ级
胴体外观	整体形态美观、匀称，肌肉丰满，脂肪覆盖情况好。每片猪肉允许表皮修割面积不超过 1/4，内伤修割面积不超过 150 cm²	整体形态美观、较匀称，肌肉较丰满，脂肪覆盖情况较好。每片猪肉允许表皮修割面积不超过 1/3，内伤修割面积不超过 200 cm²	整体形态、匀称性一般，肌肉不丰满，脂肪覆盖情况一般。每片猪肉允许表皮修割面积不超过 1/4，内伤修割面积不超过 250 cm²
肉色	鲜红色，光泽好	深红色，光泽一般	暗红色，光泽较差
肌肉质地	坚实，纹理致密	较为坚实，纹理致密度一般	坚实度较差，纹理致密度较差
脂肪颜色	白色，光泽好	较白略带黄色，光泽一般	淡黄色，光泽较差

参考上述猪胴体规格等级以及猪胴体质量等级要求可以综合评价猪胴体等级，并将猪胴体综合等级从高到低分为四个等级：符合 A 级规格等级和Ⅰ级质量等级的猪胴体可视为一级胴体，其他三个等级依次为二级（AⅡ、AⅢ、BⅠ）；三级（BⅡ、BⅢ、CⅠ）；四级（CⅡ、CⅢ）。如表 1-3 所示。

表1-3 胴体综合等级（NY/T 1759—2009）

规格	质量等级		
	Ⅰ	Ⅱ	Ⅲ
A	AⅠ（一级）	AⅡ（二级）	AⅢ（二级）
B	BⅠ（二级）	BⅡ（三级）	BⅢ（三级）
C	CⅠ（三级）	CⅡ（四级）	CⅢ（四级）

1.1.2 牛胴体分级标准

我国牛胴体的分级标准参照现行有效农业行业标准《牛肉等级规格》（NY/T 676—2010）执行，该标准适用于牛肉品质分级但不适用于小牛肉、小白牛肉和雪花肉的分级。牛肉品质等级主要根据大理石纹等级和生理成熟度两个指标进行区分，共分为特级、优级、良好级和普通级四个等级，并结合脂肪颜色与肌肉颜色对牛肉品质等级进行相应的调整。等级评价应当于胴体分割 0.5 h 后，在 660 lx 白炽灯照明条件下执行。

大理石纹的等级评价选取第 5~7 肋间，或是第 11~13 肋间背最长肌横切面进行评定。参照大理石纹等级图谱评定背最长肌横切面处等级。大理石纹从高到低共分为 5 个等级，如图 1-1 所示。

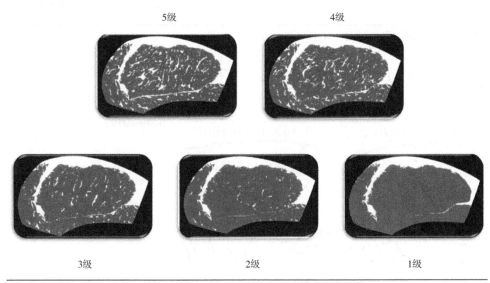

图1-1　牛肉大理石纹评级图谱（NY/T 676—2010）

本图谱为纹理最低标准

以脊椎骨棘突末端软骨的骨质化程度和门齿变化为依据来判断生理成熟度，将生理成熟度分为 5 个等级，分别为 A、B、C、D 和 E 级。参照图 1-2 与图 1-3 所示对应表 1-4 进行等级判定。此外还需注意在评定生理成熟度时还要相应地参考牛肉肌肉颜色与脂肪颜色，如图 1-4 所示。当肉色等级为 3~7 级，脂肪颜色等级为 1~4 级时不进行调整，但是当肉色等级为 1~2 级或 8 级，脂肪颜色等级为 5~8 级时，牛肉生理成熟度等级评定应当降一级。

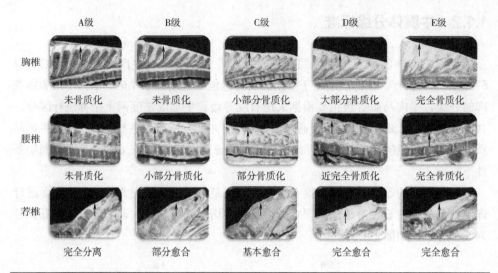

图1-2 牛脊椎骨骨质化示意图（NY/T 676—2010）

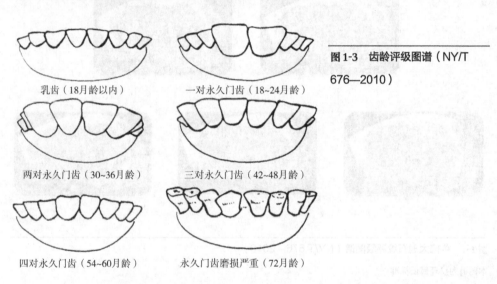

图1-3 齿龄评级图谱（NY/T 676—2010）

表1-4 牛脊椎骨骨质化程度、门齿变化与生理成熟度的关系（NY/T 676—2010）

脊柱部位	生理成熟度				
	A	B	C	D	E
	24月龄以下	24~36月龄	36~48月龄	48~72月龄	72月龄以上
	无或出现第一对永久门齿	出现第二对永久门齿	出现第三对永久门齿	出现第四对永久门齿	永久门齿磨损较重
荐椎	明显开	开始愈合	愈合但有轮廓	完全愈合	完全愈合
腰椎	未骨质化	一点骨质化	部分骨质化	近完全骨质化	完全骨质化
胸椎	未骨质化	未骨质化	小部分骨质化	大部分骨质化	完全骨质化

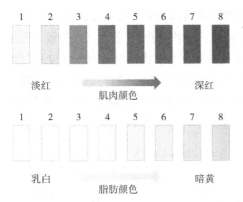

图1-4 肌肉颜色等级图与脂肪颜色等级图（NY/T 676—2010）

结合上述大理石纹以及生理成熟度两项评定结果，我们可以参考表1-5，对牛肉胴体等级进行最终的评定。

表1-5 牛肉胴体等级表（NY/T 676—2010）

大理石纹等级	A（12~24 月龄）无或出现第一对永久门齿	B（24~36 月龄）出现第二对永久门齿	C（36~48 月龄）出现第三对永久门齿	D（48~72 月龄）出现第四对永久门齿	E（72 月龄以上）永久门齿磨损较重
5 级（丰富）	特级				
4 级（较丰富）		优级			
3 级（中等）			良好级		
2 级（少量）				普通级	
1 级（几乎没有）					

注：本表中给出的等级为在 11~13 肋骨间评定的等级，若在 5~7 肋骨间评定等级时，大理石纹等级应当再降一个等级。例如：如果在 5~7 肋骨间评定等级时，大理石纹等级为 4 级，则等同于在 11~13 肋骨间评定等级时的 3 级，最终大理石纹等级应当定为 3 级。

1.1.3 羊胴体分级标准

我国羊胴体的分级标准参照现行有效农业行业标准《羊肉质量分级》（NY/T 630—2002）执行，该标准适用于大羊肉、羔羊肉以及肥羔肉的质量等级评定。在等级评定前，应当对大羊肉、羔羊肉以及肥羔肉进行定义。大羊肉是指屠宰 12 月龄以上并已换一对以上乳齿的羊获得的羊肉。羔羊肉是指屠宰 12 月龄以内、完全是乳齿的羊获得的羊肉。肥羔肉是指屠宰 4~6 月龄、经快速育肥的羊获得的羊肉。此外在等级评定前，需要对羊胴体重量、肥度、肋肉厚、肉脂硬度、肌肉饱满度、生理成熟度、肉脂色泽等指标进行检测。胴体重量检测方法是按照宰后去毛皮、头、蹄、尾、内脏及体腔内全部脂肪后，温度在 0~4 ℃、湿度在 80%~90% 的条件下，静置 30 min 的羊个体进行称重。肥度检测按照胴体脂肪覆盖程度与肌肉内脂肪沉积程度采用目测法，背膘厚用仪器测量。肋肉厚检测采用测量法。肉脂硬度、肌肉饱满度、生理成熟度、肉脂色泽则采用感官评定法进行检测。最终羊肉胴体等级评定分为 4 个等级，分别为特等级、优等级、良好级与可用级。等级评价参考表 1-6。

表1-6 羊胴体等级及要求（NY/T 630—2002）

项目	大羊肉				羔羊肉				肥羔肉			
	特等级	优等级	良好级	可用级	特等级	优等级	良好级	可用级	特等级	优等级	良好级	可用级
胴体重量/kg	>25	22~25	19~22	16~19	18	15~18	12~15	9~12	>16	13~16	10~13	7~10
肥度	背膘厚度0.8~1.2cm，腿肩背部脂肪丰富、肌肉不显露，大理石花纹丰富	背膘厚度0.5~0.8cm，腿肩背部覆盖有脂肪，腿部肌肉略显露，大理石花纹明显	背膘厚度0.3~0.5cm，腿肩背部覆盖有薄层脂肪，腿部肌肉略显露，大理石花纹明显	背膘厚度≤0.3cm，腿肩背部脂肪覆盖少，肌肉略显露，无大理石花纹	背膘厚度0.5cm以上，腿肩背部覆有脂肪，腿部肌肉显露，大理石花纹明显	背膘厚度0.3~0.5cm，左右，腿肩背部覆盖有薄层脂肪，腿肩部肌肉略显露，大理石花纹略现	背膘厚度0.3cm以下，腿肩背部覆盖少，肌肉显露，无大理石花纹	背膘厚度≤0.3cm，腿肩背部覆盖少，肌肉显露，无大理石花纹	眼肌大理石花纹略显	无大理石花纹	无大理石花纹	无大理石花纹
肋肉厚/mm	≥14	9~14	4~9	0~4	≥14	9~14	4~9	0~4	≥14	9~14	4~9	0~4
肉质硬度	脂肪和肌肉硬实	脂肪和肌肉较硬实	脂肪和肌肉略软	脂肪和肌肉软	脂肪和肌肉硬实	脂肪和肌肉较硬实	脂肪和肌肉略软	脂肪和肌肉软	脂肪和肌肉硬实	脂肪和肌肉较硬实	脂肪和肌肉略软	脂肪和肌肉软
肌肉发育程度	全身骨骼不显露，腿部丰满充实，肌肉隆起明显，背部宽平，肩部宽厚充实	全身骨骼不显露，腿部较丰满充实，微有肌肉隆起，背部和肩部比较宽厚	肩隆部及颈部骨尖稍突出，腿部欠丰满，无肌肉隆起，背和肩稍窄少薄	肩隆部及颈部骨尖稍突出，腿部窄瘦、有凹陷，背部和肩部窄、薄	全身骨骼不显露，腿部丰满充实，肌肉隆起明显，背部宽平，肩部宽厚充实	全身骨骼不显露，腿部较丰满充实，微有肌肉隆起，背部和肩部比较宽厚	肩隆部及颈部骨尖稍突出，腿部欠丰满，无肌肉隆起，背和肩稍窄少薄	肩隆部及颈部骨尖稍突出，腿部窄瘦、有凹陷，背部和肩部窄、薄	全身骨骼不显露，腿部丰满充实，肌肉隆起明显，背部宽平，肩部宽厚充实	全身骨骼不显露，腿部较丰满充实，微有肌肉隆起，背部和肩部比较宽厚	肩隆部及颈部骨尖稍突出，腿部欠丰满，无肌肉隆起，背和肩稍窄少薄	肩隆部及颈部骨尖稍突出，腿部窄瘦、有凹陷，背部和肩部窄、薄

项目	大羊肉				羔羊肉				肥羔肉			
	特等级	优等级	良好级	可用级	特等级	优等级	良好级	可用级	特等级	优等级	良好级	可用级
生理成熟度	前小腿至少有一个控制关节,肋骨宽、平	前小腿至少有一个控制关节,肋骨宽、平	前小腿至少有一个控制关节,肋骨宽、平	前小腿至少有一个控制关节,肋骨宽、平	前小腿有折裂关节,折裂关节湿润、颜色鲜红;肋骨宽、平	前小腿可能有控制关节或折裂关节;肋骨略宽、平	前小腿可能有控制关节或折裂关节;肋骨略宽、平	前小腿可能有控制关节或折裂关节;肋骨略宽、平	前小腿有折裂关节,折裂关节湿润、颜色鲜红;肋骨略圆	前小腿有折裂关节,折裂关节湿润、颜色鲜红;肋骨略圆	前小腿有折裂关节,折裂关节湿润、颜色鲜红;肋骨略圆	前小腿有折裂关节,折裂关节湿润、颜色鲜红;肋骨略圆
肉质色泽	肌肉颜色深红,脂肪乳白色	肌肉颜色深红,脂肪白色	肌肉颜色深红,脂肪浅黄色	肌肉颜色深红,脂肪黄色	肌肉颜色红色,脂肪乳白色	肌肉颜色红色,脂肪白色	肌肉颜色红色,脂肪浅黄色	肌肉颜色红色,脂肪黄色	肌肉颜色浅红,脂肪乳白色	肌肉颜色浅红,脂肪白色	肌肉颜色浅红,脂肪浅黄色	肌肉颜色浅红,脂肪黄色

1.1.4 禽胴体分级标准

我们选取了两种典型的家禽（鸡和鸭）进行禽胴体分级的讲解。其中鸡胴体分级标准参照现行有效农业行业标准《鸡肉质量分级》（NY/T 631—2002）执行，鸭胴体分级标准参照现行有效农业行业标准《鸭肉等级规格》（NY/T 1760—2009）执行。《鸡肉质量分级》标准适用于引进类、仿土类以及土种类鸡的质量等级评定。在等级评定前，应当对引进类、仿土类以及土种类鸡进行定义。引进类鸡是指屠宰 56 日龄以下引进肉鸡品系鸡只产出的各种鸡肉产品。仿土类鸡是指屠宰 90 日龄以上土种鸡与引进肉鸡品系杂交选育系鸡只产出的各种鸡肉产品。土种类鸡是指屠宰 120 日龄以下土种鸡只获得的各种鸡肉产品。具体评价方法参照表 1-7 所示。

表 1-7 鸡胴体等级及要求（NY/T 631—2002）

项目	引进类			仿土类			土种类		
	1	2	3	1	2	3	1	2	3
胴体完整程度	胴体完整，皮肤无伤斑和溃烂破损，无脱白、骨折	胴体较完整，皮肤修割伤斑和溃烂破损不影响外观，骨折与脱白均不超过1处，无断骨突出	不符合1，2	胴体完整，皮肤无伤斑和溃烂破损，无脱白、骨折	胴体较完整，皮肤修割伤斑和溃烂破损不影响外观，骨折与脱白均不超过1处，无断骨突出	不符合1，2	胴体完整，皮肤无伤斑和溃烂破损，无脱白、骨折	胴体较完整，皮肤修割伤斑和溃烂破损不影响外观，骨折与脱白均不超过1处，无断骨突出	不符合1，2

项目	引进类			仿土类			土种类		
	1	2	3	1	2	3	1	2	3
胴体胸部形态	胸骨尖不显露，胸部呈梯形，胸背骨略弯曲	胸骨尖显露但不突出，胸部略呈梯形，胸背骨略弯曲明显	不符合1、2	胸骨尖显露但不突出，胸部略呈梯形，胸背骨略弯曲明显	胸骨尖显露，胸角大于70°，胸背骨弯曲明显	不符合1、2	胸骨尖显露，胸角大于70°，胸背骨弯曲明显	胸骨尖显露，胸角大于60°，胸背骨弯曲明显	不符合1、2
胴体肤色	无黄衣、无异常色斑	胸腿异常色斑与破损不超过3处，总面积不超过1 cm²，整个胴体异常色斑与破损不超过6处，总面积不超过2 cm²	不符合1、2	无黄衣、无异常色斑	胸腿异常色斑与破损不超过3处，总面积不超过1 cm²，整个胴体异常色斑与破损不超过6处，总面积不超过2 cm²	不符合1、2	无黄衣、无异常色斑	胸腿异常色斑与破损不超过3处，总面积不超过1 cm²，整个胴体异常色斑与破损不超过6处，总面积不超过2 cm²	不符合1、2
胴体皮下脂肪分布状态	背与尾部皮下脂肪厚度在0.3 cm以上	背与尾部皮下稍有脂肪	不符合1、2	背与尾部皮下布满脂肪，皮下脂肪厚度在0.5 cm以上	背与尾部皮下稍有脂肪，皮下脂肪厚度在0.3 cm以上	不符合1、2	背与尾部皮下布满脂肪，厚度在0.5 cm以上	背与尾部皮下稍有脂肪，皮下脂肪厚度在0.3 cm以上	不符合1、2
羽毛残留状态	无毛根与绒毛	毛根在4根以下，绒毛在20根以下	不符合1、2	无毛根与绒毛	毛根在4根以下，绒毛在20根以下	不符合1、2	无毛根与绒毛	毛根在4根以下，绒毛在20根以下	不符合1、2

鸭胴体综合等级评定需综合考虑鸭胴体质量等级要求以及鸭胴体规格等级要求两项评价指标。鸭胴体质量等级按照胴体完整程度、表皮状态、羽毛残留状态从优到劣分为Ⅰ、Ⅱ、Ⅲ共3个等级，具体要求应符合表1-8的规定。若其中有一项指标不符合要求，应将其评为下一级别。

表1-8 鸭胴体质量等级要求（NY/T 1760—2009）

项目	Ⅰ	Ⅱ	Ⅲ
胴体完整程度	胴体完整，脖颈放血门及开膛处刀口整齐，脖颈放血时脖下刀口尺寸不超过1 cm，开膛处开门不超过5 cm，无断骨，无脱白	胴体完整，脖颈放血口不超过2 cm，开膛处刀口不超过7 cm，断骨和脱白均不超过1处	胴体完整，脖颈放血口超过2 cm，开膛处刀口超过7 cm，断骨和脱白超过2处

项目	I	II	III
表皮状态	表皮完好，颜色洁白，无破皮、无淤血等异常色斑	表皮较完好，表皮颜色较白，无红头，无红翅，整个胴体破损不超过1处，总面积不超过2 cm²，淤血等异常色斑不超过2处，总面积不超过2 cm²	表皮颜色微黄，无红头，无红翅，整个胴体破损超过1处，总面积超过2 cm²，淤血等异常色斑超过2处，总面积超过2 cm²
羽毛残留状态	无硬杆毛，皮下残留毛根数不超过10根，无残留长绒毛	无硬杆毛，皮下残留毛根数10~30根，残留长绒毛数不超过5根	无硬杆毛，皮下残留毛根数超过30根，残留长绒毛数超过5根

鸭胴体规格等级根据胴体重从大到小分为L、M、S共3个规格，如下所示：

——L　胴体重>2200 g；

——M　1800 g≤胴体重≤2200 g；

——S　胴体重<1800 g。

最终根据胴体质量等级和规格等级将胴体综合等级分为LI、LII、LIII、MI、MII、MIII、SI、SII、SIII共9个级别，见表1-9。

表1-9　鸭胴体综合等级表（NY/T 1760—2009）

规格	质量等级		
	I	II	III
L	LI	LII	LIII
M	MI	MII	MIII
S	SI	SII	SIII

1.2 ▸▸ 胴体分割与原料肉的加工

在不同的国家及地区胴体的分割标准是不同的，其目的是将宰后胴体进行分割细化，以便进一步加工或者直接提供消费者购买。分割后的肉统称为分割肉，是指宰后经兽医卫生检验合格的胴体，依据分割标准及不同部位肉的组织结构分割成不同规格的肉块，再经过冷却、包装后的加工肉。

1.2.1 猪胴体的分割

猪胴体分割根据我国国家标准《鲜、冻猪肉及猪副产品第三部分：分部位分割猪肉》（GB/T 9959.3—2019）执行。猪胴体分割通常将二分体进一步分割为前腿、背腰、肋腹以及后腿这几个部位，如图 1-5 所示。

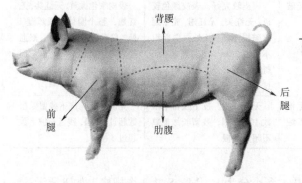

背腰
后腿
前腿
肋腹

图 1-5　猪二分体胴体分割图

前腿部分又可以进一步细分为：猪筋腱肉（取自猪前腿肘关节或后腿跗关节上方部位、胫骨或排骨处，沿肌膜取下的一块最大的伸肌）、猪腱子肉（取自猪前腿、后腿肘关节上方部位，沿筋腱肉的肌膜取下的小块伸肌肉）、猪去骨前腿肉（从猪的第五第六肋骨中间切下，略修割脂肪层的颈背和前腿部分，并剔除骨头的肉）、猪前腿（从猪的第五第六肋骨中间垂直于猪背最长肌的方向切下，保持形态完整的颈背和前腿部分肉）和猪肘（取自腕关节至肘关节部位猪前肘，取自跗关节至膝关节猪后肘的部位肉）。

猪背腰部分又可以进一步细分为：猪小里脊肉（有突出的头部，整体呈长条状的猪深腰脊肌肉，即腰大肌）、猪背膘（猪脊背部位的皮下脂肪）和猪大排（从猪的第五第六胸椎间至腰荐椎连接部位，距脊椎骨下 4~6 cm 平行切下，略修割脂肪层带脊的部位肉）。

猪肋腹部又可以进一步细分为：猪横膈肌，胸腔与腹腔分隔开的膜状肌肉；猪去骨方肉，从猪的第五第六胸椎间至腰荐椎连接部位，距脊椎骨下 4~6 cm 平行切下，修去背部脂肪，剔除肋条骨的腹部肉；猪五花，从猪的第五第六胸椎间至腰荐椎连接部位切下，去除猪肋排，呈五层夹花的腹部肉；猪腹肋肉，从猪的第五第六胸椎间至腰荐椎连接部位，距脊椎骨下 4~6 cm 平行切下大排后，剔除肋骨条，割去奶脯的腹部肉；猪带骨方肉，从猪的第五第六胸椎间至腰荐椎连接部位，距脊椎骨下 4~6 cm 平行切下大排后，带肋骨，割去奶脯的部位肉；猪肋排，取自猪方肉的肋骨部分，边缘腹肌不超过 3 cm 的部位肉；猪前排，取自猪的第五第六椎间至颈椎部位脊骨，去除颈背肌肉，带胸骨和五根肋骨的部位肉；猪无颈前排，取自猪的第五第六椎间至第一胸椎，去除颈背肌肉，带胸骨和五根肋骨的部位肉；猪小排，取自猪前排有肋骨部位，带肋骨 5~6 根，去脊椎、硬胸骨，呈"A"字形的部位肉；猪通排，上方自猪前排有肋骨部位，带肋骨 5 根，去脊椎和硬胸骨，以及下方至猪方肉的肋骨部分，呈平躺的鲤鱼形部位肉。

猪后腿部分又可以进一步细分为：猪筋腱肉、猪腱子肉、猪去骨后腿肉（从猪的第五第六肋骨中间切下，略修割脂肪层的颈背和前腿部分，并剔除骨头的肉）、猪后腿（从猪的腰椎与荐椎连接处垂直于猪背最长肌的方向锯开，保持形态完整的猪后腿部位肉）和猪肘。

1.2.2　牛胴体的分割

牛胴体分割根据我国国家标准《牛胴体和鲜肉分割》（GB/T 27643—2011）执行，首先将完整牛肉胴体垂直切分为二分体胴体，如图1-6所示。然后将二分体胴体按照不同部位进一步分割为臀腿肉、腹部肉、腰部肉、胸部肉、肋部肉、肩颈肉、前腿肉以及后腿肉共8个部位。最后在此基础上再将上述部位肉更进一步细化分割为里脊、外脊、眼肉、上脑、胸肉、辣椒条、臀肉、米龙、牛霖、小黄瓜条、大黄瓜条、腹肉以及腱子肉共13块不同的肉块，如图1-7所示。

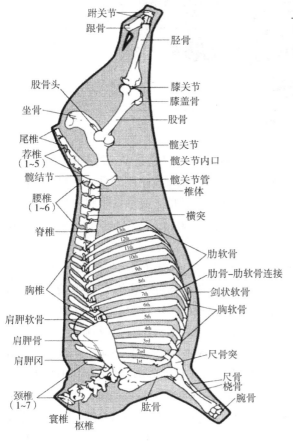

图1-6　牛二分体胴体结构图（GB/T 27643—2011）

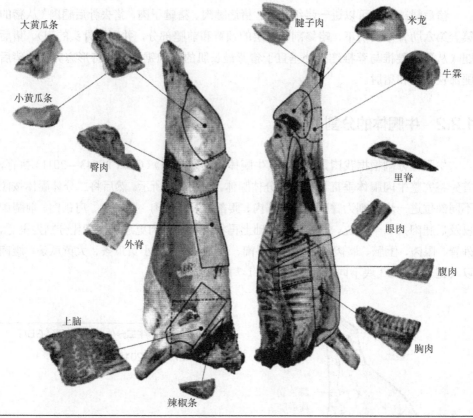

图 1-7　牛胴体分割示意图（GB/T 27643—2011）

里脊又称牛柳、菲力，是取自牛胴体腰部内侧带有完整里脊头的净肉。外脊又称西冷，是取自牛胴体第 6 腰椎外横截至第 12~13 腰椎椎窝中间处垂直横截，沿背最长肌下缘切开的净肉，主要是背最长肌。眼肉又称莎朗，是取自牛胴体第 6 胸椎至12~13 胸椎间的净肉，前端与上脑相连，后端与外脊相连，主要包括背阔肌、背最长肌、肋间肌等。

上脑是取自牛胴体最后颈椎到第 6 胸椎间的净肉，前端在最后颈椎后缘，后端与眼肉相连，主要包括背最长肌、斜方肌等。辣椒条又称辣椒肉、嫩肩肉、小里脊，位于肩胛骨外侧，是从肱骨头与肩胛骨结节处紧贴冈上窝取出的外形如辣椒状的净肉，主要是冈上肌。胸肉又称胸口肉、前胸肉，位于胸部，主要包括胸升肌与胸横肌等。

臀肉又称臀腰肉、尾扒、尾龙扒，位于后腿外侧靠近肱骨一端，主要包括臀中肌、臀深肌、股阔筋膜张肌等。米龙又称针扒，位于后腿外侧，主要包括半膜肌、股薄肌等。牛霖又称膝圆、霖肉、和尚头、林肉，位于肱骨前面及两侧，被阔筋膜张肌覆盖，主要是臀股四头肌。大黄瓜条又称烩扒，是位于后腿外侧沿半腱肌股骨边缘取下的长而宽大的净肉，主要是臀股二头肌。小黄瓜条又称鲤鱼管、小条，位于臀部，是沿臀股二头肌边缘取下的形状如管的净肉，主要是半腱肌。

腹肉又称肋腹肉、肋排、肋条肉，位于腹部，主要包括肋间内肌、肋间外肌和腹外斜肌等。腱子肉又称牛展、金展肉、小腿肉腱子肉，分前后两部分，牛前腱取自牛前小腿肘关节至腕关节外净肉，包括腕桡侧伸肌、指总伸肌、指外侧伸肌和腕尺侧伸肌等；后牛腱取自牛后小腿膝关节至跟腱外净肉，包括腓肠肌、趾伸肌和趾伸屈肌等。

1.2.3　羊胴体的分割

羊胴体分割根据我国国家标准《羊胴体及鲜肉分割》（GB/T 39918—2021）执行，首先将完整羊肉胴体垂直切分为二分体胴体，如图1-8所示。然后将二分体胴体按照不同部位进一步分割为带骨后腿肉、臀腰肉、鞍肉、背腰肉、方切肩肉、肩脊排、前腿肉、胸腹肉、全肋排、仔排、羊颈、前腱子以及后腱子共13个部位。

带骨后腿肉是指从二分体腰荐结合处直切至腹胁肉的腹侧得到的后半部分，去除腹胁肉、淋巴结、腺体、外周脂肪和腱尖。臀腰肉是指从后腿距髋关节指定距离处垂直切割所得的前半部分。鞍肉是指从羊胴体腰荐结合处沿脊柱中轴线垂直方向从背侧切至腹胁肉的腹侧，从指定的肋骨处（宜在6~7肋之间分切）切断胸椎，再沿脊柱长轴方向切至胸腹侧指定位置，切除前四分体后所得的部分。

背腰肉是指从二分体第6腰椎切至髂骨头，再切至腹胁肉的腹侧；在指定的肋骨处沿脊柱垂直方向切断椎骨切除前四分体；沿脊柱长轴方向距外脊腹侧指定距离处切开，切除胸腹肉所得的部分。在第13胸椎处垂直切断后可得前后两部分，分别是背脊排和腰脊排。

方切肩肉是指从前四分体第三、四颈椎之间切除羊颈，再从第一胸肋结合处沿脊柱长轴方向切除胸肉和前腱子后所得的部分。肩脊排是指从方切肩肉中剔除肩胛骨及其所附肌肉后所得的部分，包括肋骨、胸椎和附着的肌肉，根据需要确定保留肋骨数量（宜为5~6根），剔除部分肋间肌得到的产品即为法式肩脊排。

前腿肉是指将前四分体沿肋骨与表层肌肉之间、肩胛骨腹侧与肌肉之间的自然缝隙切开所得到的部分，包括肩胛骨、肱骨、桡骨、尺骨以及附着的肌肉。

胸腹肉是指从第1胸肋结合处沿背切线切除方切肩肉和前腿，再沿脊柱长轴方向经腹胁肉切至腹股沟浅淋巴结处所得的部分。从第5、6肋间直切可得到腹肉和部分胸肉。全肋排是指沿肋骨边缘切开，再沿肋骨和椎骨结合处切断所得的部分。仔排是指将全肋排沿腹侧切割线切去胸腹肉后，经过修整所得到的部分。

羊颈是指从胴体第3、4颈椎处（即方切肩肉的背切线位置）切开所得的部分。前腱子是指从前四分体肱骨远端沿胸腹肉切除线切开得到的部分，包括桡骨、尺骨及所附肌肉，切除腱尖即得法式前腱子。后腱子是指从后腿膝关节处直切得到的部分，包括胫骨及所附肌肉，切除腱尖即得法式后腱子。

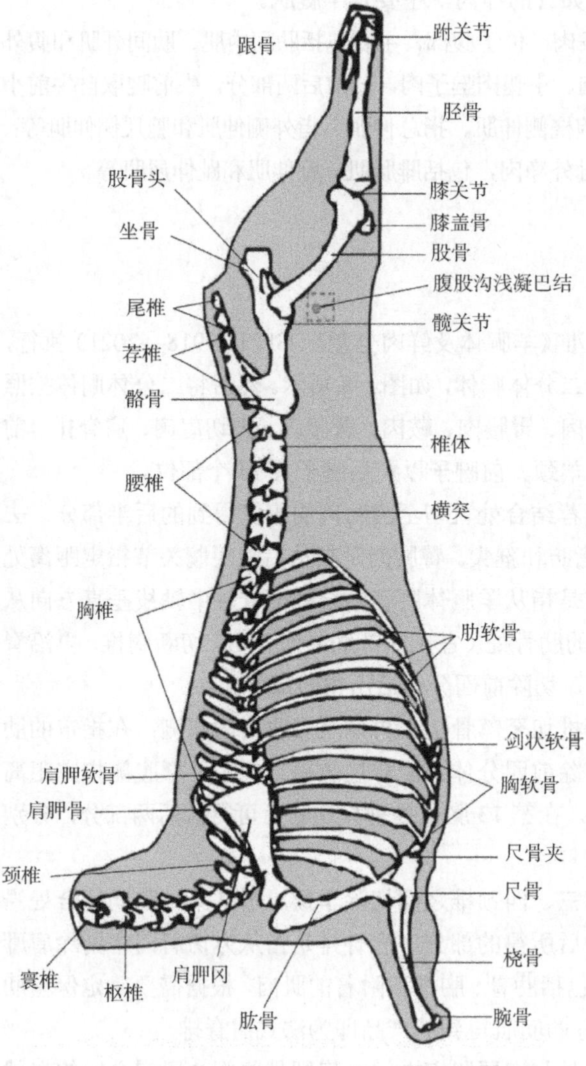

图1-8 羊二分体胴体结构图（GB/T 39918—2021）

然后可在上述带骨分割肉基础上按照需求再进一步将其细化分割为大黄瓜条、小黄瓜条、膝圆、米龙、臀腰肉、里脊、上脑、通脊、眼肉、外脊等类型不同的肉块，如图1-9所示。

其中大黄瓜条是半腱肌股骨边缘取下的长而宽的肉块，主要是臀股二头肌，而小黄瓜条是沿臀股二头肌边缘取下的形如条状的肉块，主要是半腱肌。膝圆是沿股骨前面及两侧分割下来的肉块，主要是臀股四头肌。米龙是从后腿外侧剥离得到的肉块，主要包括半膜肌、股薄肌等。臀腰肉从后腿外侧靠近股骨一端剥离得到的肉块，主要包括臀中肌、臀深肌、股阔筋膜张肌等。里脊是从半胴体腰椎腹侧和髂骨背

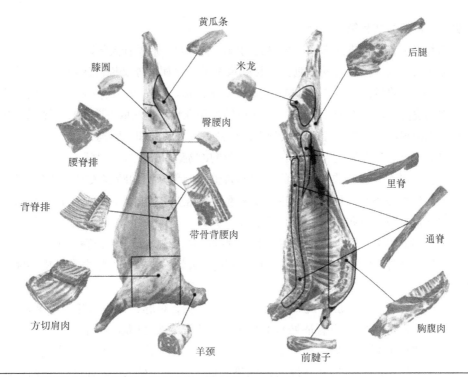

黄瓜条

膝圆

米龙

后腿

臀腰肉

腰脊排

里脊

背脊排

通脊

带骨背腰肉

方切肩肉

胸腹肉

羊颈

前腱子

图1-9 羊胴体分割示意图（GB/T 39918—2021）

侧剥离后得到的肉块，包括腰大肌和腰小肌。上脑是取自羊半胴体倒数第 1 颈椎至
第 6 胸椎间的肉块，前端为倒数第一颈椎后缘，后端与眼肉相连，主要包括背最长
肌、斜方肌等。通脊是位于腰椎、胸椎棘突和横突上，起于倒数第一颈椎后缘，止于
腰荐结合处，主要为背最长肌。眼肉是从通脊第 4~5（或第 6 胸椎）至第 1 腰椎处切
开所得的肉块。外脊是从通脊第 10 胸椎处切开所得的后半部分肉块。

1.2.4 鸡和鸭胴体的分割

1.2.4.1 鸡胴体的分割

鸡胴体分割根据我国国家标准《鸡胴体分割》（GB/T 24864—2010）执行，鸡胴
体可以按照部位分割为翅、胸肉、腿肉以及副产品 4 个部分。

鸡翅可分为整翅、翅根、翅中、翅尖、上半翅、下半翅。

整翅：切开肱骨与喙状骨连接处，切断筋腱，不得划破关节面和伤残里脊。翅根
（第一节翅）：沿肘关节处切断，由肩关节至肘关节段。翅中（第二节翅）：切断肘关
节，由肘关节至腕关节段。翅尖（第三节翅）：切断腕关节，由腕关节至翅尖段。上
半翅（V 形翅）：由肩关节至肘关节段，即第一节和第二节翅。下半翅：由肘关节至

翅尖段，即第二节和第三节翅。

鸡胸肉可分为带皮大胸肉、去皮大胸肉、小胸肉、带里脊大胸肉。

带皮大胸肉：沿胸骨两侧划开，切断肩关节，将翅根连胸肉向尾部撕下，剪去翅，修净多余的脂肪、肌膜，使胸皮肉相称、无淤血、无熟烫。去皮大胸肉：将带皮大胸肉的皮除去。小胸肉（胸里脊）：在鸡锁骨和喙状骨之间取下胸里脊，要求条形完整，无破损，无污染。带里脊大胸肉：包括去皮大胸肉和小胸肉。

鸡腿肉可分为全腿、大腿、小腿、去骨带皮鸡腿、去骨去皮鸡腿。

全腿：沿腹股沟将皮划开，将大腿向背侧方向掰开，切断髋关节和部分肌腱，在跗关节处切去鸡爪，使腿型完整，边缘整齐，腿皮覆盖良好。大腿：将全腿沿膝关节切断，为髋关节和膝关节之间的部分。小腿：将全腿沿膝关节切断，为膝关节和跗关节间的部分。去骨带皮鸡腿：沿胫骨到股骨内侧划开，切断膝关节，剔除股骨、胫骨和腓骨，修割多余的皮、软骨、肌腱。去骨去皮鸡腿：将去骨带皮鸡腿上的皮去掉。

副产品可分为心、肝、肫、骨架、鸡爪、鸡头、鸡脖、带头鸡脖、鸡睾丸。

心：去除心包膜、血管脂肪和心内血块。肝：去除胆囊，修净结缔组织。肫（肌胃）：去除腺胃、肠管、表面脂肪。在一侧切开，去除内容物，剥去角质膜。骨架：去除腿、翅、胸肉和皮肤后的胸椎和肋骨部分。鸡爪：沿跗关节切断，除去趾壳。鸡头：在第一颈椎骨与寰椎骨交界处连皮切断。鸡脖：去头后再齐肩胛骨处切断，去掉食道和气管。带头鸡脖：包括鸡头和鸡脖部分。鸡睾丸：摘取公鸡双侧睾丸。

1.2.4.2 鸭胴体的分割

鸭胴体分割根据现行有效农业行业标准《鸭肉等级规格》（NY/T 1760-2009）执行，鸭胴体可以按照部位分割为带皮鸭胸肉、鸭小胸、鸭腿、鸭全翅、鸭二节翅、鸭翅根、鸭脖、鸭头、鸭掌以及鸭舌共 10 个部分。

其中鸭头应完整，无破嘴，无淤血、可见异物。鸭掌应完整，无断掌，无红掌，无残留脚垫、可见异物。鸭脖肌肉完整，无断脖，无多余脂肪、淤血、可见异物。鸭舌要求舌体无断裂，舌根软骨保留完整，无淤血、残留舌皮、可见异物。

带皮胸肉应肉块完整，表皮无破损、异常色斑、残留长绒毛、可见异物，无淤血及多余脂肪。鸭小胸应肉块完整，无脂肪，无淤血，无可见异物。

鸭腿应肉块完整，无断骨，表皮无破损、异常色斑、残留长绒毛、可见异物，无淤血及多余脂肪。

全翅、鸭二节翅及翅根应形状整齐，无断骨，表皮无破损、异常色斑、残留长绒毛、可见异物，无淤血及多余脂肪。

1.3 ▸▸ 原料肉的检验与方法

肉与肉制品含有丰富的营养成分,例如优质蛋白质、脂肪、碳水化合物、无机盐以及维生素。肉与肉制品品质的优劣,营养价值的高低主要取决于所用原料肉的品质的好坏,因此在肉与肉制品生产加工之前,对其所用的原料肉进行品质和新鲜度检验是十分必要的。

原料肉大体上是指经过屠宰的白条肉或分割肉,其多数为冷冻肉,可用于直接销售或进一步被加工利用并生产肉制品。其新鲜度与肉制品的商品价值和食用安全性密不可分。因此,在销售或加工之前必须要对原料肉的新鲜度进行检验。

原料肉的新鲜度检验,一般分为猪肉、牛肉、羊肉以及家禽肉的评定与检验。检验时通常先进行感官检验,其感官性状完全符合新鲜肉指标时,方可出售,但是当感官检验很难判定原料肉的真实新鲜程度时,则应补充实验室检验,并综合两方面的结果作出最终的新鲜度评定结果。

感官检验是指通过检验者的视觉、嗅觉、触觉以及味觉(原料肉检验时一般不需要味觉检验)等人体感官,对原料肉新鲜度进行评定。其主要是观察原料肉表面和切面的颜色,观察和触摸原料肉表面和新鲜切面的干湿度和黏度,并用手按压原料肉以判定其弹性。此外还需对原料肉的气味进行嗅闻判定是否有氨味、酸味或是臭味产生,最后根据检验结果作出综合评定。原料肉的实验室检验法一般包括挥发性盐基氮(TVB-N)的检测以及微生物检验。其具体操作方法可根据不同种类的原料肉的相应国标要求执行。

1.3.1 原料猪肉的检验

对于猪肉的检验可依据国标《分割鲜、冻猪瘦肉》(GB/T 9959.2—2008)所述方法执行。其中规定了感官评价的相应标准,对于原料肉的颜色,要求肌肉色泽鲜红,有光泽;脂肪呈乳白色。对于原料肉的组织状态则要求肉质紧密,有坚实感。同时对于原料肉的气味也规定了需具有猪肉固有的气味,且无异味。

挥发性盐基氮的检测方法则参考国标(GB 5009.228—2016)中所述进行检测。挥发性盐基氮是氨以及胺类等碱性含氮物质,是由腐败过程中酶和细菌分解动物性食品中的蛋白质而产生的一类物质。挥发性盐基氮具有挥发性,在碱性溶液中蒸出,利用硼酸溶液吸收后,用标准酸溶液滴定计算挥发性盐基氮含量。其具体的检测方法如下所示(这里以国标 GB 5009.228—2016 中所述半微量定氮法为例)。原料猪肉中挥发性盐基氮应当不超过 15 mg/100 g。

1.3.1.1　试剂配制

氧化镁混悬液（10 g/L）：称取 10 g 氧化镁，加 1000 mL 水，振摇成混悬液。硼酸溶液（20 g/L）：称取 20 g 硼酸，加水溶解后并稀释至 1000 mL。三氯乙酸溶液（20 g/L）：称取 20 g 三氯乙酸，加水溶解后并稀释至 1000 mL。盐酸标准滴定溶液（0.1000 mol/L）或硫酸标准滴定溶液（0.1000 mol/L）：按照 GB/T601 制备。甲基红乙醇溶液（1 g/L）：称取 0.1 g 甲基红，溶于 95% 乙醇，用 95% 乙醇稀释至 100 mL。溴甲酚绿乙醇溶液（1 g/L）：称取 0.1 g 溴甲酚绿，溶于 95% 乙醇，用 95% 乙醇稀释至 100 mL。亚甲基蓝乙醇溶液（1 g/L）：称取 0.1 g 亚甲基蓝，溶于 95% 乙醇，用 95% 乙醇稀释至 100 mL。混合指示液：1 份甲基红乙醇溶液与 5 份溴甲酚绿乙醇溶液临用时混合，也可用 2 份甲基红乙醇溶液与 1 份亚甲基蓝乙醇溶液临用时混合。

1.3.1.2　制样

鲜（冻）肉去除皮、脂肪、骨、筋腱，取瘦肉部分，绞碎搅匀。鲜（冻）样品称取试样 20 g，精确至 0.001 g，置于具塞锥形瓶中，准确加入 100 mL 水，不时振摇，试样在样液中分散均匀，浸渍 30 min 后过滤。滤液应及时使用，不能及时使用的滤液置冰箱内 0~4 ℃ 冷藏备用。

1.3.1.3　测定

向接收瓶内加入 10 mL 硼酸溶液，5 滴混合指示液，并使冷凝管下端插入液面下，准确吸取 10 mL 滤液，由小玻杯注入反应室，以 10 mL 水洗涤小玻杯并使之流入反应室内，随后塞紧棒状玻塞。再向反应室内注入 5 mL 氧化镁混悬液，立即将玻塞盖紧，并加水于小玻杯以防漏气。夹紧螺旋夹，开始蒸馏。蒸馏 5 min 后移动蒸馏液接收瓶，液面离开冷凝管下端，再蒸馏 1 min。然后用少量水冲洗冷凝管下端外部，取下蒸馏液接收瓶。以盐酸或硫酸标准滴定溶液（0.0100 mol/L）滴定至终点。使用 1 份甲基红乙醇溶液与 5 份溴甲酚绿乙醇溶液混合指示液，终点颜色至紫红色。使用 2 份甲基红乙醇溶液与 1 份亚甲基蓝乙醇溶液混合指示液，终点颜色至蓝紫色。同时做试剂空白。

结果计算：

$$X = \frac{(V_1 - V_2) \times c \times 14}{m \times (V/V_0)} \times 100$$

式中　X——试样中挥发性盐基氮的含量，mg/100 g 或 mg/100 mL；

V_1——试液消耗盐酸或硫酸标准滴定溶液的体积，mL；

V_2——试剂空白消耗盐酸或硫酸标准滴定溶液的体积，mL；

c——盐酸或硫酸标准滴定溶液的浓度，mol/L；

14——滴定 1.0 mL 盐酸[$c(\mathrm{HCl})=1.000\,\mathrm{mol/L}$]或硫酸[$c(1/2\mathrm{H_2SO_4})=1.000\,\mathrm{mol/L}$]标准滴定溶液相当的氮的质量，g/mol；

m——试样质量，g，或试样体积，mL；

V——准确吸取的滤液体积，mL，本方法中 $V=10$；

V_0——液样总体积，mL，本方法中 $V_0=100$；

100——计算结果换算为 mg/100 g 或 mg/100 mL 的换算系数。

实验结果以重复性条件下获得的两次独立测定结果的算术平均值表示，结果保留三位有效数字。

微生物的检测方法则参考国标（GB/T 4789.17—2003）中所述进行检测。分别对原料肉的菌落总数、大肠菌群、沙门菌以及金黄色葡萄球菌进行检验。其中菌落总数检测方法参照国标（GB 4789.2—2016）执行；大肠菌群计数方法参照国标（GB 4789.3—2016）执行；沙门菌检测方法参照国标（GB 4789.3—2016）执行；金黄色葡萄球菌计数方法参照国标（GB 4789.10—2016）执行。其中菌落总数应当小于 1×10^5 CFU/g，大肠菌群应当小于 1×10^4 MPN/100 g（参考国标 GB/T 9959.2—2008）。沙门菌、单核细胞增生李斯特菌以及大肠埃希菌 $\mathrm{O_{157}:H_7}$ 等致病菌不得检出；金黄色葡萄球菌检出线为 $10^2\sim10^3$ CFU/g（参考国标 GB 29921—2013）。具体检测方法在本书中不详细列举。

1.3.2 原料牛肉的检验

原料牛肉的检验可依据国标《鲜、冻分割牛肉》（GB/T 17238—2008）所述方法执行。其中规定了感官评价的相应标准，对于鲜牛肉的颜色，要求肌肉有光泽，色鲜红或深红，脂肪呈乳白色或淡黄色。对于鲜牛肉的黏度要求外表微干或有风干膜，不粘手。对于鲜牛肉的组织状态则要指压后的凹陷可恢复。同时对于鲜牛肉的气味也规定了需具有鲜牛肉正常的气味。此外还要求煮沸后肉汤透明澄清，脂肪团聚于表面，具特有香味。

对于冻牛肉（解冻后）则要求其肌肉色鲜红，有光泽；脂肪呈乳白色或微黄色。对于冻牛肉的黏度要求为肌肉外表微干，或有风干膜，或外表湿润，不粘手。对于冻牛肉的弹性则要求肌肉结构紧密，有坚实感，肌纤维韧性强。对于冻牛肉的气味则需有牛肉正常气味。此外冻牛肉煮沸后肉汤应当澄清透明，脂肪团聚于表面，具有牛肉汤固有的香味和鲜味。在感官评定的过程中无论是鲜牛肉还是冻牛肉都不得带伤斑、血淤、血污、碎骨、病变组织、淋巴结、脓包、浮毛或其他杂质。

实验室评价指标要求为挥发性盐基氮应当不超过 15 mg/100 g。微生物指标中鲜牛肉菌落总数应当小于 1×10^6 CFU/g，冻牛肉应当小于 5×10^5 CFU/g。鲜牛肉大肠菌群应当小于 1×10^4 MPN/100 g，冻牛肉应当小于 1×10^3 MPN/100 g。沙门菌、致泻大肠埃希菌等致病菌均不得检出。具体检测方法在本书中不详细列举。

1.3.3　原料羊肉的检验

原料羊肉的检验可依据国标《鲜、冻胴体羊肉》（GB/T 9961—2008）所述方法执行。其中规定了感官评价的相应标准，对于鲜羊肉的颜色，要求肌肉色泽浅红、鲜红或深红，有光泽；脂肪呈乳白色、淡黄色或黄色。对于鲜羊肉的黏度要求外表微干或有风干膜，切面湿润，不粘手。对于鲜羊肉的组织状态则要肌纤维致密，有韧性，富有弹性。同时对于鲜羊肉的气味也规定了需具有鲜羊肉固有气味，无异味。此外还要求煮沸后肉汤透明澄清，脂肪团聚于液面，具特有香味。

对于冷却羊肉则要求其肌肉红色均匀，有光泽；脂肪呈乳白色、淡黄色或黄色。对于冷却羊肉的黏度要求为外表微干或有风干膜，切面湿润，不粘手。对于冷却羊肉的组织状态则要求肌纤维致密、坚实，有弹性，指压后凹陷立即恢复。对于冷却羊肉的气味要求为具有新鲜羊肉正常气味，无异味。此外冻羊肉煮沸后肉汤透明澄清，脂肪团聚于液面，具特有香味。

对于冻羊肉（解冻后）则要求其肌肉有光泽，色泽鲜艳，脂肪呈乳白色、淡黄色或黄色。对于冻羊肉的黏度要求为表面微湿润，不粘手。对于冻羊肉的组织状态则要求肉质紧密，有坚实感，肌纤维有韧性。对于冻羊肉的气味要求为具有羊肉正常气味，无异味。此外冻羊肉煮沸后肉汤应当澄清透明，脂肪团聚于液面，无异味。在感官评定的过程中无论是鲜羊肉、冷却羊肉还是冻羊肉都不得检出杂质。

实验室评价指标要求为挥发性盐基氮应当不超过 15 mg/100 g。微生物指标中菌落总数应当小于 $5×10^5$ CFU/g。大肠菌群应当小于 $1×10^3$ MPN/100 g。沙门菌、致泻大肠埃希菌、金黄色葡萄球菌、志贺菌等致病菌均不得检出（参考国标 GB/T 9961—2008）。具体检测方法在本书中不详细列举。

1.3.4　原料禽肉的检验

原料禽肉的检验可依据国标《鲜、冻禽产品》（GB 16869—2005）所述方法执行。其中规定了感官评价的相应标准，对于鲜禽产品的颜色，要求表皮和肌肉切面有光泽，具有禽类品种应有的色泽。对于鲜禽产品的组织状态则要求肌肉富有弹性，指压后的凹陷部位立即恢复原状。同时对于鲜禽产品的气味也规定了需具有禽肉产品正常的气味，无异味。此外还要求其加热后肉汤透明澄清，脂肪团聚于表面，具有禽类品种应有的滋味。

对于冻禽产品（解冻后）则要求其表皮和肌肉切面有光泽，具有禽类品种应有的色泽。对于冻禽产品的组织状态则要求肌肉指压后凹陷部位恢复较慢，不易完全恢复原状。对于冻禽产品的气味则需有禽肉产品正常的气味，无异味。此外冻禽产品加热后肉汤透明澄清，脂肪团聚于表面，具有禽类品种应有的滋味。在感官评定的过程中无论是鲜禽产品还是冻禽产品都要求淤血面积大于 1 cm² 不得检出，淤血面积在 0.5~1 cm² 之内不得超过抽样的 2%。硬杆毛或毛根应当不超过 1 根/10 kg。不得检出异物。

实验室评价指标要求为挥发性盐基氮应当不超过 15 mg/100 g。微生物指标中鲜禽产品菌落总数应当小于 1×10^6 CFU/g，冻禽产品应当小于 5×10^5 CFU/g。鲜禽产品大肠菌群应当小于 1×10^4 MPN/100 g，冻禽产品应当小于 5×10^3 MPN/100 g。沙门菌、致泻大肠埃希菌等致病菌均不得检出（参考国标 GB 16869—2005）。具体检测方法在本书中不详细列举。

第 **2** 章

肉制品加工用辅料与添加剂

肉制品品种繁多、风味各异，在现代化生产加工过程中大多数肉制品都离不开加工用辅料与添加剂。各种辅助材料的使用都具有重要的意义，例如其能赋予产品特有风味，引起人们的嗜好，增加营养，提高保藏性，改进产品质量等。对不同种类的肉制品选择不同的辅料和添加剂是保证产品品质与风味的重要前提。

2.1 ▸▸ 重要辅料与作用

2.1.1 食盐

在肉制品的生产加工过程中，食盐承担着调味和品质改良的重要作用，一般用量为 1.5%~3.0%。食盐也是肉制品加工中常用的腌制剂，动物肌肉间含有大量的水不溶性的肌原纤维蛋白，加入 2.0% 的食盐可增强肌原纤维蛋白的溶解性，溶出的蛋白质可以包裹住肉中的脂肪，起到乳化的作用，另外可使肉的持水能力及肌肉蛋白间的黏聚性得到提高和增强，从而提高产品的质地。食盐还可以刺激人体的味觉神经，使人感觉到咸味及肉制品的厚实感及适口性，促进人的食欲；同时也可以提升加工类肉制品的风味，增加肉制品的可塑性和口感。但是在肉制品中食盐又会受到脂肪和蛋白质相对含量的影响，随着二者相对含量的变化，其产生的咸味也会随之增高或降低，蛋白质对咸味感知的影响作用要明显大于脂肪。此外，食盐还能够降低产品的水分活度，抑制病原微生物的生长。在发酵肉制品成熟过程中它可以通过控制微生物繁殖生长和酶促反应来影响肉制品的风味。

2.1.2　磷酸盐

磷酸盐作为重要的食品配料和功能添加剂被广泛用于肉制品加工中。在食品加工中使用的磷酸盐通常为钠盐、钙盐、钾盐以及作为营养强化剂的铁盐和锌盐，常用的食品级磷酸盐的品种有三十多种。在肉制品加工中主要使用的是焦磷酸钠、三聚磷酸钠和六偏磷酸钠（一般情况下直接添加粉末或颗粒即可），其不仅能够改善加工肉制品的黏合性和质地，还能够有效地提高加工肉制品的保水性。此外磷酸盐还能够抑制肉制品中微生物的繁殖能力。

焦磷酸钠（$Na_4P_2O_7 \cdot 10H_2O$）可以通过增加肉制品的弹性和保水性来改善产品的口味和质地，并在产品中起到抗氧化作用，延长产品的货架期，其用量不超过 1.0 g/kg。

三聚磷酸钠（$Na_5P_3O_{10}$）在肉制品中可以起到金属离子螯合作用以及缓冲 pH 的作用，并能防止产品酸败，其最高用量应控制在 2.0 g/kg 以内。

六偏磷酸钠（$NaPO_3$）$_6$ 可以有效促进蛋白质凝固，可单独使用也可与其他磷酸盐混合成复合磷酸盐使用，用量不超过 1.0 g/kg。

磷酸盐提高肉保水性的机理可能是以下 4 点。

① 在肉中加入焦磷酸钠或三聚磷酸钠后，会导致肉的 pH 增高。有实验表明，当肉的 pH 在 5.5 左右时，由于此时 pH 接近于蛋白质的等电点，会致使肉的保水性大幅降低。但是如果使肉的 pH 向酸性或碱性偏移，其保水性均会有效提高。

② 在肉中加入聚磷酸盐后，与肌肉的结构蛋白质结合的钙镁离子会被聚磷酸盐螯合，这就导致肌肉蛋白中的羧基被释放出来，间接增加了蛋白之间的静电力，使蛋白质结构变得松弛，从而能够吸收更多的水分。

③ 聚磷酸盐是含有多价阴离子的化合物，因而在较低的浓度下可以具有较高的离子强度。这就有利于肌球蛋白转变为溶胶状态，因而提高了保水性。

④ 焦磷酸盐和三聚磷酸盐可以起到解离肌动球蛋白的作用。将肌动球蛋白解离为肌动蛋白和肌球蛋白，而肌球蛋白有较强的保水能力，因而提高了肉的保水能力。

在实际生产中，这几种磷酸盐常常混合使用。一般情况下这种混合后的磷酸盐被称作复合磷酸盐。这里将给出几种常用的复合磷酸盐的配方：①焦磷酸钠 40%，三聚磷酸钠 40%，六偏磷酸钠 20%。②焦磷酸钠 50%，三聚磷酸钠 25%，六偏磷酸钠 25%。③焦磷酸钠 50%，三聚磷酸钠 20%，六偏磷酸钠 30%。④焦磷酸钠 5%，三聚磷酸钠 25%，六偏磷酸钠 70%。⑤焦磷酸钠 10%，三聚磷酸钠 25%，六偏磷酸钠 65%。

2.1.3　亚硝酸钠

亚硝酸钠为白色或淡黄色结晶性粉末或粒块状颗粒，其可与肉中的肌红蛋白、血红蛋白反应生成鲜红或亮红色的亚硝基血红蛋白或亚硝基肌红蛋白。若不添加亚硝酸钠，当肉制品加热时则会变成灰色，降低消费者的购买欲和食欲。此外亚硝酸钠还具有抑制微生物繁殖的能力，尤其是抑制肉毒梭状芽孢杆菌繁殖的能力。此外其还可以防止贮藏过程中肉制品中脂肪发生氧化酸败。一般在商业应用中其往往以"腌制用亚硝酸盐"或是"腌制用盐"出现，其成分为0.5%~0.6%的亚硝酸盐和99.4%~99.5%食盐混合物。

但必须强调的是亚硝酸钠是食品添加剂中急性毒性较强的物质之一。如果人体一次性摄入大量的亚硝酸钠，可致使人体正常的血红蛋白（二价铁）转变成正铁血红蛋白（即三价铁的高铁血红蛋白），从而失去携氧功能，导致组织缺氧，潜伏期仅为0.5~1.0 h，可出现头晕、恶心、呕吐、全身无力、心悸、全身皮肤发紫的症状，严重者将呼吸困难、血压下降、抽搐甚至昏迷。若不及时进行抢救则会因呼吸衰竭而死亡。此外，亚硝酸钠还可以与肉中蛋白质分解产物二甲胺反应，生成二甲基亚硝胺（一种强致癌物，不仅长期小剂量作用有致癌作用，而且一次摄入足够的量，亦有致癌作用）。因此，GB 2760—2014规定:亚硝酸钠用于腌腊肉制品类（如咸肉、腊肉、板鸭、中式火腿等），酱卤肉制品类，熏、烧、烤肉类，油炸肉类，西式火腿类（如熏烤、烟熏、蒸煮火腿），肉灌肠类，发酵肉制品类及肉罐头类，最大使用量均为0.15 g/kg。其中西式火腿以亚硝酸钠计，残留量≤70 mg/kg；肉罐头类，以亚硝酸钠计，残留量≤50 mg/kg；余者以亚硝酸钠计，残留量≤30 mg/kg。

2.1.4　水分

水分是肉的主要组分（肌肉中水分含量为70%~80%）。肉中的水分含量的多少以及其存在的状态会显著影响肉制品的品质与贮藏特性。一般情况下，水分含量较高的肉制品嫩度较好，色泽鲜亮，但也会导致微生物的繁殖，容易腐败变质。水分含量较低也会导致肉制品颜色发暗，质地变硬，并加速脂肪氧化，影响肉制品的风味。

水分在肉中的存在形式一般可以分为三种:结合水、不易流动水以及自由水。结合水约占肌肉总水分的5%，是指与蛋白质分子表面借助极性基团的静电引力紧密结合的水分子层，不易受肌肉蛋白质结构和电荷变化的影响，甚至在施加严重外力条件下，也不能改变其与蛋白质分子紧密结合的状态。不易流动水约占肌肉总水分的80%，存在于纤丝、肌原纤维及膜之间，可以随肌原纤维蛋白质凝胶的网状结构变化而变化。自由水约占总水分的15%，存在于细胞外间隙中，并且能够自由流动。因此，在肉制品加工过程中往往受影响的是肉中的不易流动水以及自由水。

在实际的肉制品生产加工过程中，由于原料肉中的不易流动水以及自由水会受到工艺上的原因（如加热、蒸煮等）而流失（如蒸煮损失，生肉在预煮时水分损耗大约为30%），所以许多类型的肉制品中都需要加入额外的水，以期保证肉制品应有的品质。例如在制作由预煮料煮制而成的混合肉料时，为使制作的成品不要太硬，需要加水以补充蒸煮损失。但是要注意加水量不要过量，过量则会导致产品中的脂肪和肉分离。

此外水也可以作为一种基质，在肉制品加工过程中可以作为溶剂，溶解一些固体颗粒或粉末状添加剂。例如在腌制时需要将食盐、香辛料、磷酸盐和其他配料溶解于水中，然后再注射进大块肉中，使其迅速和均匀分布。再结合滚肉按摩的技术，能够大大提升肉制品的水分含量，从而进一步提高产品出品率。在制作由生料煮制而成的肉糊（肉糕、法兰克福香肠等）期间也需要加水。在这种情况下，水与食盐及磷酸盐共同作用溶解肌肉蛋白，这样就能产生一种坚固的蛋白质网络结构，在热处理后使产品抱团，从而提高产品的质地与出品率。

2.1.5　抗坏血酸、抗坏血酸钠与异抗坏血酸钠

抗坏血酸又称维生素C，其更稳定的盐形态是抗坏血酸钠或者是化学性质相同但成本更低的异抗坏血酸钠。其本品为白色至浅黄色结晶体或结晶性粉末。在干燥状态下，放置于空气中相当稳定，但是在溶液中并置于空气状态下会迅速变质。此外其在光照条件下会缓慢着色并分解，遇金属离子也会促进其分解，因此在肉制品加工中往往在拌馅过程的最后阶段放入。抗坏血酸、抗坏血酸钠与异抗坏血酸钠有着很强的还原性，因而在腌制过程中常被用作护色剂。这些物质能促进亚硝酸盐与红色肌肉色素反应，导致产生红色腌制色。需要进行加热处理的肉制品在生产期间立即产生均匀的红色，在存在腌制促进剂时会增强这种红色。在非加热处理的产品中也发生类似反应，例如生腌制的火腿或香肠，但反应的速度相当慢。腌制促进剂的另一个效果是这种化学腌制反应将更充分，因此肉制品中很少残留亚硝酸盐。

2.2 ▶▶ 肉制品常用香辛料

香辛料是指一类具有芳香和辛香等典型风味的天然植物性制品，或从植物（花、叶、茎、根、果实或全草等）中提取的某些香精油。香辛料的特点在于其具有强烈的香气，或是具有刺激性的味道。因此香辛料可以给予食品特殊的味道以及颜色，可以起到提振食欲的作用。此外随着研究的逐渐深入，人们发现部分香辛料还能起到抑制食品中微生物生长繁殖的作用，能够延长食品的保质期。本书将着重介绍在肉制品加工中经常使用的相关香辛料及其功能与作用。

2.2.1 大葱与洋葱

大葱为百合科葱属多年生草本植物,如图2-1(a)所示。起源于半寒地带,原产自中国,在中国各地广泛栽培,国外也有栽培。其形态为圆柱状,稀为基部膨大的卵状圆柱形。其鳞茎外皮为白色,稀淡红褐色。具有刺激性气味的挥发油和辣素。大葱一般用于酱卤、红烧类肉制品,可起到压膻去腥的作用,使肉制品产生独特的风味。

洋葱又名肉葱、圆葱、玉葱,如图2-1(b)所示,是百合科葱属多年生草本植物。鳞茎粗大,近球状;纸质至薄革质,内皮肥厚,肉质,叶片圆筒状。原产亚洲西部,世界多数地区均广泛栽培,是中国主栽蔬菜之一。在西式肉制品加工中也常被用作调味、增香的香辛料,可显著提升菜肴的风味。此外脱水洋葱末也可用作各式香肠、巴比烤肉、炸鸡、熏肉等的腌制用料。

图2-1 大葱和洋葱

(a)大葱　　　　　(b)洋葱

2.2.2 姜

姜为姜科姜属多年生草本植物,开有黄绿色花并有刺激性香味的根茎,如图2-2所示。株高0.5~1m;根茎肥厚,多分枝,有芳香及辛辣味。印度是姜的最大生产国,中国排名第二。在中国中部、东南部至西南部等区域都有广泛的栽培。亚洲热带地区亦常见栽培。姜的芳香及辛辣味主要来自根茎所含挥发油,其主要成分为姜醇、姜烯、莰烯、水茴香烯、龙脑、枸橼醛及桉油精等。辣味成分主要是姜辣素、油状辣味成分姜烯酮及结晶性辣味成分姜油酮等。鲜姜或干姜粉几乎可给所有肉类调味,是极其重要的香辛料,其不但适合于炸、煎、烤、煮、炖等多种工艺,而且是海鲜菜肴的必用作料。在肉制品加工中姜能起到祛腥除膻、增香、调和滋味以及杀菌防腐的作用。

图2-2 姜

2.2.3　蒜

蒜是百合科、葱属多年生草本植物，鳞茎球状至扁球状，通常由多数肉质、瓣状的小鳞茎紧密地排列而成，如图 2-3 所示。其原产于西亚或欧洲，在中国普遍栽培。大蒜整枝植物都可用作香辛料，这里主要描述的是大蒜的根茎（大蒜头）。大蒜在外力破碎后伴随酶的作用才会产生特殊的刺激性气味，其主要风味物质是二烯丙基二硫醚与二烯丙基三硫醚。大蒜在东西方饮食烹调中均占有相当重要的地位。在肉制品加工中，大蒜可以起到增香、提鲜、解除膻腥、解油腻的作用。此外，还具有杀菌抑菌作用，可有效延长肉制品货架期。

图 2-3　蒜

2.2.4　芫荽籽

芫荽又称胡荽、香菜、香荽，为双子叶植物纲、伞形目、伞形科、芫荽属的一个植物种。原产地为地中海沿岸及中亚地区，在中国大部地区有广泛的种植。香辛料常用其整籽或籽粉碎物，如图 2-4 所示。芫荽籽具有特殊的香气，这源于其自身挥发油中的风味物质，其中主要成分为芳樟醇以及乙酸芳樟酯。芫荽籽在中国和印度是十分常见的香辛料，在部分西方国家也有使用。在肉制品加工中，其能起到祛腥膻、增味道的独特功效。

图 2-4　芫荽籽

2.2.5　辣椒

辣椒又称牛角椒、长辣椒、菜椒、灯笼椒，如图 2-5 所示。为木兰纲、茄科、辣椒属一年或有限多年生草本植物。果梗较粗壮，俯垂；果实一般为长指状，顶端渐尖且常弯曲，未成熟时绿色，成熟后成红色、橙色或紫红色，味辛辣。辣椒原产自墨西哥到哥伦比亚地区，目前在世界各国普遍栽培。辣椒中主要风味源自辣椒碱类成分，如辣椒碱、二氢辣椒碱、去甲双氢辣椒碱、高辣椒碱、高二氢辣椒碱、壬酰香草胺、辛酰香草酰胺等。辣椒有诸多品种（如菜椒、朝天椒、甜椒等），其果实的大小、形状、颜色、辣度、风味均不相同。在肉制品加工中一般使用的是干整椒、辣椒粉或是辣椒油，也可鲜用（如辣度较低、色彩鲜艳的甜椒），对肉制品品质影响最重要的是辣椒的辣度、色泽与风味。

图2-5 辣椒

2.2.6 茴香

茴香是伞形科茴香属植物，又名小怀香、香丝菜。香辛料常用其整籽或籽粉碎物，如图2-6所示。原产地中海地区、土耳其及其周边地区，在我国各省区都有栽培。茴香的主要成分是反式大茴香脑，具有类似甘草香味的特征性甜辛香气。在各种肉制品如香肠、腊肠、热狗等加工中，茴香是必不可少的佐料。在我国酱卤肉制品中其往往与花椒结合使用，具有增香味、除异味和抑菌防腐的作用。

图2-6 茴香

2.2.7 八角

八角又称大茴香、大料，是八角科八角属的一种植物。果梗长20~56 mm，聚合果饱满平直，呈八角形。在香辛料中常常使用其干燥的种子，如图2-7所示。其主要产地为中国及东南亚地区，主要的风味物质为挥发性的反式大茴香脑以及非挥发性成分莽草酸。八角有强烈的辛甜味茴香样的香气，类似于甘草味，但其与茴香相比香气略粗糙,更加强烈与浓厚。八角在肉制品加工中被广泛使用,尤其是酱卤类肉制品,可增加肉的香味,提振食欲。

图2-7　八角

2.2.8　肉桂

肉桂是樟科樟属中等大乔木,树皮灰褐色。原产于中国,在印度、老挝、越南至印度尼西亚等地区也有种植。肉桂的干燥树皮或粉末常被用作香料、烹饪材料及药材,如图 2-8 所示。外表为赭褐色,内部为红棕色,呈卷筒状。肉桂具有独特的甜辛香气,其主要成分为反式肉桂醛。在肉制品加工中,尤其是酱卤肉制品和干肉制品中是必不可少的一味香辛料,能够起到提味、增香、去除腥膻味的作用。

图2-8　肉桂

2.2.9　花椒

花椒是芸香科花椒属落叶小乔木。花椒树的干燥果实或粉末常被用作香辛料,如图 2-9 所示。花椒原产于中国,原生于喜马拉雅山脉。花椒有强烈的芳香味,味辛麻。其主要挥发性风味物质为芳樟醇,其麻味源自化学物质山椒脑(一种酰胺类成分)。在肉制品加工中,花椒可单独使用,也可与其他香辛料混用,一般情况下整粒

图2-9　花椒

花椒多用于腌腊肉制品及酱卤肉制品，粉末则多用于香肠及肉糜制品中，能够起到提味、增香、去除腥膻味及防腐抑菌的作用。

2.2.10 肉豆蔻

肉豆蔻为肉豆蔻科肉豆蔻属常绿乔木植物。原产马鲁古群岛，热带地区广泛栽培。中国台湾、广东、云南等地已引种试种。其干燥种仁或粉末是重要的香辛料，种仁为卵圆形或椭圆形，长 2~3.5 cm，宽 1.5~2.5 cm。表面灰棕色至暗棕色，有网状沟纹，如图 2-10 所示。肉豆蔻具有强烈芳香气味（类似樟脑气味），味辛辣、微苦，其主要挥发性风味物质为 4-松油醇和肉豆蔻醚。在肉制品加工中，尤其是酱卤制品中是必不可少的一味香辛料，也可用于高档灌肠制品，起到增香、去除腥膻味的作用。

图 2-10　肉豆蔻

2.2.11 丁香

丁香为常绿乔木。其干燥的花蕾称为公丁香，果实称为母丁香，如图 2-11 所示，是原产于印度尼西亚的一种香料。丁香是所有香辛料中芳香气味最浓郁的品种之一，其具有一种类似胡椒和果香的强烈甜辛香，主要挥发性风味物质为倍半萜类化合物及酚类、酯类化合物等。在肉制品加工中可起到调味、增香、祛腥臭以及抑菌防腐的作用。此外需要注意的是丁香可与亚硝酸盐发生消色反应，在使用时应当按照不同肉制品的加工配方合理添加。

图 2-11　公丁香（a）和母丁香（b）

（a）公丁香　　　　　　（b）母丁香

2.2.12　胡椒

胡椒又名昧履支、披垒、坡洼热等，属胡椒目、胡椒科、胡椒属木质攀援藤本植物。原产于东南亚，现广植于热带地区，在中国台湾、福建、广东、广西、海南及云南等省区均有栽培。其干燥整籽及粉碎物常被用作香辛料。一般分为黑胡椒与白胡椒，白胡椒是由黑胡椒浸水去皮再经过晾晒后得到的，如图 2-12 所示。胡椒中主要的呈味成分是胡椒碱，而挥发性风味物质主要为蒎烯、柠檬烯、桧烯等。这些物质构成了胡椒特有的辛辣味和类似丁香的芳香气味。在肉制品加工中尤其是在酱卤肉制品中往往起到提鲜增香的作用。在西式灌肠中也可起到增加辛辣味、提升香肠整体风味的作用。

图 2-12　黑胡椒（a）和白胡椒（b）

（a）黑胡椒　　　　　　　（b）白胡椒

2.2.13　砂仁

砂仁是姜科豆蔻属多年生草本植物。蒴果呈现椭圆形，成熟时为紫红色，干燥后变为褐色，有浓郁的香气，味苦凉。其主要分布于中国福建、广东、广西和云南等地。我国砂仁有阳春砂仁和香砂仁（川砂仁），如图 2-13 所示。砂仁具有浓烈的芳香气味，同时具有甜、酸、辛、辣、凉等多重特征性味道。其主要挥发性成分为乙酸龙脑酯、樟脑、龙脑等。在肉制品加工中，尤其是酱卤肉制品、干肉制品以及灌肠肉制品中起到解腥除异、增香调味的作用。此外其还能使肉制品产生清香爽口的独特风味。

图 2-13　阳春砂仁（a）和香砂仁（b）

（a）阳春砂仁　　　　　　（b）香砂仁

2.2.14　白芷

白芷为多年生高大草本植物，其干燥根部常被用作香辛料，如图 2-14 所示。白芷主要分布于中国东北及华北等地区。白芷具有特殊性芳香气味，类似于茴香味，其味有辛辣感，微苦。其主要挥发性成分为茴香脑和桉树脑，非挥发性呈味物质为欧前胡素。白芷在肉制品加工中起到调味、增香、去除膻腥的作用。

图2-14　白芷（a）和
切片白芷（b）

（a）白芷　　　　　　（b）切片白芷

2.2.15　山柰

山柰又称为沙姜、三柰、山辣，是多年生宿根草本，为姜科山柰属植物山柰的根茎，如图 2-15 所示。主要分布于广东、广西、云南、台湾等省区。山柰具有浓郁的辛辣芳香气味，其主要挥发性成分为反式对甲氧基肉桂酸乙酯和反式肉桂酸乙酯。在肉制品加工中常被用作酱卤肉制品的调味料，起到调味增香的作用。

图2-15　山柰

2.2.16　甘草

甘草又称为国老、甜草、乌拉尔甘草、甜根子。其根与根状茎粗壮，直径 1~3cm，外皮褐色，里面淡黄色。干燥的根与根茎常被用作香辛料，如图 2-16 所示。甘草在亚洲、欧洲、大洋洲、美洲等地都有分布，在我国主要分布于新疆、内蒙古、宁夏、甘肃、山西等地区。甘草有强烈的甘草特征的甜焦香及轻微的焙烤香或是药草样气息，其味微苦略带甘，其主要挥发性成分为己醛，但甘草的主要特征性风味物质为非挥发性的甘草酸、甘草次酸等。常用于酱卤肉制品起到掩盖苦涩味、卤煮味的作用，以改善产品风味。

图 2-16 甘草（a）和切片甘草（b）

（a）甘草　　　　　　（b）切片甘草

2.2.17 草果

草果是姜科豆蔻属多年生草本植物。蒴果密生，熟时红色，干后褐色，无裂口，长圆形或长椭圆形，有浓郁香味，如图 2-17 所示。分布于中国云南、广西、贵州等省区。草果的完整果实香气并不强烈，但是破碎后其香辛气味则非常强烈，具有桉树油样的特殊气味，后韵略似干坚果味，辛辣微苦，其主要挥发性成分为 1,8-桉树脑。草果主要应用于酱卤肉制品，尤其是牛羊肉炖制，可起到祛腥压膻、改善风味的作用，但需注意的是其不可以替代肉豆蔻在灌肠肉制品中的使用。

图 2-17 草果

2.2.18 陈皮

陈皮为芸香科植物橘及其栽培变种的干燥成熟果皮，如图 2-18 所示。常剥成数瓣，基部相连，呈不规则的片状，厚 1~4 mm。外表面橙红色或红棕色，有细皱纹和凹下的点状油室，内表面浅黄白色，粗糙，附黄白色或黄棕色筋络状维管束，质稍硬而脆。多产于福建、浙江、广东、广西、江西、湖南、贵州、云南、四川等地区。陈

图 2-18 陈皮

皮具有类似橘子皮的浓郁清香，略带辛样芳香，无酸涩气息，具有多韵的香酸甜味，微苦，其主要挥发性成分为 2-甲氨基苯甲酸甲酯及右旋柠檬烯。常用于酱卤肉制品中起到调味作用，与其他香辛料相互作用，增加复合性香味。

2.2.19　月桂叶

月桂叶为樟科植物月桂的叶，如图 2-19 所示。原产于地中海一带。我国江苏、浙江、福建、台湾、四川、云南等地有引种栽培。叶长椭圆形或披针形，先端锐尖，基部楔形，全缘或微波状，反卷，上表面灰绿色，下表面色淡，两面侧脉和网脉显著突起，无毛，不宜折断。月桂叶具有浓郁的甜辛香气，略带柠檬或丁香样的气息，略苦，其主要挥发性成分为 1,8-桉树脑、芳樟醇以及桧烯。在肉制品加工中常起到去除生肉异味，增加清香味的作用，常用于西式火腿及肉罐头的制作工艺中。

图 2-19　月桂叶

2.2.20　麝香草

麝香草又名百里香，如图 2-20 所示。原产地中海沿岸，在我国主要种植于甘肃、陕西、青海、山西、河北、内蒙古等地区。其具有辛辣的薄荷味气息，主要挥发性成分为百里香酚。百里香在西方国家尤其是法国与意大利十分受欢迎，在中国常被用于卤煮与炖烧肉制品中，主要起到祛腥增香、防腐抑菌的作用。但需注意的是其香味强烈，使用时应当控制用量。

图 2-20　麝香草

2.3 ▶▶ 肉制品常用添加剂

2.3.1 咸味剂

咸味为百味之首，是一种最为重要的基本味。咸味剂是以氯化钠（食盐）为主要呈味元素的一类调味料的统称，又称咸味调味料。

2.3.1.1 食盐

食盐的介绍及其在肉制品加工中的作用见2.1.1。在我国不同肉制品中食盐的用量往往不同，在腌腊肉制品中食盐用量为6%~10%，在酱卤肉制品中一般用量为3%~5%，在灌肠制品中为2.5%~3.5%，在油炸及干制肉制品中为2%~3.5%，在粉肚制品中一般为3%~4%。需要注意的是过量摄入食盐会影响消费者身体健康，往往引发心脑血管疾病。所以目前低盐肉制品的研发已经受到业界广泛的关注。

2.3.1.2 酱油

酱油是以大豆或豆饼、面粉、麸皮等，经发酵加盐配制而成的液体调味品，品种很多，按颜色分有红酱油、白酱油等，按形态分有液体酱油、固态酱油、粉末酱油等。酱油的酿造经过了淀粉糖化、蛋白质水解、酒精发酵等生化过程，其色、香、味都是在这些过程中逐步形成的。酱油以色泽红褐(白酱油色微黄)、鲜艳透明、香气浓郁、滋味鲜美醇正者为佳。肉品加工中宜采用酿造酱油，它主要含有食盐、蛋白质、氨基酸等。酱油的作用主要是增鲜增色、改良风味，在中式肉制品中广泛使用，使制品呈美观的酱红色并改善其口味。在香肠等制品中，还有促进其成熟发酵的良好作用。

2.3.2 甜味剂

肉制品加工中应用的甜味剂主要是白砂糖、蜂蜜、葡萄糖、饴糖、山梨糖醇、淀粉糖浆、红糖、冰糖及个别产品用的糖精钠。除白砂糖以外，山梨糖醇、乳糖在干燥品中用得比较多。安赛蜜、三氯蔗糖、阿力甜的使用也日益广泛。

2.3.2.1 白砂糖

白砂糖以蔗糖为主要成分，在肉制品加工中使用能起到保色，缓和咸味，增鲜，增色，适口，使肉质松软的作用。其在肉制品加工中的添加量应当根据产品配方进行适量添加。在盐腌时间较长的肉制品中，添加量在肉重的0.5%~1%较为合适；中式肉制品中一般用量为肉重的 0.7%~3%，部分肉制品甚至可达 5%~7%。

2.3.2.2 蜂蜜

蜂蜜在肉制品加工中的应用主要起提高风味、增香、增色、增加光亮度及增加营养的作用。将蜂蜜涂在产品表面，淋油或油炸，可使产品产生独特的焦糖色。同时要掌握所用温度及加热时间，防止制品发硬或焦煳。

2.3.2.3 山梨糖醇

山梨糖醇是白色颗粒或结晶粉末状，广泛存在于植物中，安全性高，可用葡萄糖还原制得。其甜味为蔗糖的一半，甜度较低，常作为白砂糖的代用品。在肉制品加工中，不仅可用作甜味料，还能提高肉制品的渗透性，增加保水性，提高出品率，使制品纹理细腻，肉质细嫩。

2.3.3 酸味剂

酸味调味料品种有许多，在肉制品加工中经常使用的有醋、番茄酱、番茄汁、山楂酱、草莓酱、柠檬酸等。酸味调料在使用中应根据工艺特点及要求去选择。

2.3.3.1 食醋

食醋为中式糖醋类风味产品的重要调味料，含醋酸 3.5%以上，如与糖按一定比例配合，可形成宜人的甜酸味。当与醇类同在一起时，就会发生酯化反应，在风味化学中称为"生香反应"。食醋在肉制品加工中起到去腥作用，尤其鱼类肉原料更具有代表性。

2.3.3.2 柠檬酸

柠檬酸是一种多功能的、被广泛使用的酸味剂，它有较高的溶解度，对金属离子的螯合能力强，具有令人愉快的气味和极低的毒性。在香肠生产中应用，柠檬酸具有良好的护色作用。柠檬酸还可有效降低肉制品的 pH，能够起到抑制微生物生长繁殖的作用，因此可用于密封包装的肉类食品的保鲜。柠檬酸及其钠盐还具有一定的抗氧化能力，可防止腊肉如香肠和火腿脂肪发生氧化。此外在 pH 较低的情况下，亚硝酸盐的分解愈快愈彻底，这也保证了腌制肉制品的使用安全。

2.3.4 增味剂

增味剂也称风味增强剂，指能增强食品风味的物质，主要是增强食品的鲜味，故又称为鲜味剂。鲜味调味品在肉制品主要有谷氨酸钠、肌苷酸钠、琥珀酸及其钠盐等。

2.3.4.1　谷氨酸钠

谷氨酸钠又称味精或味素，为无色至白色棱柱状结晶或结晶性粉末。加热至120 ℃时失去结晶水，大约在 270 ℃发生分解。在 pH 为 5 以下的酸性条件或者在强碱性条件下会使鲜味降低。在肉品加工中，一般用量为 0.2~1.5 g/kg，回锅肉可用到 5 g/kg。对酸性强的食品，可比普通食品多加 20%左右。

2.3.4.2　肌苷酸钠

肌苷酸钠是白色或无色的结晶性粉末，性质稳定，100 ℃下加热 1 h 无分解现象。但在动、植物磷酸酯酶作用下分解而失去鲜味。肌苷酸钠鲜味是谷氨酸钠的 10~20 倍，与谷氨酸钠共同使用对鲜味有相乘效应，所以一起使用效果更佳。

2.3.4.3　琥珀酸及其钠盐

琥珀酸及其钠盐，为无色至白色结晶或结晶性粉末，易溶于水。在水溶液呈中性至微碱性，pH 7~9，味觉阈值为 0.03%。在肉制品加工中使用范围在 0.02%~0.05%。

2.3.5　发色剂与护色剂

所谓发色剂其本身一般为无色的，但与食品中的色素相结合能固定食品中的色素，或促进食品发色，起到促进颜色呈色的作用。在肉制品中尤其是腌制肉制品中使用的发色剂一般是硝酸盐和亚硝酸盐，护色剂是抗坏血酸、异抗坏血酸及其盐。发色剂亚硝酸盐的介绍及其在肉制品加工中的作用见 2.1.3。护色剂抗坏血酸、异抗坏血酸及其盐及其在肉制品加工中的作用见 2.1.5。

2.3.6　着色剂

在肉制品生产中，为使制品具有鲜艳的肉红色，常常使用着色剂，目前国内大多使用红色素。红色素分为天然和人工合成两大类。天然红色素，以红曲色素最为普遍，此外还有焦糖色素、虫胶色素、辣椒红素等。人工合成红色素种类较多，但根据食品添加剂使用卫生标准，我国只准有限制地使用胭脂红（食用红 1 号）、苋菜红（食用红 2 号）两种。胭脂红为水溶性色素，规定使用的剂量不超过 0.125 mg/kg。苋菜红为胭脂红的异构体。值得注意的是化学合成色素有致癌性，因此，在实际生产中应尽量避免使用。因此本书将着重介绍两种使用最为普遍的天然色素。

2.3.6.1　红曲色素

红曲米是将红曲霉菌接种于蒸熟的米粒上，经培养繁殖后所制成的。红曲色素是由红曲霉菌菌丝体分泌的次级代谢物，可用酒精浸泡红曲米，抽提红色的浸泡液，或是将红曲霉菌的深层培养液进一步结晶精制得到。能形成红曲色素的霉菌主要有三种，即紫红曲霉、红色红曲霉和毛曲霉，其色素颜色包括黄色、橙红色和红色，在肉制品加工中实际应用的主要是醇溶性的红斑素和红曲色素。红曲霉菌是不产生霉菌毒素的霉菌种类，红曲色素对动物体无不良影响，是安全无毒的添加剂。

红曲色素能赋予肉制品特有的"红肉色"，当然这种上色与硝酸盐类与肌红蛋白形成亚硝基肌红蛋白的原理完全不同，而是直接染色。红曲霉菌在形成色素的同时，还合成谷氨酸类物质，具有增香作用。

2.3.6.2　焦糖

焦糖又称酱色或糖色，外观是红褐色或黑褐色的液体，也有的呈固体状或者粉状，是我国传统使用的色素之一。焦糖是由富含碳水化合物（如蔗糖、淀粉糖浆等）的天然原料制成。液体的焦糖是将蔗糖、葡萄糖或麦芽糖浆，在 160~180 ℃ 的高温下加热 3 h，使之焦糖化，然后用碱中和得到。粉状或块状的焦糖是将液体焦糖用喷雾干燥或其他方法干燥而制成。

焦糖可以溶解于水以及乙醇中，但在大多数有机溶剂中不溶解。浓缩的焦糖有明显的焦味，但冲稀到常用水平则无味。焦糖水溶液晶莹透明。焦糖的颜色不会因酸碱度的变化而发生变化，并且也不会因长期暴露在空气中受氧气的影响而改变颜色。焦糖在 150~200 ℃ 的高温下颜色稳定。焦糖比较容易保存，不易变质。焦糖在肉制品加工中应用主要起到增色，补充色调，改善产品外观的作用。

2.3.7　结构改良剂

2.3.7.1　磷酸盐

磷酸盐的介绍及其在肉制品加工中的作用见 2.1.2。

2.3.7.2　葡萄糖酸-δ-内酯

葡萄糖酸-δ-内酯是果汁、果酒、麦芽及啤酒中存在的天然成分，是碳水化合物新陈代谢的中间产物。葡萄糖酸-δ-内酯为白色结晶性粉末，无臭，口感先甜后酸，易溶于水，略溶于乙醇，在约 135 ℃时水溶液缓慢水解成葡萄糖酸，水解速度可因温度或溶液的 pH 而有所不同，温度越高或 pH 越高，水解速度越快。我国规定，葡萄糖酸-δ-内酯可用于午餐肉、香肠（肉肠）制品，最大使用量 3.0 g/kg，控制残留量 0.01

mg/kg。

　　葡萄糖酸-δ-内酯可与其他配料一起直接添加到绞碎的肉中，添加量为0.1%~0.2%（最多 0.3%，否则产品太酸），足够达到所需达到的 pH。当其应用到法兰克福香肠中时，可使制品色泽鲜艳，持水性好，富有弹性，且具有防腐作用，能够延长货架期，还能降低制品中亚硝胺的生成。

2.3.7.3　淀粉

　　淀粉的种类很多，按来源可分为玉米淀粉、甘薯淀粉、马铃薯淀粉、木薯淀粉、绿豆淀粉、豌豆淀粉、魔芋淀粉、蚕豆淀粉及燕麦淀粉等。各种淀粉各具特色，用途也有一定差异。按分子结构，可分为直链淀粉和支链淀粉。大多数淀粉都含有直链淀粉和支链淀粉，含直链淀粉越多，淀粉越易老化。按是否经过化学或酶处理而使淀粉改变原有的物理性质，可分为变性淀粉和非变性淀粉。目前常用的变性淀粉有环状糊精、氧化淀粉、醋酸淀粉、阳离子淀粉、酯化淀粉、醚化淀粉、交联淀粉、接枝共聚淀粉和速溶凝胶淀粉等。

　　淀粉是肉制品加工中使用较多的增稠剂，无论是中式肉制品还是西式肉制品，大都需要淀粉作为增稠剂。淀粉从外观上看呈粉末状形态，而在显微镜下观看，淀粉都是由无数个大小不一的白色的淀粉颗粒所形成，不溶解于冷水。

　　淀粉溶液在加热时会逐渐吸水膨胀，发生糊化，糊化开始时的温度为 55~63 ℃。一般的淀粉中都含有直链淀粉和支链淀粉。直链淀粉在冷水中不溶解，只有在加压或是加热的情况下才能逐步溶解于水，形成较为黏滞的胶体溶液，这种溶液的性质非常不稳定，静置时容易析出粒状沉淀。支链淀粉极易溶解于热水中，形成高黏度的胶体状溶液，并且这种胶体溶液即使在冷却后也很稳定。因此，淀粉作为肉制品中常用的增稠剂，它的黏度大小实际上是与所选用的淀粉中支链淀粉含量的高低密切相关。一般来讲，淀粉中支链淀粉含量高的，其增稠效果好，强度大；而淀粉中支链淀粉含量低的，则增稠效果差，黏度小。

　　在肉制品生产中，加入淀粉后，对于制品的持水性、组织形态均有良好的效果。这是由于在加热过程中，淀粉颗粒吸水、膨胀、糊化的结果。据研究，淀粉颗粒的糊化温度较肉蛋白质变性温度高，当淀粉糊化时，肌肉蛋白质的变性作用已经基本完成并形成了网状结构，此时淀粉颗粒夺取存在于网状结构中结合不够紧密的水分，这部分水分被淀粉颗粒固定，因而，持水性变好，同时，淀粉颗粒因吸水而变得膨润而有弹性，并起着黏着剂的作用，可使肉馅黏合，填塞孔洞，使成品富有弹性，切面平整美观，具有良好的组织形态。同时在加热蒸煮时，淀粉颗粒可吸收溶化成液态的脂肪减少脂肪流失，提高成品率。

　　常见的油炸制品，原料肉如果不经挂糊、上浆，在旺火热油中，水分会很快蒸发，鲜味也随水分跑掉，因而质地变老。原料肉经挂糊、上浆后，糊浆受热后就像替原料穿上一层衣服，立即凝成一层薄膜，不仅能保持原料原有鲜嫩状态，而且表面糊浆色泽光润、形态饱满，使制品更加美观。通常情况下制作灌肠时使用马铃薯淀粉或玉米淀粉，加工肉糜罐头时用玉米淀粉，制作肉丸等肉糜制品时用小麦淀粉。肉糜制品的淀粉用量视品种而不同，可在5%~50%的范围内，如午餐肉罐头中约加入6%淀粉，炸肉丸中约加入15%淀粉，粉肠约加入50%淀粉。高档肉制品则用量很少，并且使用玉米淀粉。

2.3.7.4 卡拉胶

卡拉胶是一种天然的食品配料，它是以红色海藻角叉菜、麒麟菜、耳突麒麟菜、粗麒麟菜、皱波角叉菜、星芒杉藻、冻沙菜、钩沙菜、叉状角藻、厚膜藻为原料，经过水或碱提取、浓缩、乙醇沉淀、干燥等工艺精制而成。

卡拉胶是纯植物胶，是一种多糖成分，是肉制品常用的凝固剂、增稠剂、乳化剂和稳定剂之一。卡拉胶和琼脂一样具有独特的凝固性，一般卡拉胶的凝胶强度不如琼脂的高，但卡拉胶的透明度比琼脂的好。根据其结构特点，卡拉胶的水溶液表现出如下三种不同的性质：在水中形成可逆或热可逆的凝胶，或是不形成凝胶起到增稠的作用。

在热水中，所有类型的卡拉胶都溶解，卡拉胶的水溶液相当黏稠，其黏度大小因所用海藻的种类、加工方法的不同，差别很大。干的粉末状的卡拉胶很稳定，长期放置不会很快降解，比果胶或褐藻胶等多糖的稳定性好得多。卡拉胶在中性和碱性溶液中也很稳定，即使加热也不水解。但在酸性溶液中，尤其在pH 4.0以下时易发生水解，使大分子水解为小分子，结果凝胶强度和黏度下降。

卡拉胶是天然胶质中唯一具有蛋白质反应性的胶质，它能与蛋白质形成均一的凝胶，其分子上的硫酸基可以直接与蛋白质分子中的氨基结合，或通过Ca^{2+}等二价阳离子与蛋白质分了上的羧基结合，形成络合物。正由于卡拉胶能与蛋白质结合，添加到肉制品中，在加热时表现出充分的凝胶化，形成巨大的网络结构，可保持制品中大量水分，减少肉汁的流失，并且具有良好的弹性和韧性。卡拉胶分子中含硫酸根，可保持自身质量10~20倍的水分。在肉馅中添加0.6%时，即可使肉馅保水性从80%提高到88%以上。其还具有很好的乳化效果，稳定脂肪，表现出很低的离油值，从而提高制品的出品率。另外，卡拉胶还有防止盐溶性肌球蛋白及肌动蛋白的损失，抑制鲜味成分的溶出和挥发的作用。

在肉制品中，卡拉胶的使用是简单地将其渗入盐水中，借助盐水注射器和按摩加工，使它与盐水溶液共同进入肉组织中。一般推荐的使用量为成品质量的0.1%~0.6%。在使用卡拉胶粉末时，首先将卡拉胶粉末放在冷水系统中分散，并最好在含盐的系统中进行，这样可防止胶粉末膨胀溶解，不致形成团块，尤其适宜在含有钾离子、钙离子的溶液中进行，同时加以高速混合搅拌，然后将这种初步分散的胶液加热至溶胀。盐水中的卡拉胶悬浮物渗透到肉组织中，再经热处理（肉中心温度在 60 ℃以下），肉中的卡拉胶粒子溶胀，并黏合肉中的水分和可溶性蛋白，随着加热处理后的最终冷却（温度在 50 ℃以下），卡拉胶在肉中凝结而形成大面积的凝胶网络，从而大大改善了肉制品的水黏合能力，保留了肉中的水分，增加了肉的黏度，并提高了产品的出品率。

2.3.8　防腐保鲜剂

2.3.8.1　苯甲酸

苯甲酸亦称安息香酸，为白色晶体，无臭，难溶于水，钠盐则易溶于水。苯甲酸及其钠盐在酸性条件下，对细菌和酵母有较强的抑制作用，抗菌谱较广，但对霉菌效果较差，可延缓霉菌生长。pH 中性时，防腐能力较差。苯甲酸及其钠盐进入人体后在肝脏自行解毒，没有积累，适用于稍带酸性的制品。允许使用量为 0.2~1 g/kg。

2.3.8.2　山梨酸

山梨酸即 2,4-己二烯酸，是一种白色针状或粉状结晶，是目前国际上公认的毒性最低的防腐剂。山梨酸由于它分子的特殊结构而具有抑制微生物的生长繁殖的作用。据资料报道，山梨酸防腐效果是苯甲酸的 8~10 倍。

目前山梨酸的应用已被推广到多种行业。在肉类制品的防腐中，当 pH 为 6 时，山梨酸及其盐类的防腐效果和用高浓度亚硝酸盐效果相仿，甚至更好，且制品的色、香、味均比用高浓度亚硝酸盐好，同时还减少了有致癌性的亚硝胺的生成。在水产制品中山梨酸可抑制鱼类及其制品因霉菌而发生的霉变，加入小于 0.1%山梨酸，就可抑制霉菌和嗜冷腐败菌的生长，大大延长贮存时间。

2.3.8.3　双乙酸钠

双乙酸钠是一种新型食品添加剂，主要用于粮食和食品的防霉、防腐、保鲜、调味等。由于它安全、无毒、无残留、无致癌、无致畸变，被联合国卫生组织公认为无毒性物质，应用广泛。

2.3.8.4　乳酸链球菌素

乳酸链球菌素（Nisin）是从链球菌属的乳酸链球菌发酵产物中提取的一类多肽化合物，又称乳酸链球菌肽。由于乳酸链球菌在分类学上属于血清 N 群，所以乳酸链球菌素又叫 Nisin（即 N 群抑菌物质）。Nisin 对多数革兰阳性菌和少数革兰阴性菌有抑制作用。它主要用于乳制品和某些罐头食品的防腐，还可用于鱼、肉类、酒精饮料等的保鲜。

乳酸链球菌素一般不抑制革兰阴性菌、酵母和霉菌，而对于革兰阳性菌，如葡萄球菌属、链球菌属、微球菌属和乳杆菌属的某些菌种可起到较强的抑制作用，并能够抑制大部分梭菌属和芽孢杆菌的孢子。Nisin 通过吸附到微生物的细胞膜上起作用。研究表明，pH 为 6.5 时吸附量达 10%，当 pH 降低到 5.5 和 4.5 时，其吸附量分别为 69% 和 43%，当 pH 为 1.5~2.5 时完全解吸。

Nisin 在培养基中有抑制肉毒梭菌产毒作用。如果将 Nisin（100~250 mg/kg）添加到火腿中与亚硝酸盐（120 mg/kg）同时使用，可以降低亚硝酸盐的单独使用量（156 mg/kg），且不影响火腿色泽和防腐效果。它除了延长培根或鸡肉法兰克福肠的贮藏期外，还可阻止肉中李斯特菌和金黄色葡萄球菌的生长，也能抑制肉毒梭菌在熏制鱼中产生毒素。

2.3.8.5 溶菌酶

溶菌酶又称胞壁质酶或 N-乙酰胞壁质聚糖水解酶，广泛存在于动物组织和分泌物中，以鸡蛋清中最丰富，占蛋清蛋白总量的 3.4%~3.5%，是一种碱性蛋白酶。溶菌酶的典型作用底物是细胞壁糖胺聚糖、甲壳质及糖苷。通过切断 N-乙酰胞壁酸和 N-乙酰葡糖胺之间的 β-1,4 糖苷键来催化细胞壁的肽聚糖水解，进而溶解细菌的细胞壁。

溶菌酶作为一种无毒无害蛋白质还是一种安全性很高的杀菌剂。溶菌酶作为防腐剂应用于食品工业中有以下优点：是很稳定的蛋白质，有较强的抗热性；不会因为有机溶剂的处理而失活，当转移到水溶液中时，溶菌酶的活力可全部恢复；可被冷冻或干燥处理，且活力稳定；适宜 pH 5.3~6.4，可用于低酸性食品防腐；生产成本较低；抗菌谱较广，不仅局限于 G⁺菌，对部分 G⁻菌也有抑制效果。

2.3.9 抗氧化剂

肉制品在存放过程中常常发生氧化酸败，因而可加入抗氧化剂，以延长制品的保藏期。抗氧化剂品种很多，天然存在的如维生素 C、维生素 E 等均具有良好的抗氧化效果。目前用于肉制品的化学抗氧化剂主要有丁基羟基茴香醚（BHA）、二丁基羟基甲苯（BHT）和没食子酸丙酯（PG）。实验证明，在肉制品中使用 BHT 的效果较好。

BHT 又称为 2,6-二叔丁基-4-甲基苯酚，为白色结晶或结晶性粉末，无味、无臭，不溶于水、苛性碱及甘油，可溶于各种有机溶剂和油脂。BHT 可用于大多数肉制品，如腊肉、火腿、各式香肠、肉脯、肉干、肉松等产品。在 40 ℃时，在猪油中的溶解度为 40 g/100 g。这是一种无毒抗氧化剂，能使油脂在自然氧化过程中的连锁反应中断，从而阻止了油脂的氧化作用。与其他抗氧化剂相比，对热相当稳定。它没有 PG 与金属离子反应而着色的缺点，也没有 BHA 的异味，而且价格低廉，所以是肉制品中一种比较理想的抗氧化剂。使用时，可将 BHT 与盐和其他辅料拌均匀，一起掺入原料肉中进行腌制。也可将 BHT 预先溶解于油脂中，再按比例加入肉制品中或涂抹在肠体表面，或是用含有 BHT 的油脂生产油炸肉制品。

第**3**章

肉制品加工常用机械设备

在现代肉制品加工过程中，离不开专用的机械设备。肉类加工的一般顺序（这里采用哈尔滨红肠的制作工艺为例）是原料肉与脂肪的腌制、瘦肉绞碎、脂肪切丁、拌馅、灌肠、干燥、蒸煮、烟熏。在这个过程中就要用到大大小小的各种加工设备，如绞肉机、灌肠机、烟熏炉等。

一方面通过食品加工机械与运用，除可完成人工无法完成的作业外，还可规范生产程序，保证产品质量，通过设定合理的操作程序，利用机械自动完成作业，因减少了传统生产过程中人的直接参与和操作的随意性，产品质量的均一性更好，卫生质量更高。另一方面通过食品加工机械与运用还能够提高劳动生产率和产品质量，降低物耗，使得生产成本得以有效降低。本章就肉制品加工中经常使用的一些机械设备进行相应的解释，以帮助读者加深对肉制品加工工艺和手段的认知与理解。

3.1 ▶▶ 切割设备

3.1.1 冻肉切块机

冻肉切块机（图 3-1）可在不预先解冻情况下，将冻肉切割成后续生产工艺所需大小的肉块。如后续加工过程中原料肉需要绞成肉馅或是需要进一步斩拌。冻肉切块机大致分为两种类型，即在垂直方向用刀切割（铡刀原理）或是应用安装在转鼓上的快刀工作。在铡刀型机器中，冻肉块可通过液压驱动刀头被切割成小块、肉丁或者是肉条。其优点在于无需将冻肉块进行解冻缓化，减少了原料肉的解冻损失，并大大提升了肉制品的加工效率。

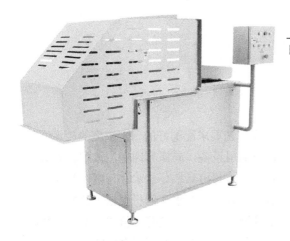

图3-1　冻肉切块机

3.1.2　绞肉机

绞肉机（图3-2）可将原料肉按不同工艺要求加工规格不等的颗粒状肉馅，广泛适用于香肠、火腿肠、午餐肉、丸子等肉制品的加工。绞肉机工作时利用转动的切刀刃和孔板上孔眼刃形成的剪切作用将原料肉切碎，并在螺杆挤压力的作用下，将原料不断排出机外。可根据物料性质和加工要求的不同，配置相应的刀具和孔板，即可加工出不同尺寸的颗粒，以满足相应产品的工艺要求。绞肉机一般由机架、绞刀、挤肉样板、旋盖、绞筒、绞笼、料斗等部件组成。工作时，先开机后放入肉块或肉条，由于肉料的重力和螺旋供料器的旋转，把肉料连续地送往绞刀口切碎。因为螺旋供料器的螺距后面比前面小，但螺旋轴的直径后面比前面大，这样对物料产生了一定的挤压力，这个力迫使已切碎的肉料从格板上的孔眼中排出。要注意的是一旦机器开始运转则严禁将手或其他异物放入进料口，以免造成人员受伤。如果发生紧急状况则应当立即按下紧急停止按钮。

图3-2　绞肉机

3.2 ▸▸ 腌制设备

3.2.1 盐水注射机

盐水注射机（图3-3）是一种能够将按照工艺要求配制好的一定浓度的盐水注入原料肉中使原料肉被充分腌渍的一种快速腌制用设备，向原料肉中注入配制的盐水溶液能使肉块嫩化、松软，并提高了肉制品品质与出品率。盐水注射机以其动力不同，分为机械盐水注射机和气动盐水注射机。有一些盐水注射机根据工艺要求带上了变频功能，使盐水注射机在肉制品加工领域的应用更加完善。值得注意的是每次使用之后必须将所用的注射针头清洗干净，因为如有颗粒残留则会堵塞注射针头导致机器损坏，此外残留的微生物也会随着下次的注射污染原料肉。

图3-3 盐水注射机

3.2.2 滚揉机

滚揉机（图3-4）的类型可分为自吸式真空滚揉机、全自动真空滚揉机、偏口式真空滚揉机、无真空滚揉机、变频真空滚揉机等。滚揉机是利用物理冲击的原理，让原料肉在滚筒内上下翻动，相互撞击、摔打，起到按摩、腌渍作用。一般在滚揉过程中往往加入腌制用盐（食盐、磷酸盐等），盐水会充分被原料肉吸收，并部分吸出一些蛋白质，这些半流体的蛋白质会与肉块、磷酸盐一道结合形成更好的空间网络状结构，使得肉制品的产品质地及保水性、出品率显著提升。真空滚揉机还配置有真空泵，可使料斗内部大气压显著降低，从而增加盐水渗透速率，大大提升腌制的效率与腌制的均匀程度。值得注意的是，目前滚揉机都配有制冷辅助功能，以免在滚揉过程中由于原料肉与机器内壁不断碰撞产生热量而导致的微生物的生长或因原料肉过热导致的产品品质的下降。

图3-4　滚揉机

3.3 ▶▶ 搅拌与斩拌设备

3.3.1　搅拌机

搅拌机又称拌馅机（图3-5），是用于混合粗斩拌或细斩拌肉料与各种调料或添加剂的必备设备，也是制作风干肠类产品、粒状与泥状混合肠类产品、丸类产品的首选设备。这种机器一般由一个长方形圆底容器和搅拌桨组成。搅拌桨一般与转轴焊接在一起，工作时不断翻搅混合肉馅，以达到混匀肉馅的作用。搅拌机可通过倾斜90°角的方式拆卸。有些搅拌机还配置有真空设备，在真空条件下不仅能起到提升混料速率的作用，还能够使调料或添加剂更加充分地与肉馅结合，以改善产品颜色和质地。

图3-5　搅拌机

3.3.2　斩拌机

斩拌机多为盘式斩拌机（图3-6），是利用斩刀高速旋转的斩切作用，将肉及辅料在短时间内斩成肉馅或肉泥状，再加入脂肪、水或冰一起斩拌可得到均匀的乳化肉糜。斩拌机是制作乳化香肠（如法兰克福香肠、图灵根香肠、慕尼黑香肠等）的必备设备。其作用在于能够有效提升乳化肠类产品的弹性和细腻度。斩拌机是由一个水平旋转的转盘和安装在水平轴上以最高达 5000 r/min 转速的垂直旋转的弯刀组成的。转盘容积按照设备的大小也是不同的，工厂生产转盘容积为 10~90 kg/锅，但是一般实验室用斩拌机的容积要求较小，为 5~10 kg/锅。弯刀的数量、形状、排列和转速是决定斩拌机性能的主要因素。此外，斩拌机配置有温度计，在斩拌期间能实时显示以及控制转盘内肉糜的温度。目前还有一些大型斩拌机可以实现真空斩拌，通过将肉馅与氧气隔离可有效避免产生气泡，有助于改善肉制品的颜色和结构。需要注意的是在斩拌机运行过程中严禁打开盖板，严禁将手伸入斩拌机中，若有意外情况发生则应立即按下紧急停止按钮。

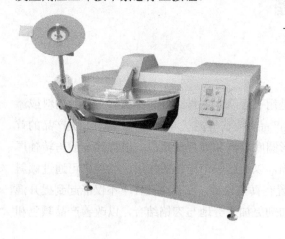

图3-6　斩拌机

3.3.3　制冰机

制冰机（图3-7）是一种将水通过蒸发器由制冷系统中制冷剂冷却后生成冰的制冷机械设备，根据蒸发器的原理和生产方式的不同，生成的冰块形状也不同。一般以冰的形状将制冰机分为颗粒冰机、片冰机、板冰机、管冰机、壳冰机等。在肉制品加工中一般使用的是片冰机，其可快速生产大量的如鳞片状的碎冰屑。其主要作用一方面可以替代肉制品生产工艺中所需的水分，另一方面在于能降低肉制品的温度，使肉制品维持在低温状态，从而保证肉制品的品质质量。例如在生产乳化香肠时，则需要在斩拌过程中加入适量的碎冰屑，以维持乳化肉糜较低的温度，防止斩拌过程中因肉糜温度升高而导致的蛋白变性，持水性降低以及质地变差。

图3-7　制冰机

3.4 ▸▸ 灌肠用设备

3.4.1　灌肠机

灌肠机广泛适用各种肠类制品的灌制。灌肠机分为手动灌肠机和自动灌肠机，工厂生产一般采用自动灌肠机，其运作原理为通过控制内部活塞的上下伸缩来连续或间歇式地将肉馅挤压至肠衣中，这大大提升了香肠类肉制品的生产效率。目前大型作业用的现代灌肠机可配备真空设备（图3-8）。在灌肠过程中伴随真空作用，将很大一部分混在肉馅中的空气抽出，这会有效降低香肠中空心气泡的产生，大大提升了产品品质和结构。但这种类型的连续装填设备比较昂贵，所以小规模作业中不用这些机器。需要注意的是使用结束后必须彻底清理灌肠机，防止残留肉馅腐败变质，微生物污染设备。

图3-8　真空灌肠机

3.4.2 卡扣机

卡扣机又称香肠结扎机，其作用在于用小的铝制密封夹固定密封香肠两端，代替人工打结，一般用于灌制工艺之后。自动卡扣机（图3-9）也可以与灌肠机结合使用，这种机器与所谓的肠衣辊轧机一起工作，将灌满的肠衣段按段扎紧，可实现连续化生产。在实验室生产过程中往往使用人工操作的手动卡扣机。

图3-9　自动卡扣机

3.5 ▶▶ 熟制设备

熟制设备主要是蒸煮锅。蒸煮锅又称蒸煮桶、蒸煮槽（图3-10）或夹层锅。一般容积为50~1000 L。按照结构形式可分为立式蒸煮锅、可倾式蒸煮锅、卧式蒸煮锅或固定式蒸煮锅，还可按工艺需要采用带搅拌与不带搅拌。其按加热方式可分为电加热蒸煮锅、蒸汽加热蒸煮锅、燃气加热蒸煮锅以及导热油加热锅。蒸煮锅的优点在于可精确调控加热温度，控制加热时间，能够快速将水温提升至所需温度。需要注意的是在导热油加热锅使用过程中，应经常注意导热油温度变化，通常情况导热油不许超过150 ℃。

图3-10　蒸煮槽

3.6 ▶▶ 熏制设备

熏制设备主要是烟熏箱。目前在肉制品加工工厂中，全自动烟熏箱（图3-11）已经普遍代替了传统的土炉烟熏。全自动烟熏箱具有智能操作系统，可实现连续的或单步的蒸煮、烘干、干燥、烟熏等操作，主要由主机（炉体）发烟装置、主管路、高压蒸汽系统、低压蒸汽系统、电器控制部分等系统组成。肉制品的烟熏、蒸煮等工序都在主机内进行，箱体上部设有电动风机，电动风机设有高速和低速旋转，使盘管加热器的热量和低压蒸汽在箱内强制循环，控制箱内烟量和温度均匀。箱内设有温度传感器，用于自动检测蒸煮、烘干和烟熏温度。一般情况下烟熏箱的发烟方式为外置发烟，烟熏箱上部为锯末箱，伴有搅拌器，其底部与发烟炉盘的电热器相连，电热器由电控箱上的发烟按钮控制，锯末受热缓慢燃烧而发烟，被风机吸入主机以达到熏制的目的。烟熏箱在使用过程中，按照不同的产品，选择的发烟方式也不同。一般针对具体产品温度工艺可分为冷、热、温三种熏烟方法。一般烟熏箱冷熏在25 ℃以下，像一些海鲜鱼类等要求低温熏制的产品，烟熏箱热熏在80~110 ℃之间，需要熟制的产品选择热熏。

图3-11　全自动烟熏箱

3.7 ▶▶ 灭菌设备

灭菌釜（图3-12）是一种灭菌设备，又叫杀菌釜、杀菌锅或者杀菌机，可用于食品、医药等各个领域。灭菌釜由锅体、锅盖、开启装置、锁紧楔块、安全联锁装置、轨道、灭菌筐、蒸汽喷管及若干管口等组成。其由有一定压力的蒸气为热源，用于杀灭包装后肉制品中的微生物。灭菌釜具有受热面积大、热效率高、加热均匀、液料沸腾时间短、加热温度容易控制等特点。

图 3-12　灭菌釜

3.8 ▶▶ 包装设备

3.8.1　真空包装机

对于真空包装来说，需要将肉制品放置到真空袋中。真空包装机（图 3-13）开启操作后，会自动按程序完成抽真空、封口、冷却、排气的过程。其原理在于通过真空设备将空气从袋中挤出，然后将袋口热塑密封。由于除去了包装袋中的氧气，从而控制并减慢了好氧微生物的生长繁殖，减缓了蛋白质的降解和脂肪的酸败。需要注意的是真空包装机在使用时一定要选择合适的包装袋，包装袋要具有阻气性、防水性、隔味性、遮光性以及良好的机械性能。

图 3-13　真空包装机

3.8.2　气调包装机

气调包装机（图3-14）能够将原有的包装盒内空气抽真空，并充入按一定配比的混合气体（氮气、氧气、二氧化碳）对被包装的食品进行有效保鲜保护。气调包装机可分为：盒装气调包装机/袋装气调包装机；全自动气调包装机/半自动气调包装机。其原理是二氧化碳气体可抑制大多数腐败细菌和霉菌生长繁殖，是保护气体中的主要抑菌成分。氧气可有效抑制大多数厌氧腐败细菌生长繁殖，保持鲜肉色泽。氮气本身与食品不起作用，作为填充气体与上述特种气体组成复合保鲜气体。气调包装与真空包装相比，对于肉制品的货架期影响并无显著差别，但气调包装会减少产品受压和汁液渗出，并使肉制品保持良好的色泽。在进行包装时，应当依据不同的肉制品选择合适的包装方式。

图3-14　气调包装机

第4章

肉制品加工基本操作单元

肉制品是以畜禽肉为主要原料，经腌制（或未经腌制）、绞碎或斩拌乳化成肉糜状，并混合各种辅料，根据品种不同再分别经过灌制、烘烤、蒸煮、烟熏或干制等工序制成的产品。现代肉制品生产已经实现了高度机械化和自动化，许多先进的肉制品加工技术已经运用到生产实践中，但为了更好地控制生产，稳定产品质量，必须加强肉制品生产中一些关键环节以及控制要点技术的理论学习。

4.1 ▸▸ 切割

4.1.1 切丁

通过手工切丁或用切丁机，将脂肪组织或肥膘切割成 2~4 cm 的肉丁，以方便其后续的斩拌和乳化。切丁前，应将肥膘预冷，使其温度控制在 −4~−2 ℃。此外，灌肠后如果脂肪集结在肉馅表面和肠衣内壁，不利于干燥时肉馅中水分的散发，甚至会造成产品的酸败变质，所以肥膘切丁后需要漂洗去油。漂洗时将水温保持在 35 ℃左右最合适，否则水温过高会将肥膘丁烫熟，而水温过低则达不到除油的目的。漂洗后将除油的肥膘用冷水冲洗并沥干。

4.1.2 绞肉

绞肉是根据不同产品的工艺及配方需要，利用机械作用将不同的原料肉按要求的大小切碎的过程。其中，对于可食用的大块动物软组织，可以用绞肉机将其变小。大的冻肉块则可以用切块机或切片机切割成丁或者薄片，冻肉块（2~10 cm）无需预先解冻就可以直接用盘式斩拌机斩拌，有效避免了解冻期间汁液损失、细菌繁殖和变色等问题的发生。此外，一些专门设计的绞肉机还装有分离"硬"组织的装置，可以将蹄筋以及骨头颗粒等从"软"组织（绞碎的肌肉颗粒）中分离出来。

通过绞肉可以改善制品的均一性，进一步提高产品的嫩度。但是，绞肉过程中肉温不能超过 10 ℃，绞脂肪时应该少量多次投入，防止脂肪熔化。此外，用绞肉机绞制过程中，必须选择合适的孔板孔径，孔径过小会将瘦肉绞成肉泥，可能导致后续肠衣阻塞或不便刺孔现象；孔径过大则会造成肉粒过大，影响成品的切片性。

4.2 ▶▶ 腌制

4.2.1 腌制的原理与作用

腌制是肉制品加工中的一个重要工艺环节，也是肉品贮藏的一种传统方法。随着食品科学的发展，腌制的主要目的已经从单纯的防止腐败变质发展到改善肉制品的风味和色泽，进而提高肉制品的质量。肉类的腌制主要是指在不同工序中，将食盐或以食盐为主，将亚硝酸盐或亚硝酸盐、蔗糖、香辛料等辅料加入不同粒径大小的原料肉中对其进行腌渍并制成肉制品的方法。腌制实际上是腌制剂扩散和渗透的过程，添加腌制剂后，肌肉组织后会发生一系列的生物化学变化，同时还伴随着复杂的微生物发酵过程，这些都有助于改善和提高腌肉制品的食用品质，赋予腌肉制品独特的色泽和风味，同时有效提高它的耐藏性。

4.2.2 肉腌制过程中的变化机理

4.2.2.1 腌肉色泽的形成机制

腌制品的色泽与肉中的色素蛋白的变化密切相关。在腌制过程中，肉中血红蛋白和肌红蛋白的氧化速度会加快，使肉的色泽发生变化，呈现红色、褐色或变质样绿色等。为了使腌制品可以表现出红色或者粉红色，在腌制过程中常添加硝酸盐或亚硝酸盐作为发色剂，与色素蛋白发生反应，形成具有典型腌肉颜色的 NO-肌红蛋白。具体来讲，其形成机制主要包含以下过程。

（1）硝酸盐本身并没有防腐发色的作用，它之所以能在腌肉中起到呈色作用是因为它能在酸性条件和还原性细菌作用下形成亚硝酸盐。

$$NaNO_3 \xrightarrow[+2H^+]{\text{细菌还原作用}} NaNO_2 + H_2O$$

（2）亚硝酸盐在微酸性条件下形成亚硝酸。

$$NaNO_2 \xrightarrow{H^+} HNO_2$$

肉中的酸性环境主要是乳酸造成，在肌肉中由于血液循环停止，供氧不足，肌肉中的糖原通过酵解作用分解产生乳酸。随着乳酸的积累，肌肉组织中的 pH 从原来的正常生理值（7.2~7.4）逐渐降低到 5.5~6.4，在这样的条件下促进亚硝酸盐生成亚硝酸。

（3）亚硝酸是一个非常不稳定的化合物，腌制过程中能在还原性物质作用下生成 NO。

$$3HNO_2 \xrightarrow{还原物质} H^+ + NO_3^- + H_2O + 2NO$$

这是一个歧化反应，亚硝酸既被氧化又被还原。NO 的生成速度与介质的酸度、温度以及还原性物质的存在有关，所以形成 NO-肌红蛋白需要有一定的时间。直接使用亚硝酸盐比使用硝酸盐呈色的速度要快。

（4）NO 与肌肉中的色素蛋白反应生成亚硝基肌红蛋白（NO-Mb）。

$$NO + Mb \rightarrow NO\text{-}MMb$$
$$NO\text{-}MMb \rightarrow NO\text{-}Mb$$

（5）NO-Mb 在后续的加工中会形成稳定的粉红色亚硝基血色原。

$$NO\text{-}Mb + 热 + 烟熏 \rightarrow NO\text{-}血色原（稳定的血色原）$$

4.2.2.2　腌肉风味的形成机制

腌肉中形成的风味物质主要为羰基化合物、挥发性脂肪酸、游离氨基酸、含硫化合物等，当腌肉加热时就会释放出来，形成特有风味。腌肉风味的形成也是腌肉的成熟过程，腌肉的成熟时间越长，质量越佳。一般认为，腌肉特殊风味的形成是含有组氨酸、谷氨酸、丙氨酸、丝氨酸、蛋氨酸等氨基酸的浸出液，脂肪、糖和其他挥发性羰基化合物等少量挥发性物质，以及在某些微生物作用下糖类的分解物等组合而成。腌肉风味在腌制 10~14 天后出现，40~50 天达到最大程度。

在腌制过程中，食盐和复合磷酸盐等的添加以及使用，可以使肉中的盐溶性蛋白（如肌球蛋白、肌动球蛋白、肌浆蛋白等）不断渗出。这些蛋白质在肌肉自身所存在的组织蛋白酶的作用下水解为氨基酸，使得游离氨基酸含量不断增加，而游离氨基酸是肉中风味的前体物质，可以赋予腌肉制品诱人的鲜味和香味。同时，不同种类的肉制品所具有的特有风味都和脂肪有关，腌肉贮藏过程中的游离脂肪酸总量几乎呈直线上升，脂肪及其降解产物可以供给肉制品特有的风味，而且脂肪含量对成熟腌制品的风味也有很大的影响，多脂肉腌制后的风味胜过少脂肉。

此外，在腌肉成熟过程中，肉内仍然进行着腌制剂（如硝酸盐、亚硝酸盐、异构抗坏血酸盐、糖分等）均匀扩散并和肉内成分进一步进行反应的过程。研究已证明硝酸盐和亚硝酸盐可能促进肌肉自身含有的组织蛋白酶发挥作用，对腌肉风味有极大的影响，如果没有它们，那么腌制品仅带咸味而已；它们的还原性还有助于肉处在还原状态，并导致相应的化学和生物化学变化，防止脂肪氧化。糖也可以促进风味的产生，消费者普遍接受的腌制产品最适含糖量为0.65%，一些调味品也可以促进风味的产生。

总之，肉在腌制过程中有复杂的变化，正确地对肉进行腌制，可使肉品质改善、风味宜人。

4.2.3 腌制方法

肉制品腌制的方法很多，根据原料肉的形状以及加工要求的不同，可以分为斩拌肉混合物的腌制以及整块肉的腌制。对于整块肉的腌制而言，由于肉块较大，添加的腌制剂不能立即与肉中色素蛋白反应，因此需要结合不同的腌制技术。具体来讲，整块肉的腌制又包括干腌、湿腌、混合腌制以及注射腌制。但是无论采用何种方式进行腌制，都需要确保腌制剂可以到达肉的内部深处且均匀分布，因此腌制时间主要取决于腌制剂在食品内进行均匀分布所需要的时间。选择正确的腌制方法对肉进行腌制，不仅可以提高肉的耐藏性，同时也可以改善肉品质地、色泽和风味，对产品的后期加工过程以及产品最终的品质、成型性等有重要的作用。

4.2.3.1 斩拌肉混合物的腌制

对于大多数的绞碎肉制品或者香肠混合料，这些制品都需要带有一种红色。亚硝酸盐通常以干粉的形式加入，由于是均匀混合，肉中的色素蛋白能够与亚硝酸盐迅速接触并反应，进而使肉制品表现出红色，而加工过程中的加热或蒸煮等操作也会进一步加快该反应速度。此外，在肉品加工过程中添加抗坏血酸也可以实现该过程的加速，但是抗坏血酸的添加量仅需满足将亚硝酸盐还原成NO的微酸性条件即可，添加量过多会对产品的持水性产生消极影响。

4.2.3.2 整块肉的腌制

（1）干腌法　干腌就是将肉和腌制剂直接混合或者将食盐或混合盐涂擦在肉表面进行腌制的方法。通常，干腌法要求对小肉块进行均匀搅拌，这样利于肉吸收腌制剂，大肉块则需要分层堆在腌制架上或分层装在腌制容器内，依靠肉块外渗汁液形成盐液对其进行腌制。由于盐水形成缓慢且盐分向肉内渗透的速度较慢，所以干腌法是一种周期较长的腌制方法，而周期较长的特点也对产品的规模以及批量生产有较大影响；其次，这种腌制方法在成熟过程要损失大量水分，使产品变得干燥，产品得率低，腌制时间越长，用盐量越高，腌制温度越高，产品的失水越严重。但在干腌过程中，由于腌制材料均使用在肉块表面，而污染的大部分微生物都在表面，因而对微生物有很好的抑制作用，经干腌法腌制后，都要经过长时间的成熟过程，腌制品风味较好。

干腌法生产的产品具有独特的风味和质地，许多熟化期长的制品如金华火腿、中式腊肉、干香肠、风干类禽肉制品以及不需含较多水分的灌肠制品、发酵制品等均采用这种方式进行腌制。在国外，这种生产方法占的比例很少，主要是一些带骨火腿，如乡村式火腿。干腌法操作简单，可以有效地节约场地，减少蛋白损耗且具有耐贮藏等优点，但存在腌制不均匀、水分损失大、颜色较差以及耗费人工等缺点。

（2）湿腌法　湿腌法也称为盐水腌制法，就是将肉浸泡在预先配制好的腌制液中，通过渗透作用以及水分的转移，使腌制剂进入到肉的内部并均匀分布，进而达到腌制的目的。此方法一般用于腌制分割肉、肋部肉等，在腌制过程中，腌制液量一般以刚好浸没上层肉为最佳，配制腌制液的时候，需要先将复合磷酸盐用温水化开，然后再将其与其他腌制剂混合搅匀，重点要控制好盐液的浓度，同时腌制过程中要求腌制温度保持 8~10 ℃。湿腌法的腌制周期与干腌法基本一样，主要决定于盐液浓度和腌制温度，但由于水分含量较多，其制品多不易保藏，且色泽和风味不及干腌制品。

湿腌法多适用于中式酱卤肉产品、鲜制酱禽产品以及无注射的西式火腿产品。腌制液可以重复利用，重复使用时只需要煮沸并添加一定量的食盐即可。湿腌法具有腌制均匀、腌制液可重复使用、肉质柔软、节约劳动力等优点。如今，由于注射、滚揉工艺的引入，湿腌法已经逐渐不被人们所使用，但由于设备投入较少，一些小规模企业仍然应用。

（3）混合腌制　腌制剂在少量水中溶解后与肉混合搅拌均匀的腌制方法称为混合腌制法。混合腌制是将肉类先行干腌而后放入容器内用盐水腌制的方法，该方法结合了干腌法和湿腌法的优点，在腌制过程中，可以避免干腌过程中肉品表面发生脱水现象，内部发酵或腐败也能被有效阻止。此外，由于干腌法中的盐可以及时溶解于外渗水分内，因此可以有效避免因食品水分外渗而降低盐液浓度。混合腌制多在南京板鸭、西式培根的加工以及鲜香肠、乳化肠、肉糜火腿的加工中使用。

（4）注射腌制　在大块肉的腌制过程中，无论选择干腌法还是湿腌法，腌制剂渗透的速度都比较慢，导致其腌制周期较长，而且当肉中心及骨骼周围的关节处有微生物繁殖时，产品未达到腌好的程度就会腐败。因此，为了加快腌制剂的渗透，在肉制品现代加工中广泛采用注射腌制法对大块肉进行腌制。注射腌制法就是采用专业的注射设备把腌制剂注入肉内的腌制方法，包含动脉注射腌制法和肌内注射腌制法。

动脉注射腌制法是用泵将盐水或腌制液经动脉系统压送入分割肉或腿肉内，进而达到散布盐液目的的腌制方法，该方法为散布盐液的最好方法。但是一般分割胴体的方法并不考虑原来的动脉系统的完整性，因此该方法只能用来腌制前后腿。动脉注射过程中，首先将针头插入前后腿上的股动脉切口内，然后用注射泵将盐水压入腿内，使其重量增加 8%~10%。为了控制腿内含盐量，还可以根据腿重和盐水浓度，预先确定腿内应增加的重量，以便获得统一规格的产品。此方法的优点是腌制液可以快速渗入肉制品内部，腌制均匀且速度快；缺点在于腌制的产品需有完整的动脉系统，同时腌制完的产品易腐败，需冷藏保存。

肌内注射腌制法有单针头和多针头注射法两种，单针头注射腌制法可用于各种分割肉，盐水注射量可以根据盐液的浓度计算。多孔针头由于针头数量大且两针相距很近，因而注射至肉内的盐液分布较好，最适用于形状整齐而不带骨的肉类，用于腹部肉、肋条肉最为适宜。利用注射腌制法进行腌制可以使腌制剂分布更均匀，缩短腌制周期，提高生产效率以及产品得率，降低生产成本，但相较于干腌制品，其产品的成品质量和风味稍差，煮熟后肌肉收缩较严重。此外，该腌制方法多与按摩或滚揉工艺结合进行，利用机械的作用促进盐溶性蛋白质抽提，可以进一步加快腌制速度和盐液吸收程度，提高制品保水性，改善肉质。目前，注射腌制法主要应用在西式火腿类产品、带骨禽类产品、中式软包装肉制品等块状肉制品以及含有小肉块的灌肠类制品中，也可以应用于烤肉类制品中，先采用该方法腌制，再对其进行后加工。

4.2.4　腌制的影响因素

4.2.4.1　亚硝酸盐的使用量

肉制品的色泽与亚硝酸盐的使用量有关，用量不足时，颜色淡而不均，在空气中氧气的作用下会迅速变色，造成贮藏后色泽的恶劣变化。为了保证肉呈红色，亚硝酸钠的最低用量为 0.05 g/kg。用量过大时，过量的亚硝酸根的存在又能使血红素物质中卟啉环的 α-甲炔键硝基化，生成绿色的衍生物。为了确保安全，我国规定，在肉类制品中亚硝酸盐最大使用量为 0.15 g/kg，在这个范围内根据肉类原料的色素蛋白的数量及气温情况来决定亚硝酸盐的具体使用量。

4.2.4.2　pH 值

肉的 pH 值对亚硝酸盐的发色作用也有一定的影响。亚硝酸钠只有在酸性介质中才能还原成 NO，故 pH 值接近 7.0 时肉色就淡，特别是为了提高肉制品的持水性，常加入碱性磷酸盐，加入后会造成 pH 向中性偏移，往往使呈色效果不好，所以其用量必须注意。在过低的 pH 值环境中，亚硝酸盐的消耗量增大，而且在酸性的腌肉制品中，如使用亚硝酸盐过量，容易引起绿变，一般发色的最适宜的 pH 值范围为5.6~6.0。

4.2.4.3　温度

生肉呈色过程比较缓慢，经过烘烤加热后，则反应速度加快。如果配好料后不及时处理，生肉就会褪色，特别是灌肠机中的回料，由于氧化，回料从灌肠机出来的时候就已经褪色，这就要求迅速操作，及时加热。

4.2.4.4　腌制添加剂

添加抗坏血酸，当其用量高于亚硝酸盐时，在腌制过程有助呈色的作用，在贮藏时可起护色作用；蔗糖和葡萄糖由于其还原作用，可影响肉色强度和稳定性；加烟酸、烟酰胺也可形成比较稳定的红色，但这些物质没有防腐作用，所以暂时还不能完全代替亚硝酸钠。另一方面，有些香辛料如丁香对亚硝酸盐有消色作用。

4.2.4.5　其他因素

微生物和光线等影响腌肉色泽的稳定性。正常腌制的肉，切开置于空气中后切面会褪色发黄，这是因为亚硝基肌红蛋白在微生物的作用下引起卟啉环的变化。亚硝基肌红蛋白不仅受微生物影响，对可见光线也不稳定，在光的作用下，NO-血色原会失去 NO，再氧化成高铁血色原，高铁血色原在微生物等的作用下，使血红素中的卟啉环结构发生变化，生成绿色、黄色、无色的衍生物。这种褪色、变色现象在脂肪酸败，有过氧化物存在时可加速发生。

4.3 ▶▶ 搅拌

4.3.1　搅拌的概念与作用

搅拌是利用机械方法将切割好的肉馅或肉粒与各种辅料（如食盐、亚硝酸盐、料酒、糖、香辛料等）在较短时间内充分混匀的操作工序。经过搅拌，有利于肉中蛋白质的溶解和膨胀，形成相对稳定的肉糜凝胶网络结构（蛋白质、脂肪和水形成的混合物），使肉糜黏度增加且富有弹性。

4.3.2　搅拌方法

搅拌过程中，首先将瘦肉放入搅拌机中，并将食盐、硝酸盐、磷酸盐和部分冰水等放入，迅速搅拌数分钟后，再将淀粉、辅料加入并继续搅拌，然后将预先切好的肥肉丁及剩余的冰水加入，直接搅拌至符合工艺要求为止，在整个过程中加入冰水或冰屑的目的是防止升温导致蛋白变性。

现代企业加工中为了除去肉馅中的气泡，一般采用真空搅拌。一方面，真空搅拌可以达到混合均匀的效果，而且可以有效减缓蛋白质的分解，加速肉馅的乳化，使肉馅具有更好的黏结性和保水性；另一方面，真空搅拌可以缩短搅拌时间，防止脂肪氧化导致的色泽变化，使肉馅质地稳定性好，而且搅拌过程中微生物处于相对稳定的状态，有利于延长肉制品的货架期。

4.4 ▶▶ 斩拌

4.4.1 斩拌的概念

斩拌工艺是乳化型肉制品生产过程中的重要工序之一，主要是利用斩切刀和转盘组合运动产生的斩切力，将肉块、辅料和冰屑等物质在短时间内斩拌成均匀且富有弹性的肉糜的操作。在斩拌过程中，为了避免由于空气进入肉糜而产生灌肠中孔洞过多、肌红蛋白和脂肪氧化、产品发色不完美以及空气中细菌进入导致腐败加速等不良影响，在普通斩拌的基础上发展了真空斩拌。通过真空斩拌除去肉糜中的小空气泡，不仅可以使蛋白质更多地与水、脂肪结合，而且可以肉糜发色良好，并具有新鲜的肉红色的香肠切面。但是，如果将蒸煮香肠中的空气完全除去，不仅不利于形成香肠的质构，而且也会严重影响香肠的体积，此时可以利用具有抽真空和充气功能的斩拌机，加入氮气等保护气以避免这些问题。

4.4.2 斩拌的作用

4.4.2.1 混合和乳化作用

斩拌工艺不仅具有同搅拌一样的作用，可以使原料肉和各种辅料充分混合，而且整个过程还伴随着肉的乳化，大量盐溶性肌原纤维蛋白在高速斩拌过程中，通过疏水作用包围在形态和大小不同的脂肪颗粒或脂肪球周围，形成一层蛋白膜，使其相对稳定存在。

4.4.2.2 促进盐溶性蛋白溶出

通过斩拌，可以促使瘦肉中的盐溶性蛋白更好地溶解出来，并通过疏水相互作用包围在脂肪球的周围，使肉糜更加稳定地存在，但斩拌的时间会直接影响斩拌质量，斩拌的时间过短会使瘦肉中盐溶性蛋白提取不充分，斩拌的时间过长则会导致肌肉蛋白变性，这两种情况均达不到理想的乳化效果。此外，斩拌的速度也会对肉糜的保水保油性产生影响，斩拌的速度过快，肉糜温度会因为刀片与肉摩擦而升高，蛋白质发生变性，影响产品的保水保油性，斩拌的速度过慢则会使乳化效果差，导致产品出现析油现象。

4.4.2.3 剪切成脂肪滴或脂肪颗粒

斩拌使得质地较软的脂肪组织被剪切破碎并释放出脂肪滴，质地较硬的脂肪组织则被放剪切成形状大小不同的脂肪颗粒。对于质地较软的脂肪组织，剪切得越细，游离出来的脂肪滴的数目越多；对于质地较硬的脂肪组织，剪切如果不充分，会导致脂肪颗粒直径太大，达不到乳化要求，但斩拌过度则脂肪颗粒过小，总表面积增大，蛋白质不足以包围所有的脂肪颗粒，加热就会出现跑油现象。

4.2.2.4 影响产品的质构形成及微观结构

斩拌的时间过长会使肉糜温度升高，导致蛋白变性，不利于产品质构的形成，使产品弹性和咀嚼性变差，硬度变大。乳化效果不好会导致脂肪颗粒不能均匀地分布在蛋白质基质中，最终形成的蛋白凝胶网络结构不够均匀致密。

4.4.3 斩拌的工艺流程

在斩拌的过程中，应该先慢速混合然后再进行再高速乳化，斩拌的过程中肉糜温度应该控制在 10 ℃左右，且斩拌的时间一般在 5~8 min，最终获得的肉糜应该色泽乳白且具有较好的黏性。具体的工艺流程如下。

（1）将准备好的瘦肉和脂肪分别绞碎或切块并低温保存备用。其中，瘦肉部分应当尽量细切，但对于由细斩拌肉糊和粗肉块的混合制成的产品而言，粗肉块需要通过手工切块等方式切至所要求的粒度大小；而脂肪只需切至所要求的细度即可。此外，该过程需要结合实际情况进行，如果肉块较大则需要进行预腌处理。

（2）将瘦肉、食盐以及磷酸盐等放入转盘斩拌机中，加入约 2/3 的冰块或冰水混合物进行快速斩拌，直到冰块均匀分布且瘦肉达到黏糊状态。同时这一步要添加香辛料以及淀粉等。

（3）加入预先准备好的脂肪以及剩余冰块，然后高速斩拌混合料，直到获得由瘦肉和脂肪组成的匀质肉糊为止。肉糊的最终温度应该不超过 12 ℃。

4.4.4 斩拌的注意事项

4.4.4.1 避免斩拌过度或不足

如果原料肉斩拌细度不够，会导致盐溶性蛋白不足而产生胶冻和脂肪沉积，脂肪斩拌过度则会使最终产品出现渗油现象，进而导致产品结构变硬。

4.4.4.2　注意斩拌的加料顺序

斩拌辅助剂和食盐可以强化肌原纤维蛋白的溶出，因此，在开始斩拌的时候就将其加入具有重要意义。为了防止失去香辛料原有的香味特性，其不应该被过度乳化，所以应该在斩拌结束的时候加入。此外，肉糜发色剂一般均为酸性，如若过早加入会使肉糜的 pH 值降低，进而影响其系水能力。

4.4.4.3　斩拌过程中的温度控制

斩拌的过程中需要将冰水分批加入，因为肉在较低温度下的系水能力更佳，而且低温可以防止温度过高导致蛋白变性，进而使产品结构变差。此外，快速斩拌时，原料肉与刀片的快速摩擦会使肉糜温度升高，刀具越钝升温越快，因此需要适时磨刀以确保斩拌刀具锋利。在实际操作中，斩拌温度很难标准化，需要根据斩拌机的类型以及最终的肉糜状态进行调整。

4.5 ▸▸ 灌制

4.5.1　灌肠加工

灌制是生产肉糜灌肠和小肉块火腿的工序之一，其操作相对简单，但也有可能会出现加工错误而影响最终产品的质量。具体来讲，灌制前需要提前将肠衣用温水浸泡并反复冲洗，检查是否有漏洞，然后将斩拌好的肉糜倒入灌肠机的入料筒中，利用一定的压力对肉糜进行挤压，使其通过出料口灌入肠衣。因为即使是在相对较低的温度下，肉糜的 pH 以及持水性也会由于产酸微生物的生长而降低，导致产品质量不佳或贮藏期缩短等问题，所以在肠馅的加工结束之后，应该尽快进行灌制。同时，将真空斩拌和真空灌肠结合使用可以有效减少残留在肉糜中的空气，从而在一定程度上阻止微生物的生长。灌肠结束完后，要根据实际情况对肉肠进行拧节和吊挂，吊挂时灌肠之间要留有一定空间以防烘烤时受热不均。此外，吊挂后需要立即用针扎孔放气，以防止煮制时肠衣破裂。

4.5.2　肠衣的选择

肠衣在灌肠制品的生产、销售、流通以及储存等环节中均发挥着重要的作用。在灌制过程中，肠衣可以是天然的，也可以是由不同材料制作而成的。在肠衣的选择上必须进行综合考虑，不仅需要选择性价比较好的优质肠衣，更重要的是需要选择与所生产香肠要求相符合的肠衣。肠衣作为香肠的外包装，必须安全可靠，要具备良好的氧气阻隔性、水汽阻隔性和香味阻隔性，以防止香肠的氧化变质和营养价值的丧失；同时，为了更好地满足灌肠的工艺要求，肠衣需要具有较好的物理机械性能、较稳定的收缩率以及耐蒸煮性能；肠衣需要具有好的肉黏性，可以有效防止肉中水分及肉汁析出，防止香肠口感变差；肠衣表面的光亮度以及色泽均匀度不仅能使香肠的外观质量提高，还可以吸引消费者的注意。此外，肠衣开口性的好坏对香肠的灌制也很重要，若开口性不好，肠衣套管及充填都较费劲，会直接影响到操作工人的工作效率。根据实际情况的不同，对肠衣形状和尺寸上的要求也有所不同。若灌制小口径的香肠，可以用长股天然肠衣或者胶原肠衣灌注，便于人工或者机械的扭结处理；而对于大口径香肠而言，采用单个切好肠衣灌注更佳。

4.5.3　灌制注意事项

4.5.3.1　选择合适直径的灌肠嘴

通常认为灌肠嘴的直径应达到肠衣口径的 2/3，灌肠嘴直径偏小会使产品的灌肠量不足，导致最终产品结构发软、表面起皱等问题；灌肠嘴直径偏大则会使肉糜与过多空气结合，导致最终产品出现发灰发绿等问题，而且过大的灌肠嘴直径也会使空气进入，导致香肠爆裂或使产品出现气穴。

4.5.3.2　灌制的松紧要适当

灌制过程中需要根据所选肠衣的不同而确定肉糜的填充量。一方面，灌入较少量的肠馅对阻止灌肠爆裂是有益的，但是灌制过松会导致蒸煮后肠体出现凹陷变形的情况；另一方面，灌制时要尽可能填充到肠衣最大的承受程度，避免最终产品表面出现皱褶，但也要注意灌制过紧会导致肉馅膨胀，产生肠衣破裂的问题。

4.5.3.3　保证设备的卫生情况

灌肠机中的灌肠嘴及活塞密封垫等组合零件会存在残留肉糜的问题，在灌制开始或结束时候必须重视灌肠机的清洁卫生和消毒工作，将所有可以拆卸的部件进行清洗和消毒，避免因为设备卫生情况不佳而污染肉糜，导致最终产品发灰发绿、贮藏期缩短等质量问题。

4.5.3.4　注意灌制过程中的温度控制

任何灌制系统都存在使肉馅温度升高的问题，尤其对于某些摩擦挤压力大的灌装系统，肉糜温度甚至会升高 3~4 ℃，过高的温度会使脂肪和水结合不佳。对于斩拌后乳化效果不佳的肉糜，如果灌制过程中肉糜发热会产生脂肪和胶冻沉积。

4.5.3.5 灌制时的压力控制

灌制压力过高，会产生胶冻和脂肪的沉积，甚至导致香肠爆裂，而且在后期的蒸煮热处理时，会产生脂肪释出的现象。在灌制过程中要根据产品要求来调节灌制压力。

4.6 ▶▶ 熟制

4.6.1 熟制的原理

4.6.1.1 肌球蛋白热诱导凝胶的形成

肌球蛋白分子的头-头凝集、头-尾凝集和尾-尾凝集是凝胶形成的基本机制。肌球蛋白头部受热变形后，其疏水性基团暴露，头部与头部发生疏水交联，有序聚集在脂肪低的外周并构成吸附界面膜。当温度升高到 40~50 ℃时，肌球蛋白的尾部构象发生变化，疏水基团进一步暴露出来，肌球蛋白发生尾-尾凝集，从而形成了凝胶。

4.6.1.2 肌原纤维蛋白热诱导凝胶的形成

肌原纤维蛋白纤丝在热诱导作用下的"肩并肩"交联是肌原纤维蛋白凝胶形成的基本机制。在 0~4 ℃，肌原纤维蛋白纤丝呈长短不一且光滑的线状结构，与附着的球状蛋白呈现出相互交错且相对均一的网状分布；25 ℃时纤维蛋白开始断裂，纤丝两端轻微弯曲呈异向分布，球状蛋白聚集成更大的球状蛋白簇；45 ℃时，大多数肌原纤维蛋白纤丝有规律地以"肩并肩"形式聚集成簇状，随着温度进一步升高，簇状球状蛋白和簇状原纤维蛋白纤丝发生交联，最终形成三维网络结构。

4.6.2 熟制方法

通过蒸煮、烘烤、煎炸等方式，可以将肉食从生变熟，赋予肉制品特有的风味、颜色和营养价值，同时起到杀死微生物和寄生虫，提高肉制品保质期的作用。

4.6.2.1 蒸煮

蒸煮是以热水为传热介质，在 100 ℃以下较低温度将原料肉用水、蒸汽等方法进行热加工，达到改变肉制品的感官特性，提高肉的风味和嫩度，降低肉的硬度，容易消化吸收的目的的过程。蒸煮是大部分西式肉制品必须经过的加工环节，中式肉制品的加工，如炖、卤、煮等过程中也有很多的蒸煮工艺。对于蒸煮加工，通常可以分为水浸湿蒸煮、蒸汽蒸煮以及冲淋蒸煮三种方式。其中，水浸湿蒸煮是将产品直接放入热水进行蒸煮，会使能透水汽的人造或天然肠衣产生析出现象，不仅会对香肠的口味产生影响，还会产生严重的重量损失，相比之下，蒸汽蒸煮不仅不会出现这种情况，甚至会增加重量。

为了确保产品质量的稳定，蒸煮加工中要严格把控蒸煮温度和蒸煮时间，蒸煮过度会使蛋白质变性过强，导致脂肪和胶冻的沉积，带来严重的蒸煮损失；蒸煮温度或时间不足，则会影响产品结构，使产品中心发软且产品杀菌不够，导致产品质量下降，甚至影响产品储存期。目前，最常用的控制蒸煮时间的方法就是测量产品的中心温度，当产品达到所要求的中心温度时，立即停止蒸煮并将其冷却。通过蒸煮加工可以使香肠蛋白质变性，形成"蛋白质-脂肪-水"的紧密结构，同时可杀灭细菌或至少阻止细菌的快速增长。

4.6.2.2 烘烤

所谓烘烤，就是利用电热、明火、气热、微波等热力将肉或其半成品进行熟化和烘干的过程。肠类制品经烘烤后，蛋白质肠衣会发生凝结并使其表面干燥柔韧，增强肠衣的坚固性，使肌肉纤维相互结合起来提高固着能力，此外，烘烤时肠馅温度升高，可进一步促进亚硝酸盐的呈色作用。烘烤可以对肉或其半成品的色泽、滋味、水分含量等产生一定的影响，进而赋予肉制品诱人的色泽和浓郁的香味。具体来讲，肉或其半成品经过烘烤产生的香味，主要是由于肉类中的蛋白质、糖、脂肪等物质在加热过程中，经过降解、氧化、脱水、脱氨等一系列变化，生成醛类、酮类、醚类、内酯、硫化物以及低级脂肪酸等化合物，尤其是糖与氨基酸之间的美拉德反应，不仅生成棕色物质，起着美化外观的作用，同时生成多种香味物质；脂肪酸在高温下分解生成的二烯类化合物，赋予肉制品特殊香味；蛋白质分解产生谷氨酸，赋予产品鲜味。此外，加工过程中加入的辅料也有增香的作用。烘烤前在制品表面浇淋热水，可以使皮层蛋白凝固，皮层变厚、干燥，在烘烤过程中热空气的作用下，蛋白质变性而酥脆。由于温度较高，肉制品表面会产生一种焦化物，制品香脆酥口，有特殊的烤香味，产品已熟制，可直接食用。常见的烘烤方式有明烤和暗烤两种。在烘烤过程中，烘烤的温度和时间对肉制品的质量影响较大，需要根据不同产品的加工的参数要求来选择烘烤的方法。

1. 明烤

明烤就是将制品放在明火或明炉上进行烘烤。在烘烤过程中，可以先将原料肉叉在铁叉上，然后将铁叉放在火炉上反复炙烤，直至将肉烤匀烤透；也可以将原料肉切成薄片状，经过腌渍处理后将其穿在铁钎上，架在火槽上炙烤成熟，在烘烤过程中需要边烤边翻动；还可以在盆上架一排铁条，先将铁条烧热，再把调好配料的薄肉片倒在铁条上，用木筷翻动搅拌，成熟后取下食用。明烤所用设备较为简单且操作方便，烘烤过程中的温度易于控制且火候均匀，因此，成品着色均匀，品质较好；但由于烤制所需时间较长，劳动力需求比较多，一般适用于烘烤少量制品。

2. 暗烤

暗烤是指将原料肉或其半成品放在封闭的烘烤炉或烘烤室中，利用炉内或室内温度使其烤熟的方法。根据所用烘烤炉以及热源的不同，可以分为低温火炕烘烤、自动烟熏烘烤、微波烘烤、电烤炉烘烤等多种方式。

4.6.2.3　煎炸

煎炸是利用油脂作为热交换介质，在高温作用下使肉中蛋白质变性，水分以蒸汽形式逸出而快速致熟的一种熟制方式。煎炸可以赋予肉制品酥脆的口感以及特有的油香味和金黄色泽。煎炸过程高温环境可以将肉中的细菌杀死，从而延长肉制品的保存期，但是肉类在煎炸过程中产生的多环芳烃、杂环胺等强致癌物对人体健康存在极大危害。为避免肉制品煎炸后杂环胺等致癌物的形成，最有效的措施就是严格控制油温和煎炸时间，或采取间歇煎炸的方法，而且要保证煎炸用油的新鲜以及安全。此外，在需要煎炸的肉制品外面抹上一层淀粉糊，也有防止产生致癌物质的作用。

4.7 ▸▸ 熏制

4.7.1　熏制的作用

熏制（烟熏）是一种传统的肉制品加工方法。长期以来，世界各地人们对烟熏味均有一定的喜好。传统的烟熏加工方法是用木材、木屑、茶叶、甘蔗皮、红糖等不完全燃烧产生的烟气熏制。温度一般控制在 30~60 ℃。腌制常常和烟熏紧密结合起来，在生产过程中先后相继进行，烟熏肉必须先预先腌制。烟熏常和加热一块进行，也可以通过控制温度分别进行。烟熏可以使产品的外观具有特有的烟熏色，促进加硝肉制品的发色；赋予产品特殊的烟熏风味；使肉制品脱水并有一定的杀菌防腐和抗氧化作用。过去常以提高产品的贮藏性作为烟熏的主要目的，而目前则以提高香味为主要目的。

4.7.1.1　呈味作用

烟熏风味主要是由于烟气中复杂的有机化合物如有机酸、醛、乙醇、酯、酚类等吸附在肉制品上而形成的。烟熏过程中的加热条件不仅可以促进肉制品中的蛋白质分解成氨基酸、脂肪酸等，使肉制品产生独特风味，也可以促进熏烟成分与肉中成分的反应，进一步赋予肉制品独特的烟熏风味。

4.7.1.2 发色作用

熏制过程中，肉制品烟熏色泽的形成主要是因为木材烟熏时产生的羰基化合物可以和肉中蛋白质或其他含氮物中的游离氨基发生美拉德反应，产生褐色物质，使肉制品具有独特的深红色或茶褐色。随着烟熏过程中肉温的提高，促进了还原性细菌的生长以及蛋白质的热变性，进一步加速了 NO 血色原形成稳定的颜色。其次，在烟熏时候肉中脂肪受热外渗，可以起到润色作用。由于烟熏肉质表面形成的褐色素会阻止羰基化合物及其他熏烟成分的深入，所以肉制品表面的烟熏色泽比肉制品内部更浓。

4.7.1.3 杀菌防腐作用

烟熏的杀菌防腐作用主要是由热作用、干燥作用以及烟中的化学成分共同作用的结果。熏烟中的有机酸、醛和酚类等三类物质在杀菌防腐作用中作用效果最明显，有机酸和醛使肉朝酸性方向发展，有效阻止腐败菌的生长，起到杀菌防腐的作用，酚类虽然防腐作用比较弱，但其具有良好的抗氧化作用，因而经过烟熏后肉制品的抗氧化性增强。此外，烟熏制品在长时期熏烟过程，不仅烟中的防腐物质得以较多浸入肉中，而且可使肉充分干燥，达到防腐目的。由此看来，烟熏肉制品之所以有较好的贮藏性，主要是由于熏烟前腌制和熏烟中及熏烟后的干燥处理所共同作用的。

4.7.2 熏烟成分及其作用

熏烟是木材不完全燃烧产生的，由气体、液体（树脂）和固体微粒混合而成的混合物。熏制的实质是制品吸收木材分解产物的过程，因此木材的分解产物是烟熏作用的关键。熏烟的成分比较复杂，现已从木材的熏烟中分解处理 200 多种化合物，其中最为常见的化合物是酚类、醇类、羰基化合物、有机酸和烃类。虽然对熏制品起主要作用的是酚类和羰基化合物，但是并不意味着烟熏肉中只存在这些化合物。

4.7.2.1 酚类

熏烟中的酚类有 20 多种，典型代表有愈创木酚、4-甲基愈创木酚等。酚类在熏制中的作用主要是抗氧化作用；促进熏烟色泽的产生；利于烟熏风味的形成；抑菌防腐作用。酚及其衍生物是由木质素裂解产生的，温度在 280~550 ℃时木质素分解旺盛，温度为 400 ℃左右时分解最为强烈。

4.7.2.2 醇类

木材熏烟中醇的种类有许多，最为常见的醇类物质是甲醇。醇类的主要作用是作为挥发性物质的载体，因其含量较低所以其杀菌效果较弱，对风味、香气不起主要作用。因此，醇类可能是熏烟成分中最不重要的成分。

4.7.2.3 羰基化合物

熏烟中存在的羰基化合物主要是酮类和醛类，存在于蒸汽蒸馏组分以及熏烟泥的颗粒上。其可导致熏制品具有典型的熏烟风味和明显的色泽（棕褐色）。

4.7.2.4 有机酸

熏烟成分中存在 1~10 个碳原子的简单有机酸。有机酸的作用是促进熏制品表面蛋白质的凝固，在生产去肠衣的肠制品时，有助于去除肠衣；有机酸对熏制品的风味影响甚微，但是可以聚积在制品的表面，呈现微弱的防腐作用。

4.7.2.5 烃类

熏烟中能分离出许多环芳烃，包括苯并蒽、苯并芘、二苯并蒽以及 4-甲基芘等，这些成分中有些是致癌物质，例如 3,4-苯并芘是强致癌物。在烟熏过程中，3,4-苯并芘的生成量随着温度的上升而直线增加，为了减少熏烟中 3,4-苯并芘的含量，要严格控制发烟时的燃烧温度，把生烟室和熏烟室分开，将生成的熏烟在引入烟熏室前用其他方法加以过滤，然后通过管道把熏烟引进烟熏室进行熏制。

4.7.3 熏制方法

4.7.3.1 按加工过程分类

（1）熟熏　熟熏是指熏制温度为 90~120 ℃，甚至 140 ℃的非常特殊的烟熏方法。利用该方法熏制的制品已经完全熟化，不需要再熟化加工。我国传统的熏制品，如熏肘子、熏猪头、熏鸡、熏鸭以及鸡鸭的分割产品等多采用熟熏，大多是在煮熟之后进行熏制。经过熟熏后的产品外观呈金黄色，表面干燥，形成烟熏特有的气味，可增加耐贮藏性。

（2）生熏　生熏是指在 30~60 ℃烟熏的方法。利用该方法制备的产品需要经过蒸煮或者炒制才能食用。生熏制品主要以猪的方肉、排骨为原料，经过腌制、烟熏制成，具有较浓的烟熏气味。

4.7.3.2 按熏烟生成方式分类

（1）直接烟熏　直接烟熏是指在烟熏室下部燃烧木材，上部垂挂产品，通过不完全燃烧熏材,对产品进行熏制的方法。

(2)间接烟熏 间接烟熏是利用单独的烟雾发生器发烟,然后将燃烧好的具有一定温度和湿度的熏烟送入烟熏室,对肉制品进行熏烤的烟熏方法。这种方法不在烟熏室内发烟,不仅可以克服直接烟熏时烟气密度和温度不均的问题,而且通过调控燃烧温度和湿度等因素,可以控制烟气成分,减少有害物质的产生。根据熏烟的发生方法和烟熏室内的温度条件,可以将该方法细分为燃烧法、摩擦发烟法、湿热分解法以及流动加热法等。

4.7.3.3 按熏制中温度范围分类

(1)冷熏法 冷熏法是指将原料进行长时间盐腌,使其盐分含量稍重,然后吊挂在离热源较远处,在 15~30 ℃,平均 25 ℃的低温条件下进行 4~7 天的烟熏。冷熏法不需要进行加热处理,一般用于干制的香肠,如色拉米香肠、风干香肠等的烟熏。由于夏季时气温高,温度很难控制,特别当发烟很少的情况下,很容易发生酸败现象,因此该方法在冬季进行比较容易。利用该方法获得的产品水分含量在 40%左右,贮藏期较长,但风味不及温熏制品。

(2)温熏法 温熏法是指将原料在添加适量食盐的调味液中短时间浸渍,然后在 30~50 ℃条件下熏制 1~2 天。该方法熏制时应控制温度缓慢上升,由于熏制温度高,常年均可生产,通常用于培根、脱骨火腿等的熏制,获得的产品重量损失少,水分含量在 50%以上,产品风味好但不耐贮藏。

(3)热熏法 热熏法是采用 50~85 ℃的高温进行 4~6 h 短时间烟熏处理的方法。该方法熏制温度高,因此蛋白质在短时间内就可以凝固并形成较好的熏烟色泽,是应用较广泛的一种方法。利用该方法获得的产品虽然表面硬化度高,但内部水分含量高,因此贮藏性差,生产后需要尽快消费食用。热熏法所用的木材量大,温度调节困难,所以一般在白天进行,很少在夜间作业;而且熏制的温度必须缓慢上升,不能升温过急,否则会产生发色不均匀的问题。

(4)焙熏法 焙熏法是指采用 90~120 ℃的高温进行熏烤的方法。由于熏制的温度较高,熏制过程已经包含了蒸煮或者烤熟等完成熟制的目的。应用这种方法熏烟,肉制品缺乏贮藏性,应迅速食用。

4.7.3.4 其他熏制方法

(1)电熏法 电熏法是在烟熏室配制电线并在电线上吊挂原料后,给电线通以一定的高压直流电或交流电,应用静电进行烟熏的方法。利用该方法可以有效缩短烟熏的时间,使熏烟深入肉制品内部,提高制品风味并延长贮藏期。但用电熏法时,在熏烟物体的尖端部分沉积物较多,会造成烟熏不均匀,而且出于用电安全以及装置费用等因素的考虑,目前应用很少。

（2）液熏法　用液态烟熏制剂代替烟熏的方法称为液熏法。液熏液是将硬木干馏过程中的烟雾冷凝并经过特殊净化处理得到的含有烟熏成分的溶液。液熏法不再需用熏烟发生器，可以减少大量的投资费用；同时，液态烟熏制成分比较稳定，液熏的过程有较好的重现性；此外，液态烟熏制剂内不含有致癌物质，代表着烟熏技术的发展方向。

4.7.4　熏制影响因素

4.7.4.1　烟熏剂

烟熏质量，特别是烟熏风味的良好与否，与烟熏所采用的木材原料以及木材原料的贮藏方式密切相关。木材原料过于干燥，会导致产品难以得到足够的熏烟；木材原料过于潮湿，则会使产品难以获得良好的烟熏风味。

4.7.4.2　烟熏温度

烟熏温度应该尽量保持较低水准，过高的烟熏温度会使肠衣表面起皱，而且随着温度的升高，烟中对人体有害的物质的含量也会逐渐增加；烟熏温度过低也会导致产品的烟熏颜色不稳定。此外，烟熏温度分布不均匀也会导致产品表面的呈色有亮暗之分，并且有斑点和皱纹产生。

4.7.4.3　烟熏湿度

湿度对烟熏色的影响极大。湿度高时，虽然熏烟能够更好地穿透肠衣，但会使肠衣（特别是天然肠衣和胶原蛋白肠衣）软化，进而导致香肠口感不佳的问题，而且最终产品的烟熏色极淡。另外，湿度高时会产生脂肪析出的问题，湿度低时虽然可以获得较好的烟熏色，但同时会使肠衣变硬，失去了香肠应有的脆性和咬感。因此，通常的做法是，在烟熏初始阶段，保持较低的湿度（干燥），以使产品呈色良好，然后采用较高的湿度，使产品得到较好的烟熏味。

4.7.5　熏制有害物质的减控

4.7.5.1　控制发烟温度

发烟温度直接影响苯并芘的生成，因此可以从控制温度着手，适当控制烟熏室的供氧量，让木屑轻度燃烧，在一定程度上对降低致癌物的生成是有利的。一般认为，发烟温度高于 400 ℃时就会生成大量的苯并芘，因此温度为 340~350 ℃时候，既可达到熏烟目的，又可降低有害物质的生成。

4.7.5.2　隔离保护法

由于苯并芘分子比熏烟中其他物质的分子大得多，且大部分附着在固体微粒上，因此可采用过滤的方法，不让苯并芘穿过，以减少苯并芘的污染，但不妨碍小分子物质穿过而达到熏制目的，各种动物肠衣和人造纤维肠衣对苯并芘均有不同程度的阻隔作用。此外，多环芳烃等有害物质在灌制品表层含量比肉馅中的含量高得多，因此，食用时将表层焦黑部分除去或把肠衣剥去可以大大减少有害物质的摄入。

4.7.5.3　湿烟法

用机械的方法把高热的水蒸气和空气混合物强行通过木屑，使木屑产生烟雾并把它引进熏室，同样能产生烟熏风味，进而达到熏制目的而又不会产生苯并芘污染制品。

4.7.5.4　外室生烟法

为了把熏烟中的苯并芘尽可能地除去或减少其含量，还可采用将生烟室和熏烟室分开的办法，即在把熏烟引入到熏烟室之前，用棉花或淋雨等方法进行过滤，然后把熏烟通过管道送入熏室，这样可以大大降低苯并芘含量。

4.7.5.5　液熏法

液态烟熏剂在制备过程中已经通过特殊加工提炼，除去了有害物质，可以将其涂于制品表面，再渗透到内部来达到烟熏风味的目的。

4.8 ▸▸ 干制

4.8.1　干制原理

肉类食品的脱水干制是一种有效的加工和贮藏手段。肉制品的干制原理主要是通过降低水分活度来达到保藏的目的。水分活度（water activity, A_w）是衡量微生物生长所需要的游离性非结合水的一个尺度，通过降低水分活度可以抑制微生物的生长繁殖以及抑制酶的活性，达到延长肉的贮藏期或加工出新颖产品的目的。

4.8.1.1　抑制微生物的生长繁殖

微生物通过细胞壁从外界摄取营养物质并向外界排出代谢物的过程中，都需要以水作为溶剂或媒介，因此，微生物的生长需要一定量的游离水，但对微生物生长活动起决定因素的并不是食品的水分总含量，而是它的有效水分，即 A_w。当微生物在含水量低于界定的最低水平时会停止生长，最低含水量的界定依据不同的微生物种类而有所差异。通常，食品的 A_w 应降低到 0.70 才可在室温下贮藏，但此室温下霉菌如灰绿曲霉等仍会慢慢地生长，因此干制品极易长霉且霉菌为干制品中最常见的腐败菌；大多数腐败菌只宜在 0.90 以上的 A_w 下生长活动。新鲜肉类食品中水分含量约为 70%，极易引起腐败变质，但肉在干制过程中，其水分含量可降低到 20% 以下，随着水分的丧失，A_w 会有所下降，可被微生物利用的水分减少，其新陈代谢受到抑制而不能生长繁殖，因此延长了其保藏期限。但是，干制处理并不能将微生物全部杀死，只能抑制它们的活动，一旦恢复至温暖潮湿的环境，微生物又会重新吸湿恢复活动。

4.8.1.2 抑制酶活力

酶同样需要水分才具有活力。当水分减少时，酶的活性也就降低，在低水分制品中，特别在它吸湿后，酶仍会慢慢地活动，从而引起食品品质恶化或变质。只有干制品水分降低到 1% 以下时，酶的活性才会完全消失。此外，酶在湿热条件下作用时易钝化，如 100 ℃ 时瞬间就能破坏它的活性，但酶在干热条件下难以钝化，如在干燥条件下，即使用 104 ℃ 热处理，钝化效果也极其微小。因此，为控制干制品中酶的活动，有必要在干制前对食品进行湿热或化学钝化处理，使酶失去活性。

4.8.2 常见的干制方法

随着科学技术的不断发展，肉类脱水干制的方法也不断改进与提高。根据是否借助自然条件还是人为控制，干制方法分为自然干燥、人工干燥等。根据干制时产品所处压力的不同，干制方法可以分为常压干燥、减压干燥。减压干燥又包含真空干燥和冷冻升华干燥。在进行干燥方式选择的时候，必须从被干制食品的种类、品质的要求及成本等多个方面进行综合考虑。

4.8.2.1 自然干燥和人工干燥

（1）自然干燥　自然干燥是最古老的干制方法，主要包括晒干和风干。利用该方法进行干制的过程中，所需设备比较简单，费用消耗较低，但由于该方法受自然条件约束很大，所以大规模的生产很难采用，只能作为某些产品加工过程中的辅助工序，如风干香肠的干制等。

（2）人工干燥

① 烘炒干制　烘炒干制是依靠间壁的导热作用，将热量传给与壁面接触的物料，因此也称为热传导干制。由于湿物料与加热的介质（载热体）不是直接接触，也

可以称之为间接加热干燥。传热干燥的热源可以是水蒸气、热水、燃料、热空气等；可以在常压、真空下干燥。

② 烘房干燥 烘房干燥是一种直接加热干燥的方式，该方法直接以高温的热空气为热源，对流传热将热量传给物料，也称为对流热风干燥，是国内应用最为广泛的一种干制方法。对流热风干燥过程中，热空气既是热载体又是湿载体。在真空干燥情况下，由于气相处于低压，热容量很小，不能直接以空气为热源，必须采用其他热源，所以该方法多在常压下进行。对流干燥室中的气温调节易于调控，物料不会被过热，但热空气离开干燥室时，往往会带走相当大的热能，因此对流干燥热能的利用率较低。

③ 低温升华干燥 低温升华干燥是指在低温且具有一定真空封闭的容器中，物料中的水分直接从冰升华为蒸气，使物料脱水干燥。与上述三种干燥方法相比，该方法不仅干燥速度快，而且最能保持产品原来的性质，加水后能迅速恢复原来产品的性质，保持原有的成分，很少发生蛋白质变性等。但是此方法要求设备较复杂，投资大且费用高。

④ 微波干燥 微波干燥过程中，微波发生器产生的电磁波形成带有正负极的电场，由于微波形成的电场变化很大且呈波浪形变化，所以食品中的带电分子(水、盐、糖)会随着电场方向的变化而朝不同方向运动，运动过程中，分子间会发生摩擦而产生热量，使肉块得以干燥。通常，水的介电常数比固体物料大，而物料内部的水分比表面高，所以在干燥过程中，物料内部所吸收的电能或热能比较多，即物料内部的温度比表面高，因此，物料内部的水分向外部表面扩散，进而达到干燥的目的。微波干燥具有干燥速度快，加工的产品均匀且清洁的优点，在食品工业中广泛应用；但其设备投资费用较高，耗能比较大，而且用该方法制备的干肉制品存在特征性风味和色泽不明显的问题。

4.8.2.2 常压干燥和减压干燥

（1）常压干燥 肉制品的常压干燥过程包括恒速干燥和降速干燥两个阶段。在恒速干燥阶段，由于肉块内部水分的扩散速率大于或等于表面蒸发速度，所以水分的蒸发是在肉块表面进行，而且肉中绝大部分的游离水在该阶段除去。当肉块中水分的扩散速率不能再使表面水分保持饱和状态时，水分扩散速率便成为干燥速度的限制因素。此时，肉块温度上升，表面开始硬化，进入降速干燥阶段。降速干燥阶段又包括第一降速干燥阶段和第二降速干燥阶段，在第一降速干燥阶段，水分移动开始稍感困难，之后大部分成为胶状水移动时，则进入第二降速干燥阶段。

（2）减压干燥 食品置于真空环境中，随真空度的不同，在适当温度下，其所含水分会蒸发或升华。也就是说，只要对真空度作适当调节，即使在常温以下的低温条件，也可以进行干燥。理论上水在 614 Pa 以下的真空中会成为冰，同时冰直接变成水蒸气而蒸发，即所谓升华。采用减压干燥，随真空度的不同，无论是通过水的蒸发还是冰的升华，都可以制得干制品。肉品的减压干燥有真空干燥和冷冻升华干燥两种。

真空干燥是指将肉块在未达结冰温度的真空状态（减压）下，为加速水分的蒸发而进行干燥的一种方法。真空干燥常过程中，采用的压力一般为533~6666 Pa，干燥温度控制在常温至70 ℃以下。与常压干燥相比较，真空干燥初期同样存在着水分的内部扩散和表面蒸发，而且在整个干燥过程中，内部扩散与内部蒸发共同进行。但是，真空干燥的时间较常压干燥显著缩短，表面硬化现象减少。虽然真空干燥能使水分在较低温度下蒸发，但是因蒸发造成的芳香成分的逸失及轻微的热变性也难以避免。

冷冻升华干燥是指先将肉块急速冷冻至−30~−40 ℃，然后将其置于13~133 Pa的干燥室中，使肉块中的水升华而进行干燥。冰的升华速度不仅与干燥室的真空度以及根据升华所需而给予的热量有关，还受肉块的大小、薄厚的影响。该方法是现代最理想的干燥方法，对肉的色、味、香、形几乎没有不良影响。冷冻升华干燥后的肉块组织为多孔质，由于未形成水不浸透性层且含水量少，故能迅速吸水复原，是方便面等速食食品的理想辅料。但是，其在保藏过程中非常容易吸水，且其多孔质与空气接触面积增大，在贮藏期间易被氧化变质，尤其是脂肪含量高的产品。

4.8.3 干制的影响因素

4.8.3.1 食品表面积

干制过程中，食品表面积越大，干燥速度越快。为了加快食品内水分的外逸速度，通常会将食品分割成片、丁、丝等形状，这样一方面缩短了热量从食品中心传递和水分从食品中心外移的距离，另一方面也增加了食品和加热介质相互接触的表面积，加快了水分蒸发和脱水速度。

4.8.3.2 空气流速

空气流速越快，食品干燥速度也越快。通过加快空气流速，可以及时将聚积在食品表面附近的饱和湿空气带走，以免阻止食品内水分进一步蒸发，同时还可以增加食品表面接触的空气量，显著加快食品中水分的蒸发。

4.8.3.3 空气温度

为了加速干燥，不仅要加强空气流速，而且还需加热。传热介质和食品间的温差越大，则热量向食品传递的速度也越大，水分外逸速度也因此增加。通常，食品中的水分是以水蒸气的状态外逸，外逸后会在食品周围形成饱和水蒸气层，如果水蒸气不能及时排掉，就会阻碍食品内水分的进一步外逸，从而降低水分的蒸发速度。温度越高，它在饱和前所能容纳的蒸气量越多，同时若接触空气量越大，所能吸收水分蒸发量也就越多。

4.8.3.4 空气湿度

脱水干制过程中，利用空气作为干燥介质，空气越干燥，食品干燥速度也越快。相比于干燥的空气，趋近饱和的湿空气在进一步吸收蒸发水分方面的能力往往较差。

4.8.3.5 大气压力和真空度

在大气压力为 101325 Pa（1 atm）时，水的沸点为 100 ℃。如果大气压力下降，则水的沸点就会下降；也就是说，气压越低，沸点也越低。因此，真空室加热干制可以在较低温度下进行。

4.8.4 肉干燥期间的变化

在肉干燥期间主要发生一些物理变化。目的是在温暖和相对干燥的空气中降低肉中的水分含量，从而获取较低的水分活度，因为在低水分活度下，微生物将停止繁殖，即使在没有冷藏条件的情况下也能将肉储藏几周或几个月。

肉在干燥过程中除了发生一些物理变化以外，还会发生一些生化反应，会对肉的感官特性产生严重的影响。在许多发展中国家，用于干燥的肉多来自未冷却的胴体，而在肉干燥的第一阶段一直保持较高的温度会迅速使肉熟化。由于这个原因，干燥后的肉与鲜肉之间的口味有着很大的差异。肉上残留的脂肪如果稍有氧化也会影响干燥肉品的口味。

第 **5** 章

肉制品食用品质及
感官质量评定

　　肉的食用品质主要包括肉的颜色、嫩度、风味、多汁性等，是人们判别肉品质量的重要指标，直接影响消费者的购买欲。在肉制品销售时，消费者会凭借自己的感官直观地来评定肉品的好坏，所以感官质量评定也是一个非常重要的环节，常用的感官评定方法有简单差别成对比较检验法、三点检验法和嗜好程度评分法。

5.1 ▶▶ 食用品质

　　肉的食用品质是决定其商业价值的最重要因素，主要包括肉的颜色、嫩度、风味、多汁性等。在肉的加工贮藏过程中，这些性质直接影响肉品的质量。

5.1.1　颜色

　　肌肉的颜色给人以第一印象，是影响消费者的购买欲望的重要食用品质之一。肌肉颜色的重要意义在于它是肌肉的生理学、生物化学和微生物学变化的外部表现，因此可以通过感官直观地表现给消费者，对消费者产生正面或负面的影响。

5.1.1.1　肉色形成物质

　　肉的颜色由肌红蛋白（myoglobin，Mb）和血红蛋白（hemoglobin，Hb）这两种色素物质决定。Mb 为肉自身的色素蛋白，其含量多少决定肉色的深浅。Hb 存在于血液中，对肉颜色的影响视放血程度而定，放血充分时肉色正常，放血不充分或不放血（冷宰）时肉色深且暗。放血良好的肉，肌肉中 Mb 为 80%~90%，远远多于 Hb。

5.1.1.2　肌红蛋白、血红蛋白的结构与性质

Mb 为复合蛋白质，其相对分子质量为 16000~17000，它由一条多肽链构成的珠蛋白和一个带氧的血红素基团（heme group）组成，血红素基团由一个铁原子和卟啉环所组成（图 5-1）。虽然 Mb 中每分子珠蛋白仅与一分子铁卟啉连接，但对氧的亲和力却比 Hb 大。所以 Mb 含量高时肉色较深，含量少时肉色较浅。

Hb 是由 4 分子珠蛋白和 4 分子血红素基团组成，所以 Hb 与 Mb 的主要差别是 Mb 只结合一个血红素，而 Hb 能够结合四个血红素（图 5-2）。因此，Hb 的相对分子质量为 Mb 的 4 倍，约为 64000。Hb 在肉中的作用是运输氧气到各个组织中，因此放血不充分时，肉中血液残留多，Hb 含量高，此时肉色较深；放血充分时肉色正常。在动物宰杀、放血过程中，绝大部分 Hb 随血液流失而损失，所以肉的颜色主要由 Mb 含量及其化学状态决定。

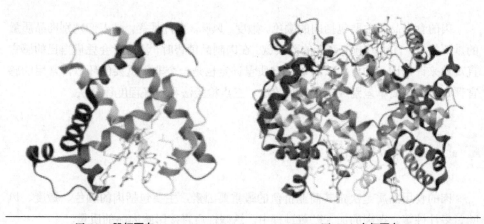

图 5-1　肌红蛋白　　　　　　　　　　　　图 5-2　血红蛋白

Mb 中铁离子的价态（Fe^{2+} 的还原态或 Fe^{3+} 的氧化态）和与 O_2 结合的位置是导致其颜色变化的根本原因。在活体组织中，Mb 依靠电子传递链使铁离子处于还原状态（Fe^{2+}）。屠宰后的鲜肉，肌肉中的 O_2 缺乏，Mb 中与 O_2 结合的位置被 H_2O 所取代，使肌肉呈现暗红色或紫红色。当将肉切开在空气中暴露一段时间后就会又变成鲜红色，这是由于此时 O_2 得到补充，取代 H_2O 而形成氧合肌红蛋白（oxymyoglobin，MbO_2）所导致。如果肌肉放置时间过长或是在低 O_2 分压的条件下贮存则会变成褐色，这是因为形成了氧化态的高铁肌红蛋白（metmyoglobin，MMb）。

5.1.1.3　影响肌肉颜色的因素

（1）畜禽的种类、年龄及部位　一般来说，畜肉的颜色要深于禽肉。其中，猪肉

一般为鲜红色，牛肉为深红色，马肉为紫红色，羊肉为浅红色，兔肉为粉红色。随着畜禽的年龄增加，肌肉中 Mb 的含量增加，所以老龄动物的肉色较深，幼龄动物的肉色较浅。据研究，5~7 月龄猪背最长肌中 Mb 含量逐步增加。动物生前活动频繁的部位耗氧量较大，Mb 含量较高，肉色较深。

（2）环境中的氧含量　肌肉中色素蛋白对氧有很高的亲和力，O_2 分压的高低影响肌红蛋白是形成鲜红色的 MbO_2 还是褐色的 MMb，从而直接决定肉的颜色。这种变化依 O_2 的分压而定，氧气分压高，有利于鲜红色的 MbO_2 的形成，而氧气分压低，则有利于褐色的 MMb 的形成（图 5-3）。在活体组织中，由于酶的活动电子传递链可使 MMb 持续地还原成 Mb，保持肉色正常。但动物体死后，这种酶促的还原作用就会逐渐削弱乃至消失，使肉色呈现褐色。据实验验证，O_2 在 667~933Pa 时，氧化形成高铁肌红蛋白的速度最快。因而，在商业上，常常将分割肉先加以真空包装，使其在低 O_2 分压下形成褐色的 MMb，到零售商店后打开包装，与 O_2 充分接触以形成艳丽鲜红的 MbO_2 吸引消费者。为了抑制还原体系的氧化速率，更长久地保持肉色鲜艳，商业中零售条件一般为 0~4 ℃。

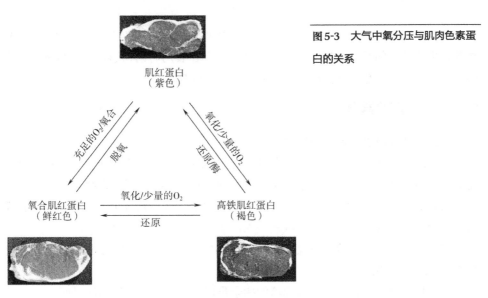

图 5-3　大气中氧分压与肌肉色素蛋白的关系

（3）湿度　若环境中湿度较大，在肉的表面会形成水汽层，从而影响 O_2 的扩散，使 Mb 氧化速度变慢，保持肉的颜色。若环境中湿度较低且空气流速快，则会促进 MMb 的形成，使肉色褐变加快。如牛肉在 8 ℃冷藏，当环境中相对湿度为 70%时，只需 2 天牛肉颜色就变褐；当环境中相对湿度为 100%时，则需要 4 天牛肉颜色才会变褐。

（4）温度　环境温度高有利于肉表面的微生物生长繁殖，会促进 Mb 氧化，加速

MMb 的形成，加剧肉的褐变；环境温度低则氧化得慢。如牛肉 3~5 ℃贮藏时 9 天就变褐，0 ℃贮藏时 18 天才变褐。此外，温度还能够干预肌肉中酶的活性、肌糖原的降解速度和 pH 的下降速度，对肉色产生重要影响。因此为了抑制肉氧化褐变，尽可能保持在低温范围内贮存。

（5）pH　一般来说，宰后动物肌肉中的 pH 匀速下降，则产生的肉色正常。若动物在宰前糖原消耗过多，导致宰后产生的乳酸少，会导致宰后 pH 偏高，易出现 DFD（dark，firm，dry）肉，这种肉颜色比正常肉更深更暗，质地干燥粗硬。

（6）微生物　肉在贮藏过程中若被微生物污染则肉的表面颜色会发生改变。这是因为微生物繁殖会消耗氧气，使肉表面 O_2 分压下降，促进了 MMb 的形成。但当微生物繁殖过多，完全覆盖肉表面，此时肉表面又处于缺氧状态，MMb 又被还原，肉色又会产生变化。具体表现为若被细菌污染，会使肉中蛋白质分解导致肉色污浊；若被霉菌污染，则会在肉表面形成白色、红色、绿色、黑色等色斑或发出荧光。

5.1.2　嫩度

肉的嫩度是指肉易切割的程度，是肌肉中肌原纤维蛋白和结缔组织蛋白（胶原）物理及生化状态的综合反映。肉的嫩度决定了其在食用时的口感，是消费者最重视的食用品质之一，是反映肉质地（texture）的重要指标。

5.1.2.1　嫩度的概念

肉的嫩度可用以下四方面衡量。

（1）肉对舌或颊的柔软性　即舌头或颊接触肉时产生的触觉反应。肉的柔软性随嫩度不同变动很大，从软乎乎的柔软感觉到木质化的结实坚硬程度。

（2）肉对牙齿压力的抵抗性　即牙齿咀嚼时插入肉中所需的力。有些肉非常柔软，牙齿几乎可以毫无抵抗性地顺利插入，而有些肉则硬得难以咬动。

（3）咬断肌纤维的难易程度　是指牙齿切断肌纤维的能力。肌外膜和肌束首先被刺破，这与结缔组织的含量和性质密切有关。

（4）嚼碎程度　包括咀嚼后肉渣的剩余量以及咀嚼到下咽所需的时间。

5.1.2.2　影响肌肉嫩度的因素

影响肌肉嫩度的实质主要是结缔组织的含量与性质及肌原纤维蛋白的化学结构状态。它们受一系列的因素影响而变化，从而导致肉嫩度的变化。

（1）宰前因素对肌肉嫩度的影响

①品种及性别　遗传因素是决定肌肉化学组成的基础。猪肉中饱和脂肪酸含量较低，所以与牛羊肉相比，猪肉嫩度较好。牛肉结缔组织多于羊肉和猪肉，所以嫩度

稍差。而鸡肉和鱼肉结缔组织少，肉质较鲜嫩。一般来说，畜禽的体型越大其肌纤维越粗，相应的肉质也会越老。公畜禽生长较快，胴体脂肪少，肌肉多，所以嫩度较母畜低。

② 年龄　一般说来，幼龄家畜的肉比老龄家畜嫩，因为其肌纤维较细，胶原蛋白的交联程度也低，胶原蛋白容易加热裂解，从而结缔组织的成熟交联也较少。而成年动物的胶原蛋白的交联程度高，结缔组织成熟交联增加，不易受热和酸、碱等的影响，从而肉质变老。有研究表明，加热时不同年龄段的牛肌肉中胶原蛋白的溶解度分别如下：犊牛为19%~24%，2岁阉公牛为7%~8%，而老龄牛仅为2%~3%。此外，老龄家畜的肉对酸碱的敏感性也降低。

③ 肌肉的解剖学位置　动物不同部位的肌肉因功能不同，其肌纤维粗细、结缔组织的含量和性质差异很大。经常使用的肌肉，如半膜肌和股二头肌，因其有绳状致密的结缔组织支持，所以比不经常使用的肉（腰大肌）要老。因此牛的腰大肌最嫩，胸头肌最老。同一肌肉的不同部位嫩度也不同，猪背最长肌的外侧比内侧部分要嫩。牛的半膜肌从近端到远端嫩度逐降。

④ 营养状况　营养状况良好的家畜，肌肉脂肪含量高，大理石纹丰富，肉的嫩度好。肌肉脂肪有冲淡结缔组织的作用，从而提升了肉的嫩度，而消瘦动物的肌肉脂肪含量低，肉质老，嫩度较差。

（2）宰后因素对肌肉嫩度的影响

① 尸僵和成熟　动物宰后会产生尸僵，此时肉的硬度大大增加。因此肉的硬度又有固有硬度和尸僵硬度之分，前者为刚宰后和成熟时的硬度，而后者为尸僵发生时的硬度。尸僵程度受多种因素的影响。如家畜屠宰后立即冷却，在肌肉还没有发生尸僵时而被冻结，此时肌肉中还存有大量的ATP，在解冻时，肌质网和线粒体失去了重新吸收Ca的能力，从而激活了肌球蛋白ATP酶，导致在较高水平的ATP下便发生了较为强烈的肌肉收缩，这种现象称为解冻僵直。另外牛、羊肉还会有发生冷收缩的可能性。解冻僵直和冷收缩异常尸僵产生时，肌肉会发生强烈收缩，硬度达到最大。一般肌肉收缩时短缩度达到40%时，肉的硬度最大，而超过40%反而变为柔软，这是由于肌动蛋白的细丝过度插入而引起Z线断裂所致，这种现象称为"超收缩"。僵直解除后，随着成熟的进行，硬度降低，嫩度随之提高。

② 加热处理　加热对肌肉嫩度有双重效应，它既可以使肉变嫩，又可使其变硬，这取决于加热的温度和时间。加热可引起肌肉蛋白质的变性，从而影响肉的嫩度。当温度在40~50℃时，由于肌球蛋白变性凝聚，此时肉的硬度随着温度的增大而增大。当温度在65~75℃时，胶原蛋白变性，肌肉纤维长度收缩，从而使肉的嫩度降低。之后随着温度继续升高，肽键发生水解，胶原蛋白的交联逐步破裂，部分胶原蛋白逐渐转变为明胶，从而使肉的嫩度得到改善。另外，结缔组织中的弹性蛋白对热不敏感，所以若有些肉中弹性蛋白含量较高，即使经过很长时间的煮制仍然很老。

为了兼顾肉的嫩度和滋味，对各种肉的煮制中心温度建议如下：猪肉为77 ℃，鸡肉为77~82 ℃。牛肉按消费者的嗜好分为四级：半熟（rare）为58~60 ℃，中等半熟（medium rare）为66~68 ℃，中等熟（medium）为73~75 ℃和熟透（well done）为80~82 ℃。

③ 电刺激 近十几年来，对宰后用电直接刺激胴体以改善肉的嫩度进行了广泛的研究，尤其对于羊肉和牛肉。对胴体进行电刺激可以促进肌肉的嫩化过程，是因为电刺激使肌肉ATP降解，加快糖酵解速度，使尸僵快速出现，进而避免冷收缩；电刺激可引起肌肉Z线断裂，导致肌纤维结构松弛，可以容纳更多的水分。

④ 酶 利用蛋白酶类可以嫩化肉，常用的酶为植物蛋白酶，主要有木瓜蛋白酶、菠萝蛋白酶和无花果蛋白酶，这类酶对肌肉中结缔组织有较强的分解作用，嫩化效果明显。其中木瓜蛋白酶和菠萝蛋白酶为商业上使用较多的嫩肉粉。肉的酶嫩化处理手段通常是将肉直接浸泡在上述酶溶液中，或者将酶溶液直接注入动物肌肉血管系统，通过血液循环到达全身，利用微血管使其渗入肉中，达到嫩化效果。注意使用时应控制酸的浓度和作用时间，若酶水解过度，则原料肉过嫩可能失去应有的质地，并产生不良的风味。

5.1.3 风味

肉的风味指的是生鲜肉的气味和加热后肉制品的香气和滋味。它是由肉中自身成分经过复杂的生物化学变化，产生各种有机化合物所产生。呈味性能与其分子结构有关，呈味物质均具有各种特定基团，如：羟基—OH、羧基—COOH、醛基—CHO、羰基—CO、硫氢基—SH、酯基—COOR、氨基—NH_2、酰胺基—CONH、亚硝基—NO_2、苯基—C_6H_5。肉的风味特点是成分复杂多样，含量甚微，用一般方法很难测定，除少数成分外，多数无营养价值，不稳定，加热易破坏和挥发。其中，香气的呈味物质主要为挥发性的芳香物质，靠人的嗅觉细胞感受，经由神经传导到大脑产生芳香的感觉；滋味的呈味物质是非挥发性的，主要靠人的舌面味蕾感觉，经由神经传导到大脑引起味觉。

5.1.3.1 气味

气味是肉中具有挥发性的物质，随空气进入鼻腔，刺激嗅觉细胞通过神经传导到大脑嗅区而产生的一种刺激感。愉快感为香气，厌恶感为异味、臭味。气味的成分十分复杂，约有1000多种，其中牛肉的气味成分约有300种。与气味有关的化合物主要有醇、醛、酮、酸、酯、醚、呋喃、吡咯、内酯、糖类及含氮化合物等，见表5-1。由表5-1可知，肉香味化合物主要由三个途径产生：氨基酸与还原糖间的美拉德反应；蛋白质、游离氨基酸、糖类、核苷酸等物质的热降解；脂肪的氧化作用。

表 5-1   与肉香味有关的主要化合物

化合物	特性	来源	产生途径
羰基化合物（醛、酮）	脂溶挥发性	鸡肉和羊肉的特有香味、水煮猪肉	脂肪氧化、美拉德反应
含氧杂环化合物（呋喃和呋喃类）	水溶挥发性	煮猪肉、煮牛肉、炸鸡、烤鸡、烤牛肉	维生素 B_1 和维生素 C 与碳水化合物的热降解、美拉德反应
含氮杂环化合物（吡嗪、吡啶、吡咯）	水溶挥发性	浅烤猪肉、炸鸡、高压煮牛肉、煮猪肝	美拉德反应、游离氨基酸和核苷酸加热形成
含氧、氮杂环化合物（噻唑、噁唑）	水溶挥发性	浅烤猪肉、煮猪肉、炸鸡、烤鸡、腌火腿	氨基酸和硫化氢的分解
含硫化合物	水溶挥发性	鸡肉基本味、鸡汤、煮牛肉、煮猪肉、烤鸡	含硫氨基酸热降解、美拉德反应
游离氨基酸、单核苷酸（肌苷酸、鸟苷酸）	水溶	肉鲜味、风味增强剂	氨基酸衍生物
脂肪酸酯、内酯	脂溶挥发性	种间特有香味、烤牛肉汁、煮牛肉	甘油酯和磷脂水解、羟基脂肪酸环化

5.1.3.2   香气和滋味

生肉不具备芳香性，一般只有金属味和血腥味，只有经烹调加热后一些芳香前体物质发生化学变化产生香气，赋予熟肉芳香性。产生肉的香气的物质很复杂，有上千种化合物。近年研究发现，决定肉的香气的物质主要有十几种，其中 2-甲基-3-呋喃硫醇、3-巯基-2-戊酮、糠基硫醇和甲硫丁氨醛这四种物质是肉香气的基本物质。

滋味是溶于水的可溶性呈味物质，刺激人的舌面味觉细胞味蕾，通过神经传导到大脑而引起味感。在舌面分布的味蕾，可感觉出不同的味道。肉的鲜味成分，主要来源于核苷酸、氨基酸、酰胺、肽、有机酸、糖类、脂肪、矿物盐离子等前体物质，其中游离氨基酸和核苷酸是最主要的呈味物质。肉不同滋味的呈味物质具体见表 5-2。

表 5-2   肉不同滋味的呈味物质

滋味	化合物
甜	葡萄糖、核糖、果糖、甘氨酸、丝氨酸、脯氨酸、羟脯氨酸
咸	无机盐、谷氨酸钠、天冬氨酸钠
酸	乳酸、谷氨酸、天冬氨酸、组氨酸、天冬酰胺、琥珀酸、二氢吡咯羧酸、磷酸
苦	游离氨基酸（组氨酸、精氨酸、蛋氨酸、缬氨酸、亮氨酸、异亮氨酸、苯丙氨酸、色氨酸、酪氨酸），肽类物质（次黄嘌呤、鹅肌肽、肌肽、肌酸、肌酐酸等）
鲜	谷氨酸钠、5′-肌苷酸、5′-鸟苷酸，其他肽类

5.1.3.3　影响肉风味的因素

（1）年龄和性别　动物年龄和性别对肉的气味有很大影响。随着动物年龄增加，肌肉的化学成分发生变化，具体表现为肌肉中水分下降，而其他成分含量都有所增加。所以动物幼年时体内水分含量高，缺乏风味，年龄越大，风味越浓。动物性别也会影响其肌肉的风味，如晚去势或未去势的公猪，因性激素缘故，有强烈特殊的性气味，公羊膻味较重，而牛肉风味受性别影响较小。

（2）品种和部位　不同种畜禽具有各自特殊的风味，而同种畜禽因其部位不同肉的风味也各异。如生鲜肉散发出一种肉腥味，羊肉有膻味，狗肉有腥味，造成这些差异的原因主要是由于遗传因素和不同畜禽的脂肪组成不同所导致的。实际上，不同品种和部位的肌肉组成的差异较小，因为其风味前体物质基本相同，但由于不同品种畜禽肉中脂肪氧化产物的种类和数量不同，所以加热脂肪组织后会产生明显的风味差异。

（3）饲料　饲料中鱼粉的腥味和牧草味均可渗入饲养动物肉中，而喂食豆粕、蚕饼等也会影响肉的气味，饲料含有的硫化丙烯、二硫丙烯、烯丙基二硫化物等会持续存在于肉中，散发出特殊的气味。

（4）肌肉脂肪含量　牛、猪、羊的瘦肉所含挥发性的香味成分，主要存在于肌间脂肪中。如肌肉大理石花纹，即肌束间结缔组织和脂肪，其脂肪杂交状态愈密，意味着芳香物质的前体物质丰富，风味愈加浓郁。而某些特殊气味比如羊肉的膻味，来源于挥发性脂肪酸如4-甲基辛酸、壬酸、癸酸等，也存在于脂肪中。因此肉中脂肪沉积的多少，对风味具有重要的意义。

（5）贮藏环境　肉在冷藏时，由于微生物附着于肉表面，生长繁殖形成菌落后产生黏液，覆盖于肉表面，产生明显的不良气味。同时长时间的冷藏会导致脂肪自动氧化，生成醛酮类过氧化物，产生不同程度的哈喇味。而肉在解冻后汁液流失，肉质变软也会使肉的风味降低。肉在辐射保藏时，以 $^{60}Co\ \gamma$ 射线照射会引起肉色香味的变化，而 γ 射线照射后，产生硫化氢、酮、醛等物质，使肉产生不愉快的气味。若肉与带有挥发性物质的产品如葱、鱼、药物等混合贮藏时，肉会吸收外来异味，对肉的风味产生影响。

5.1.4　多汁性

肉的多汁性是影响其食用品质的一个重要因素，尤其对肉的质地影响较大。

5.1.4.1　多汁性的概念

肉的口感发干与否，或者说多汁性的好坏，对其主观感觉评定可以分为 4 个方面：①开始咀嚼时肉中释放出的肉汁多少；②咀嚼过程中肉汁释放的持续性；③在咀嚼时刺激唾液分泌的多少；④肉中的脂肪在牙齿、舌头及口腔其他部位的附着给人以多汁性的感觉。所以多汁性可以用肉中的脂肪含量来估测。

5.1.4.2 影响肉多汁性的因素

（1）肉中脂肪类型和含量 肌肉中脂肪分为肌间脂肪和肌内脂肪，二者对于肉的品质的影响有所差异。肌间脂肪是指肌肉结缔组织膜外肌肉间沉积的脂肪，其含量与肉的大理石花纹纹样和嫩度密切相关。肌内脂肪是指存在于肌外膜、肌束膜和肌内膜中的脂肪，含有 60%~70% 的磷脂，影响肉的多汁性。在一定范围内，肉中脂肪含量越多，肉的多汁性越好。因为脂肪除润滑作用外，还能够刺激口腔释放唾液，增加多汁性的感觉。所以由此可解释，幼畜的肉刚入口时滋润多汁，而咀嚼到最后由于脂肪略少变得干燥。

（2）加热温度 一般烹调结束时中心温度愈高，其多汁性愈差，如 60 ℃烹调的牛排就比 80 ℃的牛排多汁，而 80 ℃又比 100 ℃的牛排多汁。

（3）加热速度和烹调方式 不同烹调方式的加热速度不同，显著影响肉的多汁性。例如同样将肉加热到 70 ℃，采用烘烤方法时肉最为多汁，其次是蒸煮，然后是油炸，多汁性最差的是加压烹调。这可能是因为加压和油炸的加热速度最快，而烘烤的加热速度最慢。另外在烹调时若将包裹在肉表面的脂肪去掉将导致多汁性下降。

（4）肉制品中的可榨出水分 生肉中可榨出水分多少能够较为准确地评定肉制品的多汁性，尤其是香肠制品，两者呈较强的正相关。

（5）贮藏时间 冻结处理本身不影响肉的多汁性，而贮藏时间可以影响肉的多汁性。例如，在 -10 ℃下贮藏 20 周的牛肉，其多汁性比 0 ℃下贮藏数天的牛肉差得多。在肉成熟期间，也明显存在成熟时间对肉多汁性的影响。

5.2 ▸▸ 感官质量评定

在肉制品销售时，消费者会凭借自己的感官（眼睛看到的、手触摸到的或嘴尝到的）直观地来评定产品好坏。所以说，市售肉制品的产品质量取决于产品的感官特征。此外，由于没有任何设备可以替代人的大脑与感官，因此感官评价的作用愈发重要，成为食品工业中必不可少的质量检验手段。对于肉制品来说，感官特征即产品的色泽、口感及结构。

5.2.1 感官评价的基本概念

凭借人体的自身感觉器官，如眼、鼻、口和手等对肉制品的品质进行评价。其中肉制品的色泽及形态结构通过眼睛直接观察，嗅觉和味觉通过鼻和口感知，触觉通过手触摸来感知。

5.2.2　感官评价的目的与要求

感官评价的主要目的如下：①对肉制品做质量评价；②开发新型肉制品，并完善其配方；③检测同样肉制品的质量是否统一；④为顾客开发定制特殊肉制品配方；⑤在保证肉制品品质的前提下，尽量降低产品成本等。

人对于产品的感知不是恒定不变的，既受主观因素如自身状态、心理素质等影响，也被样品差异、周围环境所干扰，所以为了使感官评价结果更加准确客观，对于感官评定人员、被测样品和感官评定环境都有明确的要求。

5.2.2.1　感官评定人员的要求

（1）感官评定人员应身体健康，经体格检查合格，若感官评定人员患有感冒等疾病时，应暂时停止工作。

（2）感官评定人员的视觉、嗅觉、味觉以及触觉等符合感官评定要求，具有一般的敏感性即可，过度敏感反而影响检验结果。

（3）感官评定人员应经过专门培训与考核，取得职业资格证书，符合感官分析要求，熟悉评定样品的色、香、味、质地、类型、风格、特征及检测所需要的方法，掌握有关的感官评定术语。

（4）感官评定时，评定人员不得使用有气味的化妆品，不得吸烟，应穿着清洁、无异味的工作服。

（5）感官评定人员不应在饥饿、疲劳、饮酒后的情况下进行评定工作。

（6）感官评定人员应在评定开始前 1 h 漱口、刷牙，并在直至检测开始前，除了饮水，不吃任何东西。每个品种进行评定时应先用优质干红葡萄酒、后用清茶漱口，再用清水漱口。

（7）在感官评定过程中，品评人员应认真负责，独自打分，禁止相互讨论，交换意见。

5.2.2.2　感官评定样品的要求

（1）样品的处理方法及过程应完全一致。

（2）用以感官评定的样品应是相同体积、质量、形状，并取自同一部位，样品的量应根据不同样品自身的情况及感官评定时要研究的特性决定。

（3）提供的样品温度适宜，并且保持每份样品温度一致。

（4）供评定的样品应采用随机的三位数编码，避免使用喜爱、忌讳或容易记忆的数字。

（5）盛装样品的容器应采用同一规格、相同颜色的无味容器。

5.2.2.3　感官评定环境的要求

（1）评定环境应比较安静，宽敞明亮，避免使人产生束缚感。

（2）评定时环境温度应控制在（20±2）℃，相对湿度为60%~75%，使评定人员保持轻松舒适的状态。

（3）评定环境需要有足够亮的照明条件以及合理的光源布局，避免明暗对比强烈。

（4）评定环境不宜有刺眼或令人精神不振、甚至反感的颜色。

5.2.3　感官评定方法与常见感官评价表

为了使评定结果具有可比性，所有参与感官评定的人员都必须使用同种检验方法，并且根据自己的判断如实独立地填写相应的感官评价表，以提供给生产决策者或者工艺配方人员重要的参考意见。

在感官评价中，常用的检验方法有以下几种。

5.2.3.1　简单差别成对比较检验法

该检验方法是判断两个样品间是否存在某种差异及其差异方向的一种评价方法。进行该检验时，随机出示两个样品给评价员，要求评价员对这两个样品进行比较。该方法优点是简单且不易产生感官疲劳；但缺点是当样品数增多时，会因需要比较的数目过大而无法实现，并且具有强制性。表5-3为该检验方法的一个评价表。

表5-3　简单差别成对比较检验法感官评价表

名称：		产品：	
品评人员编号：		日期：	
提示：提供两个编号样品，判断两者之间是否存在差异，并在相应的栏中做出标记。			
样品编号		有差异	无差异

5.2.3.2　三点检验法

三点检验法是同时提供三个样品，其中两个是相同的，另一个是比较特殊的，要求评价员区别出有差别的那个样品。为使样品的排列次序、出现次数的概率相等，样品有6种组合形式：BAA、ABA、AAB、ABB、BAB、BBA。表5-4为该检验方法的一个评价表。

表5-4　三点检验法感官评价表

名称:	产品:
品评人员编号:	日期:

提示: 提供三个编号样品，其中两个样品的气味或口味相同，而另一个不同，具有一定的特殊性，在相应栏中标出特殊样品

样品编号	特殊样品

5.2.3.3　嗜好程度评分法

嗜好程度评分法是按照预先设定的评分标准，对样品的特性或嗜好性以数字标度进行评定，然后换算成样品分数的方法。表 5-5 为一个该检验方法的评价表，采用五分制，评定产品外观颜色、切面致密性、口感、滋味和总体可接受性五个方面。

表5-5　嗜好程度评分法感官评价表

名称:		产品:		
品评人员编号:		日期:		
样品编号	外观颜色	切面致密性	口感	滋味	总体可接受性
108					
340					
534					
368					
295					
473					
327					
145					

提示: 5 分=最好，4 分=好，3 分=一般，2 分=不合格，1 分=差，0 分=太差

第 **6** 章

肠类肉制品加工

在现代人们生活中，肠类制品是一种优质的方便食品，它是肉类加工的一种古老形式。香肠拉丁语的意思为保藏，意大利语为盐腌，我国称之为香肠。

香肠类制品是肉类制品中品种最多的一大类。它是以畜禽鱼肉或其可食副产品为主要原料，经腌制（或不经腌制）、绞碎或斩拌乳化成肉糜状，并混合各种辅料，然后充填入天然肠衣或人造肠衣中成型，根据品种不同再分别经过烘烤、蒸煮、烟熏、发酵或干晾等工序制成的肉制品。由于所使用的原料、加工工艺及技术要求、调料辅料的不同，所以各种香肠不论在外形上和口味上都有很大区别。

6.1 ▸▸ 香肠制品的分类

目前，一般把香肠分为两大类，中式灌肠和西式灌肠。

其中，中式灌肠是我国传统肉制品的一大类，以其独特的风味、品质受到消费者的欢迎。中式灌肠是以畜禽肉为主要原料，经切碎后加入一定量的辅料混合均匀后充填入肠衣中，经烘焙、风干或晾干制成的生干肠制品。目前，大部分的中式灌肠已实现工业化生产。我国的中式香肠种类繁多，如哈尔滨风干肠、广式腊肠等。中式灌肠的加工一般需经过晾干或烘干使大部分水分除去，因此具有良好的贮藏性。同时，由于其需要经过长时间的成熟过程，因此具有浓郁鲜美的风味。

西式灌肠也是以畜禽肉为主要原料，经腌制（或不经腌制），斩拌或切碎使肉成为块状、丁状或肉糜状，与其他辅料混合均匀后灌入肠衣内，经烘烤或烟熏制成的熟制灌肠制品，或不经熟制加工而需要冷藏的生鲜肠。中式灌肠和西式灌肠的主要区别如表 6-1 所示。

表 6-1　中式灌肠与西式灌肠的区别

项目	中式灌肠	西式灌肠
原料肉的选择	以猪肉为主	还可用牛肉、马肉、兔肉与其他混合肉
原料肉的处理	瘦肉和肥肉切丁	肥瘦肉绞成肉馅或肥肉切丁
辅料	加酱油，不加食品胶或淀粉	加淀粉不加酱油，加洋葱或大蒜等配料
日晒烟熏	长时间日晒不烟熏	干燥烟熏
包装容器	猪羊小肠	猪羊大小肠、牛盲肠
含水量	≤20%	约 40%

6.1.1　国内香肠制品的分类

在香肠制品的生产上，习惯上将使用中国原有的加工方法生产的产品称为香肠或腊肠，把使用国外传入的方法生产的产品称为灌肠。关于香肠类制品的分类，目前我国还没有确切的标准，按照加工工艺，一般可以分为以下几种。

6.1.1.1　中式香肠

中式香肠是以猪肉为主要原料，经切碎或绞碎成丁，用食盐、硝酸钠、糖、曲酒、酱油等辅料腌制后，灌入可食性肠衣中，经晾晒、风干或烘烤等工艺制成香肠制品。食用前需经熟制加工。主要产品有腊肠、风干肠和腊香肚等。

6.1.1.2　熏煮香肠

熏煮香肠是以各种畜禽肉为原料，经切碎（或绞碎、斩拌）、腌制处理后，填充入肠衣内，再经烘烤、烟熏、蒸煮、冷却等工艺制成的肉制品。这类产品是我国目前市场上品种和数量最多的一类产品。主要产品有热狗肠、法兰克福香肠、维也纳香肠、红肠、香肚和血肠等。

6.1.1.3　发酵香肠

发酵香肠以牛肉或猪肉为主要原料，经腌制、绞碎或斩拌，加入发酵剂（自然发酵时不需加入发酵剂）、调味料后灌入肠衣内发酵、烘烤、熟制后而成，可烟熏或不烟熏。主要产品有色拉米香肠和熏香肠等。

6.1.1.4　粉肠

这类香肠的加工一般以猪肉为主要原料，不需经过腌制，拌馅中加入较多量淀粉和水，淀粉一般要使用质量较高的绿豆淀粉，灌入猪肠衣或肚皮中，经过煮制、糖熏后即为成品。产品用糖熏制，着色快，失水量小，所以这类产品出品率高，产品含水量高，因而耐贮藏性差。

6.1.2 国外香肠制品的分类

西式灌肠是以畜禽肉为原料，经腌制（或不经腌制）、斩拌而使肉成为肉丁或肉糜状态，再添加其他辅料，经搅拌或滚揉后灌入肠衣内，再经烘烤、蒸煮和烟熏等工艺而制成的熟制灌肠制品，或者是不经腌制和熟制而制成的需冷藏的生鲜肠。常见的国外灌肠制品及特征见表6-2。

表6-2　国外灌肠制品及特征

名称	主要特征
生鲜肠	用新鲜肉，不腌制，原料肉绞碎后与辅料搅拌均匀的灌入肠衣内，冷却贮藏，食用前熟制
生熏肠	腌制或不腌制的新鲜肉绞碎后与辅料搅拌均匀灌入肠衣，烟熏而不熟制，食用前熟制即可
熟肠	腌制或不腌制的新鲜肉绞碎后与辅料搅拌均匀灌入肠衣，熟制而成
熟熏肠	新鲜肉经绞碎后与辅料搅拌均匀灌入肠衣内经烘烤、熟制后烟熏而成
发酵肠	腌制的新鲜肉绞碎后与辅料搅拌均匀灌入肠衣，然后发酵、干燥，除去大部分的水分制成。可烟熏或不烟熏
特殊制品	混合鲜肉和其他食品原料（肉皮、麦片、肝脏、淀粉等），加入调料后搅拌均匀制成的产品
混合制品	以畜肉为主要原料，混合鱼肉、禽肉或其他动物肉制成的产品

6.1.2.1　生鲜肠（又名生香肠）

这类肠是由鲜肉制成，未经煮熟和腌制，通常在冷却或冻结条件下保存。鲜肠类在冷却条件下的保存期不应超过3天，食用前应经熟制。这类产品包括鲜猪肉肠、基尔巴萨香肠、意大利香肠、德国图林根香肠等。

这类肠的原料除鲜肉外，有时还混合其他食品原料。品种有混合猪头肉、猪内脏、土豆、淀粉、面包渣等制成的鲜香肠；添加猪肉、牛肉、鸡蛋、面粉的混合香肠；混合牛肉、面包渣或饼干面制成的香肠；混合猪肉、牛肉、番茄和椒盐饼干面的番茄肠等。这类香肠由于本身含水分较多，组织柔软，又没有经过高温杀菌工序，所以一般不能长期贮存。制作这种香肠，既不经过亚硝酸盐处理，也不经过腌制、水煮等工序。因此，消费者食用时，还需自己再加工制作。在国内这种肠比较少见。

6.1.2.2　生熏肠

这类肠的原料肉可腌制也可不腌制，产品要经过烟熏但不进行蒸煮，因此肉还是生的，食用前应保存在冰箱中，保存期不应超过7天。消费者在食用前要进行熟制，因而叫生熏肠。

6.1.2.3　熟熏肠

原料与辅料等的选用与生熏肠相同，搅拌充填入肠衣内后，再进行烟熏蒸煮，此种肠最为普通，占整个灌肠生产的一大部分。这种香肠已经过熟制，故可以直接食用。

6.1.2.4　干制和半干制香肠

原料肉一般需要经过腌制，干制肠不经烟熏，半干制肠则需要经过烟熏处理，这类肠也叫发酵肠。干制肠一般都采用新鲜的牛肉或猪肉与少量的脂肪作原料，再添加适量的食盐和发色剂等制成。一般都要经过发酵、风干脱水的过程，并保持有一定的盐分。在加工过程中重量减轻 25%~40%，因而在夏天放在阴凉的地方不用冷藏也可以长时间贮藏，如意大利色拉米肠、德式色拉米肠。半干制香肠加工过程与干制香肠相似，但风干脱水过程中重量减轻 3%~15%，其干硬度和湿度介于干制肠与一般香肠之间。这类产品经过发酵，产品的 pH 值较低（4.7~5.3），使得产品的保存性增加，并具有很强的风味。干制香肠需要很长的干燥时间，不同直径的肠所需时间不同，一般为 21~90 天。

6.2 ▶▶ 常见的香肠种类及加工特点

6.2.1　中国传统香肠类

6.2.1.1　腊肠

腊肠是我国一种有名的肉制品，具有外形红润、色泽鲜亮、鲜美可口等特点。接下来以广式腊肠为例介绍一下工艺和操作要点。

广式腊肠是将瘦肉进行粗绞、肥膘切丁后，加入辅料，然后灌入肠衣再经晾晒烘烤加工而制成。广式腊肠中加入了较多的白糖和酒，并且在高热高湿的环境中加工，因此具有独特风味。广式腊肠成品具有外形美观、色泽鲜明、香味醇厚、粗细均匀、皮薄肉嫩等特点。

（1）广式腊肠的加工流程

原料整理→拌馅与腌制→灌制→排气→结扎→漂洗→晾晒和烘烤→成品

（2）配方　广式腊肠的肥瘦比为 1∶（2~2.5），每 50 kg 原料肉（肥肉 15 kg，瘦肉 35 kg）需要精盐 1.4~1.5 kg、白糖 4.5~5 kg、酱油 1~1.5 kg、白酒 1.5~2 kg、硝酸

钠 0.025 kg、水 7.5~10 kg。拌料时，先用温水将白糖、精盐、硝酸钠、酱油等溶解，然后先与瘦肉、再与肥肉混合，最后将水、白酒加入搅拌均匀。

（3）广式腊肠的操作要点

① 原料整理　选用卫检合格、皮薄肉嫩的新鲜猪肉为原料。经过修整，剔去肋骨、筋膜、碎肉和皮。肥膘选择猪背部硬膘。瘦肉用绞肉机绞碎，肥肉切成 0.5~1 cm 见方的小丁。其中，肥肉丁切好后用温水清洗一次，使其互相不粘连，形态柔软滑嫩，沥干水分备用。

② 拌馅与腌制　将原料瘦肉和辅料混合均匀搅拌，并在搅拌时逐渐加入 20% 的冰水，调节肉馅的硬度和黏度，随后加入肥肉丁，搅拌均匀，使馅料更滑嫩、致密。4 ℃放置 1~2 h，当瘦肉变为内外一致的鲜红色，手触有坚实感，按压肉馅中有汁液渗出，触感滑腻，即完成腌制。此时加入白酒拌匀，即可进行灌制。

③ 灌制　将上述腌制好的馅料放入灌肠机的料筒中进行灌制，使肉馅均匀地灌入肠衣中，在灌制过程中要掌握好松紧程度，不能过松或过紧。过松，严重影响成品的饱满结实度；过紧，则会导致肠体破裂。

④ 排气　用 1 cm 的医用注射器扎刺湿肠，排出内部残留的空气。

⑤ 结扎　按种类和规格每隔 10~20 cm 用细线结扎一道。

⑥ 漂洗　将结扎好的湿肠用 35 ℃左右的清水漂洗一次，去除表面杂质，然后依次分别挂在晾晒杆上，以便进行后续的晾晒、烘烤。

⑦ 晾晒和烘烤　将悬挂好的香肠放在日光下晾晒 2~3 天。在晾晒过程中，随时进行排气处理。日间进行晾晒处理，晚间推入烘烤房内烘烤，烘烤温度维持在 40~60 ℃。此过程一般持续 3 个昼夜，最后悬挂到通风良好的地方风干半月左右即为成品。另外，烘烤时应注意温度的控制，温度过高导致脂肪融化，瘦肉色泽变暗，同时导致空壁或空肠，使产品品质变差；温度过低则难以干燥，容易导致发酵变质。

（4）广式腊肠的质量标准

① 感官标准　见表 6-3。

表6-3　广式腊肠感官标准

项目	指标
组织形态	肠体干爽，呈现完整的圆柱形，表面褶皱均匀自然，切面致密平整
色泽	肥肉白，瘦肉鲜红，红白分明，有光泽
风味	咸甜适宜，腊香味浓郁，食而不腻
长度及直径	长度为 150~200 mm，直径 17~26 mm
内容物	禁止含有淀粉、豆粉、色素及其他外源添加物

② 理化标准　见表 6-4。

表 6-4　广式腊肠理化标准

项目	优级	一级	二级
蛋白含量/%	≥22	≥20	≥17
脂肪含量/%	≤35	≤45	≤55
水分含量/%	≤25	≤25	≤25
食盐含量（以 NaCl 计）/%	≤8	≤8	≤8
总糖含量（以葡萄糖计）/%	≤20	≤20	≤20
酸价（以 KOH 计）/（mg/g）	≤4	≤4	≤4
亚硝酸盐（以 $NaNO_2$ 计）/（mg/kg）	≤20	≤20	≤20

6.2.1.2　哈尔滨风干肠

哈尔滨风干肠归类于北方传统的发酵肉制品，其色泽诱人、风味独特、质地紧密。哈尔滨风干肠通常以猪后腿肉为原料，通过切绞成丁、加盐腌制、配以辅料、灌制、风干、发酵等工艺步骤制成，是广受消费者喜爱的我国北方传统发酵肉制品。

（1）哈尔滨风干肠的加工流程

切肉→制馅→灌制→日晒与烘烤→捆把→发酵成熟→煮制

（2）配方

配方 1：猪瘦肉 90 kg，猪肥肉 10 kg，酱油 18~20 kg，砂仁粉 125 g，紫蔻粉 200 g，桂皮粉 150 g，花椒粉 100 g，鲜姜 100 g。

配方 2：猪瘦肉 85 kg，猪肥肉 15 kg；精盐 2.1 kg，桂皮面 200 g，丁香 60 g，鲜姜 1 g，花椒面 100 g。

配方 3：猪瘦肉 80 kg，猪肥肉 20 kg，味精 500 g，白酒 500 g，精盐 2 kg，砂仁 150 g，小茴香 100 g，豆蔻 150 g，鲜姜 1 kg，桂皮 400 g。

（3）哈尔滨风干肠的操作要点

① 切肉　剔骨后的原料肉，首先剔除瘦肉中筋腱、血管、淋巴，然后将瘦肉与背膘切成 1.0~1.2 见方的肉丁，最好用手工切。目前为了加快生产速度，一般采用筛孔 1.5cm 直径的绞肉机绞碎。

② 制馅　将肥瘦猪肉倒入拌馅机内，开机搅拌均匀，再将各种辅料加入，待肉馅搅拌均匀即可。

③ 灌制　肉馅拌好后要马上灌制，用猪或羊的小肠衣均可。灌制不可太满，以免肠体过粗。灌后裁成每根长 20 cm 左右，并且用手将每根肠撸匀，即可上杆晾挂。

④ 日晒与烘烤　将香肠挂在木杆上，送到日光下曝晒 2~3 天，然后挂于阴凉通风处，风干 3~4 天。烘烤时，烘烤室内温度控制在 42~49 ℃，最好温度保持恒定。温度过高使肠内脂肪融化，产生流油现象，肌肉色泽发暗，降低品质。如温度过低，延长烘烤时间，肠内水分排出缓慢，易引起发酵变质。烘烤时间为 24~48 h。

⑤ 捆把　将风干后的香肠取下，按每6根捆成一把。

⑥ 发酵成熟　把捆好的香肠，码放好后存放在阴凉、湿度合适的场所，库房要求不见光，相对湿度为75%左右。如果存放场所过分干燥，易发生肠体流油、食盐析出等现象；如果湿度过大，易发生吸水现象，影响产品质量。发酵需经10天左右。在发酵过程中，水分要进一步少量蒸发，同时在肉中自身酶及微生物作用下，肉馅又进一步发生一些复杂的生物化学和物理化学变化，蛋白质与脂肪发生分解，产生风味物质，使制品形成独特风味。

⑦ 煮制　产品在出售前应进行煮制，煮制前要用温水洗一次，刷掉肠体表面的灰尘和污物。开水下锅，煮制15 min即出锅，装入容器晾凉即为成品。

6.2.1.3　香肚

香肚是用猪肚（猪膀胱）作为肠衣，灌入调制好的肉馅，经过晾晒而制成的一种肠类制品。香肚形似苹果，肥瘦鲜明。外皮虽薄，但弹性很强，不易破裂，便于贮藏和携带。

（1）香肚的加工流程

泡肚皮→选择原料肉→制馅→装馅扎口→晾晒→成品

（2）配方　瘦肉 80 kg，肥膘 20 kg，食盐 4 kg，糖 5 kg，五香粉 50 g，硝酸钠 30 g。

（3）香肚的操作要点

① 泡肚皮　不论干制或盐腌肚皮都需要浸泡，浸泡时间一般 3 h 到几天不等。将猪肚先干搓，然后放入清水中清洗 2~3 次，内外层要翻洗干净，然后沥干水分备用。

② 选择原料肉　选择新鲜猪肉，最好选其腿部瘦肉，切成筷子粗细、长约 3.5 cm 的肉条，肥肉切丁。

③ 制馅　按比例将肉条和肥肉丁混匀，然后添加香辛料和食盐，混合后加糖，充分拌匀，静置 15 min 左右，待食盐和糖充分溶解后即开始进行装馅。

④ 装馅扎口　根据猪肚大小，将馅料称量灌入，大猪肚灌馅 250 g，小猪肚灌馅 175 g。灌完后针刺放气，然后用手握住猪肚的上部边揉边转，直至香肚形状呈苹果状，然后用麻绳扎紧。

⑤ 晾晒　将灌好的香肚，挂在晾竿上在阳光下晾晒，冬季晒 3~4 天，春季晒 2~3 天，晒至表皮干燥，肚皮呈半透明状态，瘦肉与脂肪的颜色分明为止。然后转移到通风干燥的室内晾挂，一个月左右即为成品。

6.2.2　西式灌肠类

西式灌肠营养丰富、口味鲜美，适于规模化、工厂化大批量生产，具有携带、食用方便等特点，逐渐成为我国肉制品加工行业产量最多的产品之一。我国已研制出许多具有中国特色的西式灌肠。其具体名称多与产地有关，如哈尔滨红肠、波兰肠、维也纳肠、法兰克福香肠等。

6.2.2.1　哈尔滨红肠

哈尔滨红肠原产于东欧的立陶宛。中东铁路修建后，外国人大量进入哈尔滨，也将红肠工艺带到了哈尔滨。因为肠的外表呈枣红色，所以被哈尔滨人称之为红肠。哈尔滨红肠做法精良，熏烟芳香，味美质干，蛋白质含量高，营养丰富。该产品表面呈枣红色，内部玫瑰红色，脂肪乳白色；具有该产品应有的滋味和气味，无异味；表面起皱，内部组织紧密而细致，脂肪块分布均匀，切面有光泽且富有弹性。

（1）哈尔滨红肠的加工流程

原料肉的选择→切块→腌制→制馅→灌制→烘烤→煮制→熏制

（2）配方　瘦肉 75 kg，脂肪 19 kg，淀粉 6 kg，胡椒粉 200 g，味精 200 g，桂皮粉 100 g，大蒜 1 kg。

（3）哈尔滨红肠的操作要点

① 原料肉的选择　原料肉必须是健康动物宰后的质量良好的并经兽医卫生检验合格的肉。最好用新鲜肉或冷却肉，也可以用冷冻肉，使用冷冻肉需提前一天缓化。原料肉一般选用牛肉和猪肉。其中，猪肉在红肠生产中一般是用瘦肉和皮下脂肪作为主要原料。牛肉在红肠生产中只用瘦肉部分，不用脂肪；牛肉中瘦肉的黏着性和色泽都很好，可提高结着力，增加产品弹性和保水性。另外，头肉、肝、心、血液等也可作为原料，增加新品种。

② 肉的切块　将选择好的原料肉剔除皮、筋腱、结缔组织、淋巴结、腺体、软骨、碎骨等，然后将大块肉按生产需要切块。其中，瘦肉按肌肉组织的自然块分开，顺肌纤维方向切成 100~150 g 的小肉块；肥肉的切块是将背部较厚的皮下脂肪自颈部至臀部按宽 15~30 cm 割开，较薄的脂肪直接切成 5~7 cm 长条。

③ 腌制　腌制过程使用食盐和硝酸盐，以达到提高肉的保水性、结着性，并使肉呈鲜亮颜色的目的。瘦肉的腌制比例为：每 100 kg 肉，食盐 3 kg，亚硝酸盐 10 g，磷酸盐 0.4 kg，抗坏血酸盐 0.1 kg，将腌料与肉充分混合进行腌制，腌制时间为 3 天；温度为 4~10 ℃。脂肪的腌制比例为：用盐量为肉量的 3%~4%，不加亚硝酸盐。腌制时间 3~5 天。同时，腌制时要求室内整洁，阴暗不透阳光，空气相对湿度 90% 左右，温度在 10 ℃ 以内，最好 2~4 ℃，室内墙壁要绝缘，防止外界温度的影响。

④ 制馅　首先，将腌制好的瘦肉用绞肉机绞碎，绞肉机筛孔直径为 5~7mm。然后，将腌制后的脂肪切成 1cm 见方的小块。之后开始拌馅。拌馅时先加入绞碎的瘦肉和调味料，搅拌一定时间后，加一定量的水继续搅拌，最后加淀粉和脂肪块。搅拌

时间一般为 6~10 min。拌馅是在拌馅机中进行。由于机械运转和肉馅的自身摩擦产生热，肉馅温度不断升高，因而在拌馅时要加入凉水或冰水，加水还可以提高出品率，且可在一定程度上弥补熏制时重量的损失。达到灌制要求的馅料状态是馅中没有明显肌肉颗粒，脂肪块、调料、淀粉混合均匀，馅富有弹性和黏稠性。

⑤ 灌制　灌制前先将猪小肠肠衣用温水浸泡，使用前用温水反复冲洗并检查是否有漏洞。哈尔滨红肠的灌制一般采用灌肠机。其方法是把肠馅倒入灌肠机内，再把肠衣套在灌肠机的灌筒上，开动灌肠机将肉馅灌入肠衣内。灌制的松紧要适当，过紧在煮制时由于体积膨胀使肠衣破裂，灌得过松煮后肠体出现凹陷变形。灌完后拧节，每节长为 18~20 cm，每根晾杆上悬挂 10 对，两头用绳系，如果不够对数要用绳子接起来。

⑥ 烘烤　经晾干后的红肠送烘烤炉内进行烘烤，烤炉温度为 70~80 ℃，时间为25~30 min。经过烘烤的灌肠，肠衣表面干燥没有湿感，用手摸有"沙沙"声音；肠衣呈半透明状，部分或全部透出肉馅的色泽；烘烤均匀一致，肠衣表面无熔化的油脂流出。

⑦ 煮制　目前绝大多数的肉制品采用水煮法。煮制时待锅内水温升到 95 ℃左右时将红肠下锅，以后水温保持在 85 ℃，水温如太低不易煮透；温度过高易将灌肠煮破，且易使脂肪熔化游离。待肠中心温度达到 74 ℃即可捞出，煮制时间一般为30~40 min。肠类制品煮制温度较低，这是由于香肠中大多数结缔组织已除去，肌纤维又被机械破坏，为此不需要高温长时间的熟制。

⑧ 熏制　将煮制好的红肠均匀地挂到熏炉内，不挤不靠，各层之间相距 10 cm左右，最下层的灌肠距火堆 1.5 m。一定要注意烟熏温度，不能升温太快，否则易使肠体爆裂，应采用梯形升温法，熏制温度为 35—55—75 ℃，熏制时间 8~12 h。烟熏过程可除掉一部分水分，使肠干燥有光泽，肠体变为鲜红色，肠衣表面起皱纹，肠具有特殊的香味，并增加了防腐能力。

6.2.2.2　乳化肠

乳化肠是典型的凝胶类肉制品，以新鲜或冷冻的畜禽肉为主要原料经腌制、斩拌、乳化，灌入肠衣，再经高温蒸煮制成的灌肠肉制品。

（1）乳化肠的加工流程

原料肉的选择→绞肉→腌制→制馅→灌制→干燥→蒸煮→冷却→成品

（2）配方

配方 1：瘦肉 75 kg，肥肉 15 kg，淀粉 10 kg，乳化剂 500 g，大蒜 1 kg，胡椒面150 g，味精 150 g，红曲米 100 g，属高档肠。

配方 2：瘦肉 40 kg，肥肉 40 kg，淀粉 20 kg，混合乳化剂 1 kg，大豆蛋白 2 kg，大蒜 1 kg，胡椒面 150 g，味精 150 g，红曲米 100 g，属中档肠。

配方 3：瘦肉 20 kg，肥肉 5 5 kg，淀粉 25 kg，混合乳化剂 1.5 kg，大豆蛋白 3 kg，大蒜 1 kg，胡椒面 150 g，味精 150 g，红曲米 100 g。本品属低档肠。

（3）乳化肠的操作要点

① 原料肉的选择　主要为猪肉，也可使用部分牛肉，首先进行解冻，剔除筋膜，将脂肪修整干净。原料肉肥瘦比在 3：7 时，产品的口感、味道及剥皮性、成本都能兼顾，达到综合平衡的效果。

② 绞肉　将瘦肉用 12 mm 孔板绞碎，达到绞出的肉粒完整，不成糊状的状态。若成糊状，则可能导致产品口感发黏、出油；背膘切块备用。

③ 腌制　绞好的瘦肉部分加 3%食盐和 0.1‰的亚硝酸钠进行腌制。肥肉切成大块状加 3%食盐腌制。腌制温度为 4~10 ℃，腌制时间为 24 h。容器使用塑料箱或不锈钢小车。腌制好的肉颜色鲜红，富有弹性和黏性。

④ 制馅　制馅主要在斩拌机中进行。斩拌机就是绞肉和搅拌合二为一的机器，外形像一个大铁盘，盘上安有固定并可高速旋转的刀轴，刀轴上附有一排刀，随着盘的转动刀也转动，从而把肉块切碎。要求斩拌机刀刃锋利，刀与锅的间隙为 3 mm。第一步，先斩瘦肉，并加入食盐、调味料和 1/3 的冰水混合物，斩拌至瘦肉成细腻的泥状，时间为 2~3 min。第二步，加入肥膘和 1/3 的冰水混合物以及食品胶等其他添加物，将肥膘斩拌至较细的颗粒状，时间为 2~3 min。第三步，将淀粉及剩余的冰水混合物全部加入，斩拌至肉馅均匀、细腻、黏稠、有光泽，温度小于 12 ℃，时间为 2~3 min。

⑤ 灌制　用温水清洗干净之前泡好的肠衣，采用连续灌肠机进行灌制。该机装有一个料斗和一个叶片式的连续泵，此外还装有真空泵，有的还配有自动称量，打结和肠衣截断等装置。这类肠可用天然肠衣，也可使用人造肠衣，灌制后不需扎眼放气。灌制时应注意肠体的松紧程度，灌制完毕后用水将肠体表面冲洗干净。

⑥ 干燥　干燥的目的是发色以及使肠衣变得结实，防止在后续的蒸煮过程中肠衣破裂。干燥温度为 55~60 ℃，时间 30 min，要求达到肠体表面爽滑、不粘手。

⑦ 蒸煮　蒸煮条件为 80~85 ℃，40 min。蒸煮时温度不宜过高，时间不宜过长，否则容易导致肠体爆裂。

⑧ 冷却　蒸煮结束后，立即用冷水冲洗肠体表面降温，可使肠体达到饱满无褶皱的状态。产品在冷却过程中要求室内相对湿度为 75%~80%，过干或过湿都会导致肠衣难以剥下。

6.2.2.3　发酵香肠

发酵香肠（以色拉米香肠为例）是绞碎的瘦肉和动物脂肪同辅料混合接种菌体（自然发酵不需接种菌体）后灌入肠衣，经发酵、成熟干燥而制成的具有稳定微生物特性和发酵香味的肉制品。其中，最经典的发酵香肠是色拉米香肠。色拉米香肠是一种高级灌肠，流行于西欧各国，色拉米香肠分生、熟两种。生色拉米香肠食用前需要煮熟，但德国人喜欢生食。

（1）色拉米香肠的加工流程

原料肉的选择→腌制→绞碎、拌馅→灌制→接菌→发酵→烘烤→煮制→烟熏

（2）配方　牛肉 70 kg，猪肉 15 kg，肥膘 15 kg，白砂糖 0.5 kg，食盐 3.5 kg，朗姆酒 0.5 kg，大蒜末少许，玉果粉 125 g，白胡椒粉 200 g，亚硝酸钠 15 g。

（3）色拉米香肠的操作要点

① 原料肉的选择　瘦肉一般选择牛肉和猪肉，脂肪一般选猪背膘。将背膘微冻后，切成 2 cm 见方的小肉丁，入冷藏室（6~8 ℃）保存 24 h。

② 腌制　将牛肉和猪肉上的筋膜、脂肪修整干净，切成条状，混合在一起，撒上食盐和亚硝酸钠，在 0~4 ℃下腌制 24 h，使其充分发色。

③ 绞碎、拌馅　将腌制好的瘦肉通过 9 mm 孔板绞肉机绞碎倒入搅拌盘内，与其他辅料和冰水一起搅拌，搅拌好后与微冻后的肥肉丁充分混合。搅拌时间根据产品要求的肉的颗粒度和终点温度（2 ℃）进行调节。

④ 灌制　选用牛的直肠衣，使用前用温水洗净，剪成 45 mm 长的段，用线绳系住一端，将肠馅灌入，再把另一端系住，灌制时要求填充均匀，肠体松紧适度。

⑤ 接菌　一般选择接种霉菌或酵母菌。将霉菌或酵母菌的冻干菌用水制成发酵剂菌液，然后将香肠浸入菌液中。

⑥ 发酵　将香肠吊挂在 30~32 ℃、相对湿度为 80%~90% 的发酵间内开始发酵，发酵时间为 16~18 h，至 pH 下降到 5.3 以下即可。

⑦ 烘烤　终止发酵后以温度为 65~80 ℃烤制 1 h。烤至表皮光滑干燥，肉馅呈绛红色为止。

⑧ 煮制　煮制时水温为 95 ℃，时间 1.5 h，肠出锅时水温不得低于 70 ℃。

⑨ 烟熏　烟熏温度 60~65 ℃，先烟熏 5 h，然后间隔 1 h 再烟熏，反复连续烟熏 4~6 次，烟熏时间、温度不变，12~14 天即为成品。生色拉米香肠无需煮制可直接进行烟熏。

（4）色拉米香肠的质量标准

① 感官标准　见表 6-5。

表6-5　色拉米香肠感官标准

项目	指标
外观	肠体干爽结实有弹性，指腹按压无明显凹痕
色泽	具有产品的固有色泽
风味	口味适中，香味醇厚，口感细腻
组织形态	切片致密性好

② 理化标准　见表6-6。

表6-6　色拉米香肠理化标准

项目	指标
铅（Pb）含量/（mg/kg）	≤0.5
无机砷含量/（mg/kg）	≤0.05
镉（Cd）含量/（mg/kg）	≤0.1
汞（Hg）含量/（mg/kg）	≤0.05
亚硝酸盐含量/（mg/kg）	≤30
过氧化值/（g/100g）	≤0.25

6.2.2.4　火腿肠

火腿肠最先起源于日本和欧美，是深受消费者欢迎的一种肉类食品，是以新鲜的或冷冻的畜禽肉、鱼肉等为主料辅以填充剂（淀粉、大豆分离蛋白等），然后再加入调味品、香辛料、品质改良剂、护色剂、防腐剂等物质，经腌制、斩拌，然后灌入塑料肠衣，经蒸煮制成的灌肠产品。其特点是携带方便、肉质细腻、食用简单、保质期长。其中，火腿肠又可划分为低温火腿肠和高温火腿肠。

（1）低温火腿肠

① 低温火腿肠的加工流程

原料肉的选择→绞肉→腌制→斩拌→灌制→干燥→蒸煮→糖熏→冷却→包装→二次杀菌

② 配方　猪瘦肉60kg，牛肉10kg，新鲜猪背膘30kg，玉米淀粉10kg，变性淀粉10kg，卡拉胶0.5kg，大豆分离蛋白2kg，鲜蛋液5kg，冰水55kg，食盐3.3kg，白砂糖3.3kg，味精0.3kg，亚硝酸钠12g，白胡椒粉0.2kg，五香粉0.3kg，山梨酸钾0.32kg，鲜洋葱2kg，特纯乙基麦芽酚12g，红曲红色素12g，异抗坏血酸钠50g，三聚磷酸钠0.15kg，焦磷酸钠0.2kg。

③ 低温火腿肠的操作要点

a. 原料肉的选择　猪瘦肉将筋膜、脂肪修整干净，猪背膘无污物。原料肉中的肥瘦比为2∶8时，产品脆感强，剥皮性好，但成本高，口味一般。原料肉中的肥瘦比为4∶6时，产品脆感稍差，剥皮性差，但成本低，口味好，香气浓郁。原料肉中的肥瘦比为3∶7时，产品的脆感、口味、剥皮性、成本等都能兼顾，达到综合平衡的效果。原料肉中的肥瘦比为5∶5或6∶4时，仍能加工出满意的产品，而且其中的瘦肉可全部用猪肉，肥膘可用鸡皮代替，可明显降低成本，生产出香气浓郁的产品，而且不出油。当然，这要求工艺控制相当严格。

b. 绞肉　将瘦肉与背膘均用12mm孔板绞碎，要求绞肉机刀刃锋利，刀与孔板配合紧实，绞出的肉粒完整，勿成糊状，否则将使成品口感发黏、脂肪出油。

c. 腌制　经绞碎的肉，放入搅拌机中，同时加入食盐、亚硝酸钠、复合磷酸盐（三聚磷酸钠、焦磷酸钠）、异抗坏血酸钠、各种香辛料和调味料等。搅拌完毕，放入腌制间腌制。腌制间温度为 0~4 ℃，腌制 24 h，腌制好的肉颜色鲜红，变得富有弹性和黏性。

d. 斩拌　要求斩拌机刀刃锋利，用 3000 r/min 斩拌，刀与锅的间隙 3 mm。

第一步，先斩瘦肉，并加入 1/3 的冰水，斩到瘦肉成泥状，时间 2~3 min。

第二步，加入背膘、1/3 冰水、卡拉胶、大豆分离蛋白等填充物，将肥膘斩拌至细颗粒状，时间 2~3 min。

第三步，将剩余辅料及冰水全部加入，斩拌至肉馅均匀、细腻、黏稠、有光泽，温度达到 10 ℃，时间 2~3 min。

第四步，加入淀粉，斩拌均匀，温度小于 12 ℃，斩拌时间约为 30 s。

e. 灌制　天然猪、羊肠衣使用前用温水清洗干净。灌制时注意肠体松紧适度，灌制完毕用清水将肠体表面冲洗干净。

f. 干燥　目的是发色及使肠衣变得结实，以防止在蒸煮过程中肠体爆裂。干燥温度 55~60 ℃，时间 30 min 以上，要求肠体表面手感爽滑，不粘手，干燥温度不宜高，否则易出油。

g. 蒸煮　82~83 ℃蒸煮 30 min 以上，温度过高肠体易爆裂，时间过长（80 min以上）也易导致肠体爆裂。

h. 糖熏　普通烟熏方法难以使肠衣上色，而且色泽易褪。糖熏方法是，木渣：红糖=2：1，炉温 75~80 ℃，时间 20 min，直至形成红棕色。

i. 冷却　如果要使肠体饱满无皱褶，糖熏结束后，立即用冷水冲淋肠体 10~20 s。产品在冷却过程中要求室内相对湿度 75%~80%，太干、太湿容易使肠衣不脆，肠衣难剥皮。

j. 定量包装　用真空袋定量包装，抽真空，时间 30 s，热合时间 2~3 s。为了延长产品保质期，包装后的产品要进行二次杀菌，工艺是 85~90 ℃，杀菌 10 min 以上。如果为了使产品的表面更加饱满，可采用 95~100 ℃，10 min 的杀菌工艺。

④ 低温火腿肠的质量标准

a. 感官标准　见表 6-7。

表6-7　低温火腿肠感官标准

项目	指标
外观	肠衣饱满有光泽
色泽	具有产品的固有色泽，呈现红棕色
风味	香气浓郁，口味纯正，口感脆嫩
组织形态	结构紧密有弹性，切片致密性好

b. 微生物标准　见表6-8。

表6-8　低温火腿肠微生物标准

项目	指标
菌落总数/（CFU/g）	≤2000
大肠菌群/（MPN/100g）	≤30
致病菌（沙门菌、金黄色葡萄球菌、志贺菌）	不得检出

（2）高温火腿肠

① 高温火腿肠的加工流程

原料肉的选择→腌制→绞碎→斩拌→灌制→高温杀菌→成品检验→贮藏

② 配方　猪瘦肉 70 kg，脂肪 20 kg，鸡皮 10 kg，亚硝酸钠 10 g，异抗坏血酸钠 60 g，食盐 3.3 kg，三聚磷酸盐 0.5 kg，白糖 2.2 kg，味精 0.25 kg，大豆分离蛋白 4.0 kg，卡拉胶 0.5 kg，玉米淀粉 20 kg，冰水 55 kg，红曲红 0.12 kg，鲜姜 2.0 kg，白胡椒粉 0.25 kg，猪肉型酵母味素 0.5 kg，LB05 型酵母味素 0.5 kg。

③ 高温火腿肠的操作要点

a. 原料肉的选择　选择兽检合格的、品质良好的冻肉或鲜肉。修整除去筋膜、碎骨与污物。然后分别将不同的原料肉切成 5~7 cm 宽的肉条。

b. 腌制　将切好的肉条与食盐、亚硝酸钠、三聚磷酸盐、异抗坏血酸钠、各种香辛料和调味料等混合均匀，放入腌制间腌制。腌制间温度为 0~4 ℃，湿度是 85%~90%，腌制 24 h。腌制好的肉颜色鲜红，且色调均匀，变得富有弹性和黏性，同时提高了制品的持水性。

c. 绞碎　将腌制好的肉条放入绞肉机中绞碎。目的是使肉的组织结构达到某种程度的破坏，以重新组成某种结构的肠制品。绞肉时应特别注意控制好肉的内温不高于 10 ℃，否则肉馅的持水力、黏结力就会下降，对制品质量产生不良影响。绞肉时不要超量填肉。

d. 斩拌　将绞碎的原料肉倒入斩拌机的料盘内，斩拌前先用冰水将斩拌机降温至 10 ℃左右。然后将肉糜斩拌 1 min，接着加入约 2/3 的冰水混合物、白糖及胡椒粉，斩拌 2~5 min，后加入玉米淀粉、大豆分离蛋白和剩余的冰水混合物，再斩拌 2~5 min 结束。斩拌时应先慢速混合，再高速乳化，斩拌温度控制在 10 ℃左右。斩拌的时间应大于 4 min。

e. 灌制　灌制是将斩拌好的肉馅灌入事先准备好的肠衣中，灌制时按重量计。采用连续真空灌肠机，使用前灌肠机的料斗用冰水降温。倒入第一锅时，排出机中空气。灌肠后用铝线结扎，使用的是聚偏二氯乙烯（PVDC）材料肠衣。灌制的肉馅要紧密而无间隙，防止装得过紧或过松，膨胀度要适中，以手指按压肠两边能相碰为宜。

f. 高温杀菌　灌制好的产品在 30 min 内要进行蒸煮杀菌，否则须加冰块降温。

经蒸煮杀菌的火腿肠，不但产生特有的香味、风味，稳定了肉色，而且还消灭了细菌，杀死了病原菌，提高了制品的保存性。

蒸煮杀菌工序操作规程分三个阶段：升温、恒温、降温。将检查过完好无损的火腿肠放入杀菌篮中，每篮分隔成五层，每层不能充满，应留一定间隙（以能放入一个手掌为宜），然后把杀菌篮推入卧式杀菌锅中，封盖。将热水池中约 70 ℃的水泵到杀菌锅中至锅满为止，打开进汽阀，利用高温蒸汽加热升温，在这一过程中，锅内压力不能超过 0.3 MPa。温度升到杀菌温度时开始恒温，此时压力应保持在 0.25~0.26 MPa。杀菌完毕后，应尽快降温，在约 20 min 内由杀菌温度降至 40 ℃。通过控制进出水各自的流量，使形成的水压与火腿肠内压力相当（约 0.22 MPa）。冷却时既要使火腿肠迅速降温，又要不至于因降温过快而使火腿肠由于内外压力不平衡而胀破。

降温到 40 ℃时，打开热水阀将部分 40 ℃热水排出，然后喷淋自来水至水温为 33~35 ℃，关掉自来水阀继续彻底排掉锅内的水，关掉排水阀，开自来水进水阀，供水至锅体上温度计旁的出水口有水出为止，关掉进水阀，静置 10 min，排水，结束整个冷却过程。一般情况下，从热水进锅升温开始到冷却结束约耗时 1.5 h。

g. 成品检验　是对产品进行质量检查，确保其符合国家卫生法和有关部门颁布的质量标准或质量要求。

④ 高温火腿肠的质量标准

a. 感官标准　见表 6-9。

表6-9　高温火腿肠感官标准

项目	指标
外观	肠体均匀饱满，表面干净完好，密封良好，无内容物渗出
色泽	具有产品的固有色泽
风味	咸淡适口，鲜香可口，有固有风味，无异味
组织形态	有弹性，切片致密性好，无密集气孔

b. 理化标准　见表 6-10。

表6-10　高温火腿肠理化标准

项目	特级	优级	普通级	无淀粉
水分/%	≤70	≤67	≤64	≤70
食盐含量（以 NaCl 计）/%	≤3.5	≤3.5	≤3.5	≤3.5
蛋白质含量/%	≥12	≥11	≥10	≥14
脂肪含量/%	6~16			
淀粉含量/%	≤6	≤8	≤10	≤1
亚硝酸盐含量（以 NaNO$_2$ 计）/（g/100g）	≤30	≤30	≤30	≤30

c. 微生物标准　见表6-11。

表 6-11　高温火腿肠微生物标准

项目	指标
菌落总数/（CFU/g）	≤50000
大肠菌群/（MPN/100g）	≤30
致病菌（沙门菌、金黄色葡萄球菌、志贺菌）	不得检出

第**7**章

火腿肉制品加工

火腿是用猪后腿经腌制、干燥、发酵和成熟等加工步骤制作而成的一种发酵肉制品。火腿的生产具有悠久的历史，在中国和欧洲都超过了 1000 年。

我国传统的火腿生产区域集中在长江流域和云贵高原，衍生出的品种有浙江的金华火腿、云南的宣威火腿、江苏的如皋火腿、湖北的恩施火腿、贵州的威宁火腿等；欧洲的火腿生产区域则集中在地中海周围地区，如意大利的帕尔玛火腿、法国的贝约火腿、德国的西发里亚火腿等；美国的火腿生产区域则在其东南部地区，其中最著名的火腿品种是史密斯火腿。

7.1 ▶▶ 火腿肉制品的分类

目前，一般将火腿肉制品分为中式火腿和西式火腿两大类。

中式火腿是我国的传统产品，主要以带骨、带皮、带爪的整只猪后腿为原料，经腌制、洗晒、风干和长期发酵、整型等工艺制成。中式火腿滋味鲜美，香气浓郁，红白分明，外形美观，营养丰富，可长期贮藏。

西式火腿属于典型的西式肉制品（又称为低温肉制品，是指以欧美地区为代表的采用较低温度进行巴氏杀菌制成的肉制品）。西式火腿是以瘦肉块为主料的高档产品，因与我国传统火腿的形状、加工工艺、风味等有很大不同，习惯上称其为西式火腿，包括带骨火腿、去骨火腿、盐水火腿等。其中，西式火腿中除带骨火腿为半成品，在食用前需熟制外，其他种类的火腿均为可直接食用的熟制品。其产品色泽鲜艳，肉质细嫩，口味鲜美，出品率高，且适用于大规模机械化生产，产品标准化程度高。

7.2 ▶▶ 中式火腿

7.2.1 金华火腿

7.2.1.1 金华火腿的历史与特点

金华火腿起源于中国浙江省金华地区，加工技术的形成历史已无从考证，最早的传说可追溯至唐朝，据称其"火腿"之名是南宋皇帝赵构所赐。金华火腿与南宋民族英雄宗泽有关，至今不少加工生产金华火腿的师傅仍供奉宗泽为祖师。金华火腿以"色、香、味、形"四绝著称于世，曾荣获1915年巴拿马国际商品博览会金奖，更是当今世界著名干腌火腿——帕尔玛火腿的祖先。

传统金华火腿在自然条件下进行加工，一般按开始腌制的时间进行分类，冬至前开始腌制加工的火腿称为早冬腿，冬至至立春之间进行腌制加工的火腿称为正冬腿，立春以后进行腌制加工的火腿称为早春腿，其中以正冬腿品质最优，早冬腿其次，早春腿品质较差，其他季节因温度太高不能腌制火腿。现今金华火腿品种很多，按原料分类可分为火腿（猪后腿为原料）、风腿（猪前腿为原料）、戌腿（狗后腿为原料）和野猪腿。此外，经竹叶烟熏的火腿称为竹叶熏腿，不带商标的火腿称白板腿等。

金华火腿主要出产于金华市下辖的东阳、浦江、永康、兰溪、义乌等地，其中以东阳火腿名气最大，又以上蒋村蒋雪舫火腿最有名，有"金华火腿出东阳，东阳火腿数上蒋"的谚语。竹叶熏腿仅出产于浦江地区，也是著名的金华火腿品种。虽然各种金华火腿在风格上存在细微的差别，但是都具有色、香、味、形俱全的特点。品质良好的金华火腿瘦肉呈玫瑰红色，皮面呈金黄色，脂肪洁白，熟制后呈半透明状，晶莹剔透，诱人食欲，是烹饪装饰点缀的精品。不经熟制的金华火腿肌肉中散发出令人愉快的浓香，滋味纯正，咸甜适中，鲜嫩多汁，食后回甜；熟制的金华火腿香气四溢，滋味浓厚，具有除腥提味功效，是高级烹饪场所不可缺少的原料；金华火腿脚爪向内弯曲45°，腿杆细直，与腿头成一条直线，皮面平整，并且长宽有具体要求，整体形似竹叶，堪称艺术品，也是金华火腿独有的特色。

金华火腿经过长时间的成熟过程，肌肉蛋白质和脂肪分解，产生大量易于消化吸收的营养成分，营养十分丰富，具有多种滋补功能，并十分耐贮藏，深受东南亚各国消费者青睐。根据传统经验，金华火腿在自然条件至少可以保存5年不变质，最长有保存10年不变质的火腿，但以保存2~3年的火腿风味最佳。

7.2.1.2 金华火腿的加工

（1）工艺流程

鲜腿选择与切割→修坯→腌制→浸腿→洗晒→整形→发酵→落架堆叠→成品

（2）操作要点

① 鲜腿选择与切割　火腿主要原料是鲜猪后腿，配料是食盐，要达到火腿质量高标准，只有保证鲜腿高质量才有可能。在选料时，对鲜腿重量、皮质、肥膘新鲜度应有严格的规定和要求。

重量：鲜腿重量以 5~8 kg 为宜，如过大时不易腌透或腌制不均匀；过小肉质太嫩，腌制时失水量大，不易发酵，肉质咸硬，滋味欠佳。

皮薄：腌制火腿的鲜腿皮愈薄愈好，粗皮大腿，腿心瘰薄，有严重红斑者不宜加工火腿，皮的厚度一般以 3 mm 以下为宜。皮薄不仅食盐易于渗透，而且肉质可食部分多。

肥膘：肥膘要薄，肥肉过厚，盐分不易渗透，容易发生酸败，一般肥膘厚度在 2.5 cm 左右，色要洁白。

腿形：选择细皮小爪、脂肪少、腿心丰满的鲜猪腿。

② 修坯　修坯即将原料腿初步修整成近似竹叶形的金华火腿成品形状的过程。修坯包括削骨、开面、修腿边和挤淤血 4 个主要步骤。将原料腿肉面向上置于案上，首先用削骨刀将突出肉面的耻骨和髂骨部分削去，使其与肉面平行，然后从尾骨和荐骨结合处劈开，割去尾骨，斩去突出肉面的腰椎和荐椎部分，使肉面平整。削骨后，用割皮刀于胫骨上方肉皮与肉面结合处将肉皮切开呈月牙形，割去皮层、肉面脂肪及筋膜，但不能割破肌肉。然后用割皮刀刀锋向外在腿两边沿弧形各划一刀，割去多余肥膘和皮层，最后挤出血管中的淤血，以保证卫生安全。

③ 腌制　修腿后即可用食盐和硝石（硝酸盐）进行腌制。腌制是加工火腿的主要工艺过程，根据不同气温适当地控制时间、加盐的数量、翻倒的次数，是加工火腿的技术关键。腌制火腿的气温对火腿的质量有直接的影响，根据金华地区的气候，在 11 月至次年 2 月间是加工火腿最适宜的季节。

在一般正常气温条件下，金华火腿腌制过程中上盐七次，主要是前三次上盐，其余四次根据火腿的大小，气温条件及不同部位控制腿上的盐量，每次上盐同时翻倒一次。每次上盐的数量和间隔的时间不同，视当时的气温而定。根据金华火腿厂历年的经验数据，用盐量为鲜腿重的 9%~10%。当气温升高时用盐量增加，若腌制房的平均温度在 15~18 ℃时，用盐量可增加到 12% 以上。因为随着温度的升高，鲜腿表面上的食盐溶化速度加快，流失增多，所以应适当增加盐量，反之温度降低，食盐溶化得慢，流失得少，溶化后的食盐几乎全部渗透到肌肉内部。此外，腌制时的气温不仅决定加盐量，而且也影响腌制时间，即当温度高时堆叠腌制的时间应适当缩短，否则因食盐渗透过快，加工后的产品含盐量高。腌制时间还受腿的大小、脂肪层的厚薄等决定。如6~10 kg的鲜腿，腌制时间约40天。

火腿腌制过程应注意以下几个问题：a.鲜腿腌制应按先后顺序排列堆叠，标明日期、只数，不准乱堆乱放；b.4 kg以下的小腿应当单独腌制堆叠，避免与大、中火腿混堆，以便控制盐量，保证质量；c.如果温度变化较大，要及时翻堆，更换食盐；d.腌制时要抹盐均匀，腿皮切忌用盐，以防腿皮无光；e.翻堆时要轻拿轻放，堆叠整齐，防止脱盐。

④ 洗晒和整形

洗晒：鲜腿经腌制后，腿面上留有黏腻油污物质，通过清洗可除去污物，便于整形和打皮印，也能使肉中盐分散失一部分，使咸淡适度，有利于酶在正常情况下发生作用。洗腿前首先应浸泡，将腌好的火腿放入清水池中浸泡一定时间，浸泡的时间视火腿的大小和咸淡而定，如气温在10 ℃左右，约浸泡10 h，浸泡时肉面向下，全部浸没。浸泡后即可洗刷，将火腿皮面朝上，肉面朝下捏好，然后按顺序，先洗脚爪，依次为皮面、肉面到腿下部，将盐污和油垢洗净，使肌肉表面露出红色。经过初次洗刷的腿，可在水中再浸泡3 h，再进行第二次洗刷。浸泡洗刷完毕，每两只火腿用绳结在一起，挂在晾腿架上晾晒，约经4 h，待肉面无水微干后，进行打印商标，再经3~4 h，腿皮微干但肉面尚软开始整形。

整形：在腿身部，用两手从腿的两侧向腿心挤压，使腿心饱满，呈橄榄形；在小腿部，先用木棰敲打膝部，再将小腿插入校骨橙圆孔中，轻轻攀折，使小腿正直，至膝踝部无皱纹为止；在腿爪部，将脚爪加工成镰刀形，整形后继续曝晒，在腿没变硬前接连整形2~3次（每天一次）。腿形固定后，腿重为鲜腿重的85%~90%，腿皮呈黄色或淡黄色，皮下脂肪洁白，肌肉呈紫红色，腿面各处平整，内外坚实，表面油润，可停止曝晒。

⑤ 发酵　成熟发酵室一般设在楼的上层，内部安装有火腿发酵架。火腿上楼后成对固定在发酵架上进行自然发酵，肉面对窗，间距5 cm左右，确保任何两腿都不相触。在正常情况下。上楼20~30天后肉面开始生长各种霉菌，并且逐步被优势菌布满。研究表明，虽然霉菌的生长可能对火腿风味的形成有一定作用，但并不起主要作用，火腿的风味形成也并非必须有霉菌生长，但一些优势霉菌在生长过程中消耗大量氧气，并产生抑菌物质，有助于防止腐败菌的繁殖。一般情况下，如果肉面霉菌以绿霉为主，黄绿相间，俗称"油花"，表明火腿发酵正常，肌肉中食盐含量、水分活度及发酵室温湿度适宜；如果以白色霉菌为主，俗称"水花"，表明腿中水分含量过高或食盐含量不足；如果肉面没有霉菌生长，俗称"盐花"，表明腿中食盐含量过高。

火腿在发酵过程中还要注意进一步整形，这叫修干刀。修干刀一般在清明前后，是火腿上架发酵到一定程度，水分已大量蒸发，肌肉不再有大的收缩，即形状基本稳定后进行。

⑥ 落架堆叠　火腿经过 5 个月左右的发酵期，已经达到贮藏的要求，就可以从火腿架上取下来，进行堆叠，堆高不超过 15 层，采用肉面向上，皮面向下逐层堆放，并根据气温不同每隔 10 天左右倒堆一次。在每次倒堆的同时将流出的油脂涂抹在肉面上，这样不仅可防止火腿的过分干燥，而且经常保持肉面油润有光泽。

（3）金华火腿的质量标准

① 感官标准　见表 7-1。

表7-1　金华火腿的感官标准

等级	质量/（kg/只）	肉质	外形
特级	2.5~5	瘦多肥少，腿心饱满	竹叶形，细皮，小腿，爪弯，腿直，皮色黄亮，无损伤，刀工光洁，皮面印章清楚
一级	2 以上	瘦多肥少，腿心饱满	出口腿无伤疤，内销腿无大红疤，其他要求与特级相同
二级	2 以上	腿稍薄，不露股骨头，脚头部位稍咸	竹叶形，爪弯，腿直，稍粗，刀工细致，皮面印章清楚
三级	2 以上	腿质较咸	刀工粗略，皮面印章清楚

② 理化标准　见表 7-2。

表7-2　金华火腿理化标准

项目	指标
铅（Pb）含量/（mg/kg）	≤0.2
无机砷含量/（mg/kg）	≤0.05
镉（Cd）含量/（mg/kg）	≤0.1
汞（Hg）含量/（mg/kg）	≤0.05
亚硝酸盐含量/（mg/kg）	≤70
过氧化值（以脂肪计）/（g/100g）	≤0.25
三甲胺氮/（mg/100g）	≤2.5

7.2.2　宣威火腿

7.2.2.1　宣威火腿的历史与特点

宣威火腿的历史悠久，最迟始于明代。20 世纪初，浦在廷等人集资兴办“宣和火腿公司”，引进机械设备制作火腿罐头，继而“云南宣威浦在廷兄弟食品罐头有限公司"成立，其产品于 1923 年参加广州等地赛会受到各界的好评。孙中山先生为其题词"饮和食德"，从此名声大著，远销新加坡等地。

宣威火腿经久不衰，主要是取决于其色香味美，营养丰富，风味独特。而宣威火腿的形成，又取决于宣威独特的地域地理气候环境。《宣威县志稿》载："宣腿著名天下，气候使然。"的确如此，邻近宣威的其他地区用与宣威火腿相同的猪种，相同的饲养方法，相同的腌制工艺，制作出来的火腿其味道与宣威火腿相差甚远。宣威火腿肉香馥郁，口感纯美的秘密，在于宣威独特的自然环境及气候条件。

它的主要特点是：形似琵琶，只大骨小，皮薄肉厚肥瘦适中；切开断面，香气浓郁，色泽鲜艳，瘦肉呈鲜红色或玫瑰色，肥肉呈乳白色，骨头略显桃红，似血气尚在滋润。其品质优良，足以代表云南火腿，故常称"云腿"。宣威火腿具有鲜、酥、脆、嫩、香甜等特点，长期以来一直以营养丰富，肉质滋嫩，油而不腻，香味浓郁，咸香回甜著称于世，被消费者视为馈赠亲朋好友的珍贵礼品。

7.2.2.2　宣威火腿的加工

（1）工艺流程

鲜腿修整→盐渍→堆码→上挂→成熟管理→成品

（2）操作要点

① 鲜腿修整　宣威火腿采用乌金猪后腿加工而成。选择 90~100 kg 健康的猪后腿，鲜腿要求毛光、血净、洁白，肌肉丰满，骨肉无损坏，质检合格，重量以 7~10 kg 为宜。新鲜猪后腿修整成柳叶形，去除筋膜和骨盆上附着的脂肪、结缔组织，在瘦肉外侧留 4~5 cm 肥肉，多余的全部割掉，修整时注意不要割到肌肉，也不能伤到骨骼。把经过修整后的鲜腿放在干净的桌子上，先把耻骨旁边的筋切断，左手捏住蹄爪，右手顺腿向上反复挤压多次，使血管中的积血排出。

② 盐渍　宣威火腿采用干腌法，用盐量为 7%，不加任何发色剂，擦盐 3 次，翻码 3 次即可完成。上第一道盐：将鲜腿放在木板上，从脚干擦起，由上而下，先皮面后肉面，皮面可用力来回搓出水。肉面顺着股骨向上，从下而上顺搓，并顺着血筋揉搓排出血水，擦至湿润后敷上盐。然后在血筋、膝关节、荐椎和肌肉厚的部位多敷盐，擦完第一道盐后，将火腿堆码好。

③ 堆码　通常堆码在木板上，将火腿的膝关节朝外，腿互相压在血筋上，每层之间用竹片隔开，堆叠 8~10 层，使火腿受力均匀。涂抹完第一道盐后，堆码 2~3 天，涂抹第二道盐。第二道盐的用盐量为鲜腿重的 3%，在三道盐中用盐量最大，由于皮面回潮变软，涂抹盐比第一道省力。涂抹完第二道盐后，堆码 3 天，即可涂抹第三道盐，此次用盐量为鲜腿重 1.5%。腿干处用盐水涂抹，少敷或不敷盐，肉面在肉厚处和骨头关节处进行厚敷，其余地方仅用盐水涂抹即可，堆码盐渍 12 天。每隔 3~5 天翻码一次。翻码时要注意上层脚干压住下层腿部血管处，通过压力使淤血排出，

否则会影响成品质量或保存期。鲜腿经 17~18 天干腌后，肌肉由暗红色转为鲜艳的红色，肌肉组织坚硬，小腿部呈现橘黄色且坚硬，此时表明已腌好腌透，可进行上挂。

④ 上挂　上挂前要逐条检查是否腌透腌好。用长 20 cm 的草绳，套于火腿的趾骨部位，挂在通风室内。成串上挂的要大条挂上，小条挂下，或大中小条分挂成串，皮面和腹面一致，条与条之间隔有一定距离，挂与挂之间应有人形通道，便于管理检查，通风透气，逐步风干。

⑤ 成熟管理　成熟管理应掌握 3 个环节：一是上挂初期即清明节前，严防春风对火腿入侵，造成火腿暴干开裂；若发现已有裂缝，随即用火腿的油补平。二是早上打开门窗 1~2 h，保持室内通风干燥，使火腿逐步风干。三是立夏后，要注意开关门窗，使室内保持一定的湿度，让其产香；产香后，要适时开窗保持火腿干燥结实。这段时间室内平均温度为 13~15 ℃，相对湿度为 72%~79%。火腿的特性与其他腌腊肉不同，整个加工周期需要 6 个月。

⑥ 成品率　鲜腿平均重 7 kg，成品腿平均重 5.75 kg，成品率约为 78%。两年的老腿成品率约为 75%。三年及三年以上的老腿成品率在 74% 左右。

7.3 ▶▶ 西式火腿

7.3.1　熏煮火腿

熏煮火腿是熟肉制品中火腿类的主要产品。它是用大块肉经整形修割、盐水注射腌制、嫩化、滚揉、充填入粗直径的肠衣或模具中，再经熟制（煮制或烟熏）、冷却等工艺制成的熟肉制品，包括盐水火腿、方腿、圆腿、庄园火腿等。

熏煮火腿选料精良，加工工艺科学合理，采用低温巴氏杀菌，可以保持原料肉的鲜香味，产品组织细嫩，色泽均匀鲜艳，口感良好。我国自 20 世纪 80 年代中期引进国外先进设备及加工技术生产以来，深受消费者的欢迎，生产量逐年大幅提高。

7.3.1.1　熏煮火腿的工艺流程

原料肉的选择→修整→盐水配制→盐水注射和腌制→嫩化→滚揉→填充、成型→蒸煮→冷却→成品

7.3.1.2　熏煮火腿的操作要点

（1）原料肉的选择　用于生产火腿的原料肉原则上选择猪的臀腿肉和背腰肉，猪前腿部位的肉品质稍差。若选用热鲜肉作为原料，需将热鲜肉充分冷却，使肉的中

心温度降至 0~4 ℃。如果选用冷冻肉，宜在 4 ℃冷库内进行解冻。

在西式火腿的生产中，选择原料肉时，pH 值至关重要。原料肉的 pH 值越低，结着力不强，使产品表面太湿。如 PSE 肉，pH 值小于 5.8，这种肉保水性差，煮制时水分流失严重，做成火腿后切片呈黄色，结构粗糙；而 DFD 肉则会使产品发色不均匀，并且会影响出品率。因此，一般选用 pH 为 5.8~6.2 的肉最为适宜加工火腿。

一般选用有光泽、淡红色、纹理细腻、肉质柔软、脂肪洁白的猪后腿或大排肌肉作为原料肉。同时，原料肉的肉温要求为 6~7 ℃。因为超过 7 ℃时，细菌开始大量繁殖，而低于 6 ℃时，肉质偏硬，不利于注射盐水的渗透。

（2）修整　剥尽后腿或大排外层的硬膘，除去硬筋、肉层间的夹油、粗血管等结缔组织和软骨、淤血、淋巴结等，使之成为纯精肉，再用手摸一遍，检查是否有小块碎骨和杂质残留。最后把修好的后腿精肉，按其自然生长的结构块型，大体分成四块。对其中块型较大的肉，沿着与肉纤维平行的方向，中间开成两半，避免腌制时因肉块过大而腌不透，大排肌肉则保持整条使用，不必开刀。然后把经过整理的肉分装在能容 20~25 kg 的不透水的浅盘内，每 50 kg 肉平均分装三盘，肉面应稍低于盘口为宜，等待注射盐水。

（3）盐水配制　盐水的主要成分是食盐、亚硝酸钠和水，还加入助色剂柠檬酸、抗坏血酸、尼克酰胺和品质改良剂磷酸盐等。混合粉的主要成分是淀粉、磷酸盐、葡萄糖和少量食盐、味精等，还可加些其他辅料。盐水和混合粉中使用的食品添加剂，应先用少许清洁水充分调匀成糊状，再倒入已冷却至 8~10 ℃的清洁水内，并加以搅拌，待固体物质全部溶解后，稍停片刻，撇去水面污物，再行过滤，以除去可能悬浮在溶液中的杂质。

盐水配制时要注意：严格按照配料表配制，做到准确添加；了解各种添加剂的基本性能，有相互作用的不要放在一起；添加量比较小、对产品影响比较大的要单独盛放；在注射前，将盐水提前 15 min 注入注射机储液罐，驱赶盐水中的空气；盐水配制好后，放在 7 ℃以下冷却间内，以防温度升高，细菌增长。

（4）盐水注射和腌制

① 盐水注射　盐水注射的目的是加快腌制速度，使腌制更均匀，提高产品出品率。用盐水注射器把 8~10 ℃的盐水强行注入肉块内。大的肉块应多处注射，以达到大体均匀为原则。盐水的注射量，一般控制在 20%~25%，注射后多余的盐水可加入肉盘中浸渍。注射工作应在 8~10 ℃的冷库内进行，若在常温下进行，则应把注射好盐水的肉，迅速转入 2~4 ℃的冷库内。若冷库温度低于 0 ℃，虽对保质有利，却使肉块冻结，盐水的渗透和扩散速度大大降低，而且由于肉块内部冻结，按摩时不能最大限度地使蛋白质外渗，肉块间黏合能力大大减弱，制成的产品容易松碎。腌制时间常控制在 16~20 h，因腌制所需时间与温度、盐水是否注射均匀等因素有关，且盐水渗透、扩散和生化作用是个缓慢过程，尤其是冬天或低温条件下，若时间过短，肉块中

心往往不能腌透，影响产品质量。

盐水注射的关键是确保盐分准确注入，且能在肉块中均匀分布。盐水注射机的注射原理通常是将盐水储装在带有多针头能自动升降的机头中，使针头顺次地插入由传送带输送过来的肉块里，针头通过泵口压力，将盐水均匀地注入肉块中。为防止盐水在肉外部泄露，注射机的针头都是特制的，只有针头碰触到肉块产生压力时，盐水开始注射，而且每个针头都具备独立的伸缩功能，确保注射顺利。

② 腌制 使用腌透、腌好的原料制得的火腿，弹性足，黏合性好，切成薄片不松碎。从经济效益来看，腌透、腌好的原料制得的产品能吸收更多的水分，成品率更高且风味更好。

腌制的温度：以 2~4 ℃为最佳。温度太低，腌制速度慢，时间长，甚至腌不透。若冻结，还可能造成产品脱水；温度太高，容易引起细菌大量生长，部分盐溶性蛋白变性。

腌制时间：要根据肉块的大小、盐水的浓度、温度以及整个工艺所用设备等情况而定。

腌制环境以及腌制容器要保证卫生，在火腿制作过程中，腌制这个环节时间较长，容易引起污染。

（5）嫩化 肉块腌制之后，还要用特殊刀刃对其切压穿刺，以扩大肉的表面积，破坏筋和结缔组织及肌纤维素等，以改善盐水的均匀分布，增加盐溶性蛋白质的提出和提高肉的黏着性，这一工艺过程叫肉的嫩化。其原理是将 250 个排列特殊的角钢型刀对肉进行切割，切断肉块内部的肌间结缔组织和肌纤维细胞，使盐溶性蛋白质不仅从肉表面提出，而且能从肉的内层提出来，以增加产品的黏合性和持水性，增加出品率。

（6）滚揉 滚揉是通过碰撞、翻滚、挤压、摩擦来完成的，是火腿生产中的一道关键工序。为了加速腌制、改善肉制品的质量，原料肉经盐水注射后就进入滚揉机。滚揉机装肉量约为容器的 60%，连续滚揉 4 h，无休息时间，滚揉筒转速为 8~15 r/min，然后在 5 ℃以下冷库腌制 12 h；如采用间歇式滚揉，在每小时中，滚揉 20 min，间歇 40 min。一般盐水注射量在 25%的情况下，则需滚揉 16 h。在实际生产中，滚揉方式随盐水注射量的改变而调整，不论何种滚揉方式，在滚揉时环境温度均应控制在 6~8 ℃。

滚揉按摩作用：肉在机肚里翻滚，部分肉由机肚里的挡板带至高处，然后自由下落，与底部的肉互相冲击。由于旋转是连续的，所以每块肉都有自身翻滚、互相摩擦和撞击的机会。一个作用是使原来僵硬的肉块软化，肌肉组织松弛，让盐水容易渗透和扩散，同时起到拌和作用；另一个作用是，肌肉里的可溶性蛋白（主要是肌浆蛋白），由于不断滚揉按摩和肉块间互相挤压而渗出肉外，与未被吸收尽的盐水组成胶状物质，烧煮时一经受热，这部分蛋白质首先凝固，并阻止里面的汁液外渗流失，是提高制品持水性的关键所在，使成品的肉质鲜嫩可口。

（7）填充、成型　滚揉好的原料肉称重定量后装入塑料袋中，装好后，在袋的下部以及四周扎孔，然后装入不锈钢模具中，加上盖子压紧。或者直接用灌肠机灌入天然肠衣或人造肠衣中，两端打上铝条。

（8）蒸煮　可采用蒸汽或水浴加热。金属模具火腿多采用水煮加热，填入人造肠衣的火腿多在全自动烟熏室内完成熟制。为了保持火腿的颜色、风味、组织形态和切片性能，火腿的熟制和杀菌过程，一般采用低温巴氏杀菌法。温度可选择在 75~80 ℃，中心温度达到 68~72 ℃时，就完成了蒸煮。

水浴煮制时，先将装肉的模具装入水温约 55 ℃水浴锅中，水位稍高于模具，然后蒸制。蒸汽蒸煮可用蒸煮炉，将灌入肠衣的火腿先在 55 ℃蒸汽中发色 60 min，随后将温度升高至 75~85 ℃，最终使火腿的中心温度达至 68~72 ℃。

生产烟熏火腿时，烟熏温度在 60~70 ℃，一般烟熏 2 h，要求烟熏到火腿表面呈红棕色，再进行蒸煮。

（9）冷却　蒸煮后的火腿应立即进行冷却，采用水浴蒸煮法加热的产品，是将蒸煮篮重新吊起放置于冷却槽中用流动水冷却，冷却到中心温度 40 ℃以下。用全自动烟熏室进行煮制后，可用喷淋冷却水冷却，水温要求 10~12 ℃，冷却至产品中心温度 27 ℃左右，送入 0~7 ℃冷却间内冷却到产品中心温度至 1~7 ℃，再脱模进行包装即为成品。

（10）熏煮火腿的质量标准

① 感官标准　见表 7-3。

表 7-3　熏煮火腿的感官标准

项目	标准
色泽	切片呈现粉红色或玫红色，有光泽
质地	组织紧密有弹性，切面无密集气孔，无汁液渗出，无异物
风味	咸淡适宜，滋味鲜美，具有固有风味，无异味

② 理化标准　见表 7-4。

表 7-4　熏煮火腿理化标准

项目	特级	优级	普通级
水分/%	≤75	≤75	≤75
食盐含量（以 NaCl 计）/%	≤3.5	≤3.5	≤3.5
蛋白质含量/%	≥18	≥15	≥12
脂肪含量/%	≤10	≤10	≤10

项目	特级	优级	普通级
淀粉含量/%	≤2	≤4	≤6
亚硝酸盐含量（以 NaNO₂ 计）/（mg/kg）	≤70	≤70	≤70

③ 微生物标准　见表 7-5。

表 7-5　熏煮火腿微生物标准

项目	指标
菌落总数/（CFU/g）	≤30000
大肠菌群/（MPN/100g）	≤90
致病菌（沙门菌、金黄色葡萄球菌、志贺菌）	不得检出

7.3.2　压缩火腿

压缩火腿，又称为成型火腿，是用猪肉或其他畜禽肉的小块肉为原料，充填入肠衣或模具中，再经蒸煮和、烟熏（或不经烟熏）、冷却等工艺制成的熟肉制品。加工过程中，较小的肉块中添加辅料进行滚揉腌制，促使盐溶性蛋白从肌肉组织中尽可能地溶出，加热变性后仅仅包裹住肉块，使其具有良好的弹性、爽滑的口感。

7.3.2.1　压缩火腿的工艺流程

原料肉的选择与修整→绞肉→滚揉→灌制→装模或烟熏后蒸煮→冷却→包装→成品

7.3.2.2　压缩火腿的操作要点

（1）原料肉的选择与修整　选用检验合格的猪的臀腿肉，经修整去除筋、腱、结缔组织后，切成 3~5 cm 大小的肉块，原料肉的肥肉率应小于 5%。

（2）绞肉　猪的臀腿肉和肥肉分别用 6 mm 的孔板绞碎。

（3）滚揉　按照配方要求，将除淀粉或大豆蛋白外的其他配料同原料肉一起倒入滚揉机内混合均匀，然后加入淀粉或大豆蛋白，再加入冰水，在 6~8 ℃条件下，连续滚揉 2.5 h。

（4）灌制　用灌肠机将滚揉好的原料肉定量充入肠衣内并打卡封口。注意灌制时尽量减少气泡的产生，灌制均匀。

（5）蒸煮　将灌好的火腿挂在肉车上，推入全自动烟熏炉，用 86 ℃温度熟制至火腿中心温度超过 75 ℃即可完成蒸煮。

（6）烟熏　用动物肠衣灌制的火腿须经熏制的过程。具体步骤：将蒸煮后的火腿在 70 ℃温度下烟熏 20 min~1 h（依产品的直径而异）。

（7）冷却　装入模具中的产品需先脱模，然后冷却至 10 ℃左右；无需装入模具中的火腿一般推入晾制间自然冷却至 10 ℃左右，然后剪节，修整两头，送入包装间。

（8）包装　将充分冷却的火腿真空包装在包装袋内，在 0~10 ℃条件下贮存、运输和销售。

（9）压缩火腿的质量标准

① 感官标准　见表 7-6。

表 7-6　压缩火腿的感官标准

等级	标准
一级	形态良好，无损伤和污染，色泽、香味俱佳，肥瘦比合适
二级	形态良好，无明显的损伤和污染，色泽、香味稍好，肥瘦比大致相当
三级	形态稍微不良，损伤和污染明显，色泽、香味较差，脂肪含量较高

② 理化标准　见表 7-7。

表 7-7　压缩火腿理化标准

项目	特级	优级	普通级
水分/%	≤75	≤75	≤75
食盐含量（以 NaCl 计）/%	≤3.5	≤3.5	≤3.5
蛋白质含量/%	≥18	≥15	≥12
脂肪含量/%	≤10	≤10	≤10
淀粉含量/%	≤2	≤4	≤6
亚硝酸盐含量（以 $NaNO_2$ 计）/（mg/kg）	≤70	≤70	≤70
铅（Pb）含量/（mg/kg）	≤0.2	≤0.2	≤0.2
无机砷含量/（mg/kg）	≤0.05	≤0.05	≤0.05
苯并芘含量/（μg/kg）	≤5	≤5	≤5

③ 微生物标准　见表 7-8。

表 7-8　压缩火腿微生物标准

项目	指标
菌落总数/（CFU/g）	≤30000
大肠菌群/（MPN/100 g）	≤90
致病菌（沙门菌、金黄色葡萄球菌、志贺菌）	不得检出

第 **8** 章

腌腊肉制品加工

腌腊肉制品是原料肉经过预处理、腌制、酱制、晾晒（或烘烤）等工艺加工而成的生肉类制品，食用前需经熟化加工，是我国传统的肉制品之一。腌腊制品具有加工方便、肉质紧密坚实、色泽红白分明、滋味咸鲜可口、风味独特、便于携运和耐贮藏等特点。由于各地消费习惯不同，产品的品种和风味也各具特色。尽管腌腊制品种类很多，但其加工原理基本相同，主要工艺为腌制、脱水和成熟。

8.1 ▸▸ 腌腊肉制品概述

腌腊肉制品是我国的传统肉制品，所谓"腌腊"是指畜禽肉类通过加盐和香料进行腌制，经过一个寒冬腊月，使其在较低的气温下，自然风干成熟，形成的具有独特腌腊风味的制品。腌腊肉制品种类繁多，主要有腊肉、板鸭、咸肉、腊肠及风干肉类等。目前部分腌腊肉制品已经实现工业化生产。

8.2 ▸▸ 常见腌腊肉制品

8.2.1 咸肉类

咸肉一般分为带骨和不带骨两类。咸肉是以新鲜肉和食盐为原料，配合其他香料腌制而成的肉制品，食用前需要经过熟制加工。其主要特点是产品红白分明，具有独特的腌制品的风味，味咸。常见的产品有咸猪肉、咸鸡、咸鸭等。下面以咸猪肉为例加以介绍。

8.2.1.1 工艺流程

原料肉的选择→修整→划刀口→腌制→成品。

8.2.1.2 操作要点

（1）原料肉的选择 若选择新鲜猪肉，必须凉透后方可使用；若是冷冻的猪肉则必须经过解冻使肉变得微软后再进行分割。

（2）修整 先割去血脖部位的碎肉、血污，再割除血管、淋巴、肥膘及筋膜等。

（3）划刀口 为了加快腌制的速度，一般会选择在肉的表面割出刀口。刀口的大小、深浅取决于腌制时的温度以及待腌制肉块的大小。一般温度在 10~15 ℃需划刀口，刀口可大而深，加速食盐的扩散和渗透，缩短腌制时间；温度在 10 ℃以下时，则尽量少划刀口或不划刀口。

（4）腌制 一般选择在 0~4 ℃的环境中腌制。温度高，腌制速度快，但容易发生腐败；温度过低，如肉结冰时，则腌制过程停止。

（5）贮藏 咸肉的贮藏一般有两种方式：堆垛法和浸卤法。

堆垛法：待咸肉水分稍干后，堆放在−5~0 ℃的冷库中，可贮藏 6 个月，损耗量为 2%~3%。

浸卤法：将咸肉浸在盐水中，这种方法可延长保存期，使肉色保持红润，没有重量损失。

8.2.2 腊肉类（以广式腊肉为例）

这里以广式腊肉为例。广式腊肉是原产于广东的肉制品，刀工整齐，不带碎骨。广式腊肉的特点是：香味浓郁、色泽金黄、肉质细嫩、味鲜甜美、肥瘦适中、肉质细嫩，不论任何烹调和作馅，都很适宜。每条重 150 g 左右，长 33~35 cm，宽 3~4 cm。

8.2.2.1 工艺流程

原料肉的选择→剔骨、切条→配料→腌制→烘烤→包装与贮藏→成品

8.2.2.2 配料示例

以每 100 kg 去骨猪肋条肉为标准。白糖 3.7 kg，硝酸盐 40 g，精制食盐 1.9 kg，大曲酒（60 度）1.6 kg，酱油 6.3 kg，麻油 1.5 kg。

8.2.2.3 工艺要点

（1）原料肉的选择 原料选择符合卫生标准、肥瘦分明、新鲜且不带奶脯的肋条

肉。修刮去皮上的残毛及污物。

（2）剔骨、切条　将适于加工腊肉的猪腰部肉，修整边缘，剔去全部肋条骨、椎骨和软骨，修割整齐后，切成长 35~40 cm（根据猪身大小灵活掌握），宽 4~5 cm，每条重 180~200 g 的薄肉条，并在肉的上端用尖刀穿一个小孔，系上 15 cm 长的麻绳，以便于悬挂。把切成条状的肋肉浸泡到约 30 ℃ 的清洁水中，漂洗 1~2 min，以除去肉条表面的浮油，然后取出滴干水分。

（3）配料　将各种配料按配料示例配齐。

（4）腌制　腌制采用干腌法和湿腌法。

干腌法按上述配料标准将腌料混合均匀，把切好的肉条放进腌肉缸（或盆）中，随即翻动，使每根肉条都与腌液接触，这样腌渍约 8 h，配料完全被肉条吸收，取出挂在竹竿上，等待烘烤。

湿腌法则是按照配料表用含盐量为 10% 的清水溶解其他配料，待溶解后混合均匀倒入容器内，然后放入肉条，搅拌均匀，于 20 ℃ 下腌制 4~6 h，每隔 30 min 翻动一次。腌制温度越低，腌制时间越长。当肉条完全吸收配料，取出肉条，沥干水分，挂在竹竿上，等待烘烤。

（5）烘烤　烘房系三层式，肉在进入烘烤前，先在烘房内放火盆，使烘房内的温度上升到 50 ℃，这时用炭把火压住，然后把腌制好的肉条悬挂在烘房的横竿上，肉条挂完后，再将火盆中压火的炭拨开，使其燃烧，进行烘制。

腊肉肥膘较多，烘制时温度控制在 45~55 ℃，不宜太高，以免烤焦。但温度也不能太低，以免水分蒸发不足，烘房内的温度要求恒定，不可忽高忽低，影响产品质量，烘房内同层各部位温度要求均匀。如果是连续烘制，则下层的是当天进烘房的，中层系前一天进烘房的，上层则是前两天腌制的，也就是烘房内悬挂的肉条每 24 h 往上升高一层，最上层经 72 h 烘烤，表皮干燥，并有出油现象，即可出烘房。

烘制后的肉条，送入干燥通风的晾挂室中晾挂冷凉，等肉温降到室温时即可。如果遇到雨天，应将门窗紧闭，以免吸潮。

（6）包装与贮藏　冷凉后的肉条即为腊肉成品。传统腊肉一般用防潮蜡纸包装，目前则多采用真空包装。由于腊肉极易吸湿，应尽量避免在阴雨天包装，以保证产品质量。

（7）广式腊肉的质量标准

① 感官标准　见表 8-1。

表 8-1　广式腊肉感官标准

项目	指标
外观	外形整齐，条头均匀，肉身干燥，无黏液，无霉点
色泽	肥肉金黄，瘦肉鲜红，富有光泽
风味	具有特有的腊制香味，味道鲜美，无异味

② 理化标准　见表 8-2。

表 8-2　广式腊肉理化标准

项目	指标
铅（Pb）含量/（mg/kg）	≤0.2
无机砷含量/（mg/kg）	≤0.05
镉（Cd）含量/（mg/kg）	≤0.1
汞（Hg）含量/（mg/kg）	≤0.05
亚硝酸盐含量/（mg/kg）	≤30
过氧化值（以脂肪计）/（g/100g）	≤0.5
酸价（以脂肪计）/（mg/g）	≤4

8.2.3　风干肉类

风干肉类是指经腌制、洗晒、晾挂、干燥等工艺加工而成的肉制品，食用前需熟制。风干肉耐咀嚼，回味绵长。常见的产品有风干鸡、风干鸭、风干鹅和风干兔等。下面以风干鹅为例加以介绍。

8.2.3.1　工艺流程

原料选择→宰杀→烫毛、煺毛→净膛→盐水注射→腌制→风干→出水镊毛→挂架→蒸煮→卸架→装袋→真空包装→杀菌→冷却→成品

8.2.3.2　配方

（1）腌制卤水配方　水 85%；食盐 10%；八角 0.55%；花椒 0.48；草果 0.45%；小茴香 0.05%；甘草 0.54%；砂仁 0.12%；肉桂 0.63%；肉豆蔻 0.17%；丁香 0.1%；陈皮 0.54%；香叶 0.13%。

（2）蒸煮卤水配方　水 96.8%；食盐 2%；姜 0.4%；葱 0.41%；芝麻油 0.05%；醋 0.12%；料酒 0.1%；白糖 0.12%；味精 0.1%。

8.2.3.3　工艺要点

（1）原料选择　选择卫生健康的活鹅，将其宰杀、褪毛、净膛、漂洗，得到干净的鹅胴体，若用冻鹅则需先经流水解冻。

（2）宰杀　以口腔宰杀为最佳，这样既可以保持产品的美观，又可以减少污染。但为了便于拉出内脏，目前多采用切断三管法。为了便于放血和处理内脏，宰杀前需对其进行禁食处理，不断饮水。

（3）烫毛、煺毛

① 烫毛　水温以 63~65 ℃为宜，水量要没过鹅体，便于烫毛均匀，此过程一般持续 2~3 min。

② 煺毛　首先将大毛和爪皮煺去，然后用手工或小型脱毛机进行煺毛处理。手工煺毛时，依次褪去羽毛、背毛、腹部毛、尾毛、颈毛；脱毛机则可以煺去将近 90% 的大毛。煺毛后应立即放入冷水中浸洗，并用镊子拔净小毛、绒毛。

（4）净膛

① 开膛　将鹅的右翅提起，用刀在肋下垂直向下切，深约 3 cm，再将刀向上划至翅根的中部，再向下划至腰部，形成一个月牙形刀口，长 6~8 cm。然后用左手抵住胸部，用右手大拇指在月牙形刀口下部推断肋骨，挖出心脏，然后拉出食管和嗉囊。用右手食指，由月牙形刀口深入腹腔，将内脏和体壁相连的筋膜绞断，用力拖出鹅胗，抽出食管，拉出肠子，并将全部消化系统由月牙形刀口扯出，最后取出内脏。

② 清膛　用清水清洗鹅腔体内的破碎组织和血液，从肛门处把肠子断头拉出并剔除，但要注意不可将腹膜内的脂肪和油皮割破，以免影响成品品质。

③ 水浸　将洗干净的鹅胴体浸泡在流水中，持续 1~2 h，力求拔出干净血水，使鹅肉通体洁白。

④ 沥水　将腔体内的水沥干，然后将鹅胴体挂起继续沥水晾干，便于后续的腌制。

（5）盐水注射　用先前配好的卤水对鹅胴体进行注射。根据鹅的大小肥瘦而增减注射的剂量，每只鹅注射 5~90 mL 不等，如 2.5 kg 以上的大鹅需注射 90 mL，1.75 kg 以下的小鹅则只需注射 10 mL 即可。

（6）腌制　将盐水注射完毕后的鹅胴体放在之前配制好的卤液中进行腌制，根据鹅的大小和老嫩调整腌制时间，一般为 18~36 h。

（7）风干　将腌制完毕的鹅胴体放置于温度小于 18 ℃，相对湿度小于 75% 的风干车间内风干，时间 3~5 天，使鹅表皮微微出油。

（8）出水镊毛　将风干好的鹅用 80~90 ℃的水浸泡 5~8 min，然后捞出将鹅表皮的小毛镊干净，清洗完毕后放在固定的架子上。

（9）蒸煮　已经上架的鹅送至温度为 95~102 ℃的卤液中蒸煮，根据鹅的大小、老嫩，蒸煮时间为 45~120 min 不等，卤液中油层厚度为 3~5 cm。

（10）真空包装　将煮制后成熟的鹅从架子上取下来冷却，冷却后的风干鹅放入真空包装袋中进行包装。将真空包装后的风干鹅进行感官评价，将不合格的样品检出，处理好后再重新进行真空包装。

（11）杀菌　杀菌一般有两种办法：微波杀菌和高温杀菌。微波杀菌是将感官评价后的风干鹅放置于隧道式微波里，温度为 75~115 ℃；高温杀菌则是将感官评价后的风干鹅放置在温度为 121 ℃的高压锅内，时间为 15 min。

（12）冷却　将微波杀菌或高温杀菌后的风干鹅放置在快速冷却机内冷却，将冷却后的风干鹅进行包装密封、称重、打印生产日期，送至冷库内进行保存。

（13）风干鹅的质量标准

① 感官标准　见表8-3。

表8-3　风干鹅感官标准

项目	标准
色泽	表皮呈浅黄色，切面有光泽，肌肉呈现浅红色
组织形态	肉质酥嫩、紧实，切面光整
风味	皮香肉嫩，无焦苦味和哈喇味及其他异味
滋味	滋味咸香，回味悠长

② 理化标准　见表8-4。

表8-4　风干鹅理化标准

项目	标准
水分含量/%	≤55
蛋白质含量/%	≥10
游离氨基酸含量/（mg/kg）	46.5
氯化钠含量/%	2~6
亚硝酸盐含量/（mg/kg）	≤50
总汞含量/（mg/kg）	≤0.05
镉含量/（mg/kg）	≤0.1
污染物限量	按 GB2762—2012 执行
农药残留限量	按 GB2763—2014 执行

③ 微生物标准　见表8-5。

表8-5　风干鹅微生物标准

项目	标准
细菌总数/（CFU/g）	≤50000
大肠菌群/（MPN/100g）	≤70
致病菌（沙门菌、金黄色葡萄球菌、志贺菌）	不得检出

8.2.3.4　注意事项

（1）宰杀时应注意切断三管为合适，刀口过深则容易掉头和出产残次品。

（2）烫毛的温度应适宜，温度过高会导致成品皮色不好，而温度过低则脚爪不易烬皮，大毛不易拔除。此外，烫毛时间应控制得当，如浸烫时间过长会导致毛孔收缩，烬毛困难。

（3）注射腌制的优点是腌制速度快，加快风干鹅香气的形成，强化风干鹅的香味和嫩度，保证腌制速度的同时保证腌制均匀度。注射腌制适合工厂化生产，如若是家庭式作坊生产则不用采取注射方式。

（4）卤水腌制 5~6 次必须煮沸一次，过滤澄清后加入食盐调整浓度，同时加入香辛料调整风味。

（5）卤水腌制过程中，将盐水注射完毕后的鹅胴体腹部朝上，脖颈挽回，平放于腌制器皿内，注入卤水后，每隔 3~4 h 翻动一次，将上下层的鹅反转。翻动一次换一次卤水，恒温腌制 8~24 h，使鹅肉达到鲜香扑鼻的程度。

（6）腌制后的鹅胴体应放置于温度小于 18 ℃、相对湿度小于 75%的风干室内风干。温度太低，湿度过小会导致风干时间延长；温度过高，湿度过大，则容易造成微生物的繁殖，脂肪氧化，影响产品的风味。

（7）灭菌时，高温杀菌效果更优，但微波杀菌的风干鹅味道更好，可维持产品原有的风味。

8.2.4 南京板鸭

南京板鸭一般分为腊板鸭和春板鸭两类。腊板鸭是指从大雪到冬至这段时间腌制的板鸭，品质最好。根据南京的传统习惯及气候条件，这段时间是腌制板鸭最理想的时间，所以大量腌制。这一期间腌制的板鸭成品可以保存到第二年不变质，像火腿中的冬腿一样。春板鸭则是指由立春到清明，从农历正月初到二月底制的板鸭，这种板鸭加工制作方法虽与腊板鸭完全相同，但这个期间生产要板鸭保存时间较短，经3~4 个月就要滴油变味了。人们评价和形容南京板鸭的外观：体肥、皮白、肉红，食用时具有香、酥、板（板的意义是指鸭肉细嫩紧密，南京俗话叫发板）、嫩的特点，食之酥香，回味无穷。

8.2.4.1 工艺流程

选鸭与催肥→宰前断食→宰杀放血→浸烫烬毛→摘取内脏→清膛、浸水→擦盐、干腌→制备盐卤→入缸卤制→滴卤叠坯→排坯晾挂→成品

8.2.4.2 工艺要点

（1）选鸭与催肥 用来制作板鸭的鸭子，应是健康无病，品种优良，体重在 1.75 kg 以上的鸭。选择鸭子的基本方法先从外表形态上眼看和手摸，从两侧看，鸭体要深（深指胸部、腹部都要肥壮）而长，偏视时体宽（即背部、腰部都要肥壮）。鸭子

的羽毛要平顺光滑，行动活泼，精神饱满。有的鸭子饲养在湖泊中，吃鱼虾较多，它的皮肤呈淡黄色或微红色，肉质细嫩致密，腌成板鸭，不易变味，但肉中微有腥味。宰杀前需用稻谷饲养 15~20 天催肥，使其膘肥肉嫩，经过稻谷催肥的鸭，叫"白油"板鸭，是板鸭的上品。

（2）宰前断食　对催肥后的鸭子进行宰前 12~24 h 断食，只给饮水。

（3）宰杀放血　有颈部宰杀和口腔宰杀两种。一般选择用电击昏后再宰杀更利于放血。

（4）浸烫煺毛　浸烫煺毛需要在宰杀后 5 min 内进行。浸烫的水温以 65~68 ℃为宜。烫好应立即进行煺毛。

（5）摘取内脏　在右翅下开一直口（与鸭身平行的），长约 5 cm，因鸭的食道偏在右面，易于拉出食管。然后用右手指和中指伸入体内，拿出心脏，取出食管，再取鸭肫、鸭肝肺和肠子。清理干净内膛。

（6）清膛、浸水　清膛后将鸭子浸入冷水中浸泡 2~3h，以去除体内余血，使鸭子通体洁白。

（7）擦盐、干腌　将鸭体沥干水分，然后把鸭子放在案桌上，背向下，腹朝上，头向里，尾朝外，用右掌与左掌放在胸骨部，用力向下压，压扁三叉骨，鸭身呈长方形。擦盐时应注意体内及角落，一般 2kg 的鸭子需要 125g 的食盐。擦盐后放入腌制容器中腌制 20h 即可。

（8）制备盐卤　盐卤由食盐、水和香辛料制成，因使用次数和使用时间不同分为新卤和老卤。新卤的配制：50 kg 食盐加 150 g 香辛料炒至无水蒸气为止。50 kg 水加上述炒好的食盐 35 kg，煮沸成澄清的盐水溶液，过滤后放入腌缸内。腌缸内每 100 kg 放入生姜 50 g、香辛料 15 g、葱 75 g，冷却后即为新卤。盐卤腌制 4~5 次后需重新煮沸。

（9）入缸卤制　将干腌后的鸭子放入备好盐卤的腌缸内，上边盖以竹箅，将鸭子浸入盐卤卤面下 1 cm 以下，此过程称为"复卤"。持续 24 h 即可。

（10）滴卤叠坯　鸭子在腌缸内腌制规定的时间后出缸，将取出的鸭子挂起，滴净水分。然后放入缸中，叠放 2~4 天，这一工序称为"叠坯"。

（11）排坯晾挂　叠坯完毕后，将鸭子从缸中取出，用清水洗净、擦干，此过程成为排坯。排坯是为了维持鸭子外形的美观。排坯后整形，在胸部加盖印章即为成品。

（12）南京板鸭的质量标准

① 感官标准　见表 8-6。

表 8-6　南京板鸭感官标准

项目	标准
外观	外形整齐，肉身干燥，无黏液，无霉点

项目	标准
色泽	体表金黄有光泽
风味	具有特有的腊制香味，味道鲜美，无异味，无酸败味

② 理化标准　见表8-7。

表8-7　南京板鸭理化标准

项目	指标
铅（Pb）含量/（mg/kg）	≤0.2
无机砷含量/（mg/kg）	≤0.05
镉（Cd）含量/（mg/kg）	≤0.1
汞（Hg）含量/（mg/kg）	≤0.05
亚硝酸盐含量/（mg/kg）	≤30
过氧化值（以脂肪计）/（g/100g）	≤2.5
酸价（以脂肪计）/（mg/g）	≤1.6

8.2.5　腊肠类和中式火腿类

腊肠类一般是指风干肠。风干肠是以畜禽肉为主要原料，将其绞碎后与其他辅料混合均匀，然后灌入肠衣中，经烘烤或晒干、风干等工艺制成的香肠类制品。腊肠类产品的特点是加工过程中肌肉组织中的脂肪和蛋白质在适宜的温度、湿度条件下受微生物作用自然发酵，形成的产品具有特殊风味。我国比较有名的腊肠类产品主要有广式腊肠和哈尔滨风干肠等，其详细特点及工艺流程在肠类肉制品加工一章中已有详细介绍。

中式火腿类是指采用新鲜猪后腿，经腌制、洗晒、风干、发酵等工艺制成的具有独特风味的腌腊肉制品。中式火腿是我国有名的腌腊肉制品，这类产品色、香、味俱全，肉制红白分明，具有独特的风味，虽肥瘦兼具，但肥而不腻，便于贮藏。其中最具代表性的产品有金华火腿和宣威火腿，其详细特点及工艺流程在火腿肉制品加工一章已有详细介绍。

第 **9** 章

酱卤肉制品加工

酱卤肉制品是我国典型的民族传统熟肉制品，几乎在我国各地均有生产。由于各地的消费习惯和加工过程中所食用的配料、操作技术的不同，形成了独特的地方特色，有的已成为地方名特产，如河南道口烧鸡、苏州酱汁肉、北京月盛斋酱牛肉、南京盐水鸭、山东德州扒鸡等。近年来，随着对酱卤肉制品的传统加工工艺理论的研究以及先进加工设备的应用，一些酱卤肉制品的传统加工工艺得以改进，如新的加工工艺生产的烧鸡、酱牛肉等产品深受消费者的欢迎。

9.1 ▸▸ 酱卤肉制品概述

9.1.1 酱卤肉制品的定义

酱卤肉制品是将鲜（冻）畜禽肉和可食副产品与盐或酱油等调味料以及香辛料混合，以水为介质，经预煮、浸泡、烧煮、酱卤等工艺而成的一类熟肉类制品。其主要特点是酥润软烂，风味独特，可直接食用，深受广大消费者所喜爱。

9.1.2 酱卤肉制品的分类及特点

按照加工工艺不同，酱卤肉制品主要包括白煮肉类、酱卤肉类、糟肉类三大类。

9.1.2.1 白煮肉类

白煮肉类是将原料肉经腌制或未腌制，在水或者盐水中煮制而成的熟肉类制品。其特点是制作简单，仅用少量食盐即可，基本不需要添加其他配料，可以最大限度地保持原料肉的固有色泽和风味。产品皮黄肉白，皮质酥润，肥而不腻，食用时以冷食为主，切成薄片蘸以少量酱油、芝麻油、葱花、姜丝和香醋等调味料，别有风味。其代表产品主要有白切羊肉、白切鸡等。

9.1.2.2 酱卤肉类

酱卤肉类是在水中加入食盐或者酱油等调味料和香辛料一起煮制而成的熟肉制品，是酱卤肉制品中品种最多的一类熟肉制品。其特点是制作简单，操作方便，成品表面光亮，色泽鲜艳，味美鲜嫩，肉烂皮酥，具有浓郁的酱香味或糖香味。其代表产品主要有道口烧鸡、德州扒鸡、苏州酱汁肉、糖醋排骨等。

9.1.2.3 糟肉类

糟肉类是将原料肉经白煮或者腌制处理后，再用"香糟"糟制而成的冷食熟肉制品。香糟是用谷物发酵成黄酒或者米酒后剩下的残渣，并经一定的加工所制成的。糟肉类主要特点是保持了原料肉固有的色泽和曲酒香气，产品色泽洁白、糟味浓郁、软糯细腻、鲜美可口。其代表产品主要有糟肉、糟鸡、糟鹅等。

9.2 ▸▸ 酱卤肉制品工艺

酱卤制品中，酱制品和卤制品的加工过程有所差异。两者所用原料及原料的处理过程相同，但在调味料和煮制方法上有所不同，进而影响产品的特点、色泽以及味道。在煮制方法上，卤制品是将各种辅料煮成清汤后将肉块下锅以旺火煮制；酱制品则和各辅料一起下锅，大火烧开，文火收汤，最终使汤形成肉汁。在调料使用上，卤制品主要使用盐水，所用香辛料和调味料数量不多，故产品色泽较淡，突出原料原有色、香、味；而酱制品主要使用香辛料和调味料，故酱香味浓。酱卤制品突出了调料、香辛料以及肉本身的香气，具有食之肥而不腻的特色。酱卤肉制品的加工方法主要有两个过程：一是调味，二是煮制。

9.2.1 调味

9.2.1.1 调味的概念

调味是加工酱卤肉制品的一个重要的过程，根据不同地区的消费习惯、不同的品种而加入不同种类和数量的调味料，加工成具有特定风味的产品。根据调味料的特性和作用效果，将调味料和原料肉一起加热煮制，可以增强产品的咸味、鲜味和香气的同时，又可以增进产品的色泽和外观。调味是在煮制过程中完成的，调味时通过控制加水量、盐浓度和调味用量，有助于酱卤肉制品色泽的形成。此外，通过调味还可以去除和矫正原料肉的一些不良风味，起到调香、助味和增色的作用，从而改善产品的色、香、味。

酱卤制品因地区不同，在调味上有甜、咸之别。北方酱卤制品用调料及香辛料多，咸味重；而南方制品则味甜、咸味轻。由于季节的不同，制品风味也不同，夏天口重，冬天口轻。

9.2.1.2 调味的种类

根据加入调味料的时间和加入调味料的作用大致可分为基本调味、定性调味、辅助调味。

（1）基本调味　在加工原料整理之后，经过加盐、酱油或其他配料腌制，奠定产品的主味，叫基本调味。

（2）定性调味　原料下锅后进行煮制或者红烧时，随同加入主要配料如酱油、料酒、香料等，决定产品的口味叫定性调味。

（3）辅助调味　加热煮制之后或即将出锅时，加入糖、味精等以增进产品的色泽、鲜味，叫辅助调味。辅助调味是制作酱卤肉制品的关键，因此必须严格掌握调料的种类、数量以及投放的时间。

酱卤制品中又因加入调味料的种类不同而分为五香或红烧制品、酱汁制品、蜜汁制品、糖醋制品、卤制品等。

9.2.2 熟制

熟制是酱卤制品加工中主要的工艺环节，是将原料肉用水、蒸汽、油炸等方法进行热加工的过程，达到改变肉制品的感官特性，提高肉的风味和嫩度，降低肉的硬度，容易消化吸收的目的。

9.2.2.1 熟制的作用

酱卤肉制品制备过程中的熟制对产品的色香味形成及其化学性质具有很重要的影响。熟制可以使肉黏着、凝固，具有固定制品形态的作用，有助于产品切片；原料肉与调味料的相互作用可以改善产品的色香味；熟制可以杀死微生物和一些寄生虫，一定程度上可以提高制品的保鲜效果，延长产品的贮藏期；熟制时间根据原料肉的形状以及产品需求来决定。一般来说，体积大、质地老的原料肉，熟制时间长，反之，熟制时间较短。

9.2.2.2　熟制的方法

熟制的加热方法主要包括水加热、蒸汽加热、油炸等，通常多采用水加热熟制。在酱卤肉制品中熟制方法主要包括清煮、红烧、油炸。另外，熟制的过程中应控制火候大小。无论采用什么样的加热方式，加热过程中，原料肉及其辅助材料都会发生一系列的变化。

（1）清煮　清煮又称预煮、白煮、白锅等。其方法是将整理好的原料肉放入沸水中，不加任何调味料，只用清水煮制。煮制的目的主要是去除原料肉中的血水和本身的腥味或者气味。清煮的时间根据原料肉的形态和性质不同而有所差异，清煮时间一般为 15~40 min。清煮后的肉汤称为白汤，可以作为红烧时的汤汁基础再使用。值得注意的是清煮牛肉及内脏的白汤不可以再次使用。

（2）红烧　红烧是将清煮后的肉放入加有各种调味料以及香辛料的汤汁中进行煮制，是酱卤肉制品的关键性工序。红烧的目的是不仅使肉制品加热至熟，而且使产品具有特有的色、香、味。红烧的时间因产品和肉质的不同而不同，一般为 1~4 h。红烧后的肉汤称为老汤或者红汤，可以在制品中加入老汤，红烧风味更佳。

（3）油炸　油炸是某些酱卤肉制品的制作工序，如烧鸡。油炸的目的是使肉制品的表面色泽金黄，肉质酥软油，肉质结实。还可以使得肉制品蛋白质凝固，去除多余的水分，容易定型。油炸时间一般控制在 5~15 min，一般在红烧之前进行。一些制品需要在清煮、红烧之后再进行油炸，例如北京盛月烧羊肉。

（4）火候　熟制的过程中应根据火焰的大小和锅内汤汁情况控制火候的大小。一般分为旺火、中火和微火三种。旺火，又称大火、急火、武火，其特点是火焰高而稳定，锅内汤汁剧烈沸腾；通常煮制时间比较短，其作用是将汤汁煮制沸腾，使原料肉进行初步的煮熟。中火，又称温火、文火，其特点是火焰低且摇晃，一般是锅中间汤汁沸腾，但是不是很强烈；通常煮制时间比较长，其作用是将肉在煮熟的基础上使得口感更加酥润可口，使产品内外品质一致。微火，又称小火，其特点是火焰微弱且摇摆不定，火焰保持不灭即可，锅内汤汁稍微沸腾或者有气泡慢慢出现；煮制时间一般也是比较长，其作用是增强产品的口感和风味。煮制的过程中，一般常常采用旺火进行煮制，中后期采用中火或者微火。卤制内脏时，由于口味和原料鲜嫩的原因，煮制过程中要自始至终采用文火煮制。

9.3 ▶▶ 典型酱卤肉制品生产工艺介绍

9.3.1　白斩鸡

白斩鸡是我国传统民肴，在南方菜系比较常见，粤菜、上海本帮菜中的白斩鸡最为出名。白斩鸡开始于清代的民间酒店。烹调时不需要添加调味料，只白煮制成，食用时现吃现斩，因此称为"白斩鸡""白切鸡"。产品皮黄肉白，骨中带红，皮脆肉滑，肥嫩鲜美，别有风味。

9.3.1.1　工艺流程

原料选择→宰杀、造型→煮制→成品

9.3.1.2　配料标准

以每 100 只鸡为标准，原汁酱油 400 g，鲜沙姜 100 g，洋葱 150 g，味精 20 g，香菜、麻油适量。

9.3.1.3　操作要点

（1）原料选择　选择健康、体重为 1.3~2.5 kg 的良种母鸡或公鸡。

（2）宰杀、造型　采用切断三管法宰杀，放出净血，70 ℃ 热水烫毛，拔掉鸡毛，清洗全身。在腹部距肛门 2 cm 处开一个二指宽的横切口，小心取出内脏，清洗腹腔。最后把鸡爪交叉放入鸡的腹腔内，翅膀弯曲在背上，鸡头搭在后肩上。

（3）煮制　将整理好的鸡身放入 60 ℃ 左右的清水中，沸腾后改用微火煮制 7~12 min。煮制的过程中要来回翻动鸡身，且将腔内的水倒出。煮制结束立即浸入冷水中冷却，使鸡皮骤然收缩，皮脆肉嫩。最后在鸡身表面抹上香油即为成品。食用时，将辅料混合配成佐料，蘸着吃。

9.3.2　南京盐水鸭

南京盐水鸭是江苏省南京市著名的地方传统特产，至今已有 400 年历史。南京盐水鸭的加工制作不受季节限制，一年四季皆可生产。其特点是腌制期短，复卤期也短，现做现售。盐水鸭表皮洁白，鸭肉娇嫩，口味鲜美，肥而不腻，营养丰富，食之清淡而有咸味，具有香、鲜、嫩的特点。

9.3.2.1　加工工艺

原料选择→宰杀→整理→腌制→烘干→煮制→成品

9.3.2.2　配料标准

以每 100 kg 光鸭为标准，食盐 6.25 kg，八角 250 g，花椒 100 g，五香粉 50 g，香叶 10 g。

9.3.2.3　操作要点

（1）原料选择、宰杀与整理　选用肥嫩的活鸭体重 2 kg 左右，宰杀放血，用热水拔毛后，切去翅膀和脚爪，右翅下开膛，取出全部内脏，用清水冲净体内外，再放入冷水中浸泡 30~60 min，去除体内的血水，最后挂起晾干待腌。

（2）腌制　先干腌后湿腌。首先，按照配方将食盐炒热，放入八角、花椒、香叶、五香粉等继续炒热，将其稍微冷却后涂擦鸭体内腔和体表，擦后堆码腌制 2~4 h。冬春时间长些，夏秋时间短些。然后复卤，将食盐（5 kg），水（30 kg）、葱、姜、八角、黄酒、味精适量，混合后煮沸，冷却至室温即为新卤液。新卤液使用过程中经煮沸 2~3 次即为老卤。复卤时将鸭体内灌满卤液，卤制 2~3 h 即可出缸，沥干水分。

（3）烘干　将腌好的鸭体逐只挂于架子上，送至烘房内，温度控制在 40~50 ℃ 范围内，时间 20~30 min，鸭体周围干燥起皱变色即可取出散热。

（4）煮制　将适量的辅料（葱、姜、八角）放入水中煮沸，然后将鸭放入沸水中，然后提起鸭头将鸭腹腔内的汤水倒出。再把鸭放入沸水中，使鸭腹腔内灌满汤水，重复 2~3 次，焖煮 20 min 左右，锅中水温控制在 85~190 ℃，提鸭倒汤，再入锅焖煮 20 min 左右后，再次提鸭倒汤，焖煮 5~10 min，待鸭熟后即可出锅。

9.3.2.4　质量标准

感官指标如表 9-1 所示，理化指标如表 9-2 所示，微生物指标如 9-3 所示。

表9-1　南京盐水鸭的感官指标

项目	指标
色泽	淡白色
组织状态	肉质细嫩、湿爽、致密而结实，切面平整
气味	盐水芳香，具有独特的盐水鸭香味，无异味
滋味	滋味醇厚，清香可口，回味悠长

表9-2　南京盐水鸭的理化指标

项目	指标
水分/%	≤50
蛋白质含量/%	≥10
镉（Cd）/（mg/kg）	≤0.1
总汞（以 Hg 计）/（mg/kg）	≤0.05

表9-3 南京盐水鸭的微生物指标

项目	指标
菌落总数/（CFU/g）	≤50000
大肠杆菌（MPN/100g）	≤90
致病菌（沙门菌、金黄色葡萄球菌、志贺菌）	不得检出

9.3.3 肴肉

镇江肴肉是江苏省镇江市著名的传统肉制品，历史悠久，素有"水晶肴蹄"之称。镇江肴肉宜于现做现吃，通常配成冷盘作为佐酒佳肴。食用时切成厚薄均匀、大小一致的长方形小块装盘，并可摆成各种美丽的图案，辅以姜丝和香醋，更是别具风味。肴肉皮色洁白，肉质细嫩，晶莹透明，卤冻透明，肥而不腻，具有香、酥、鲜、嫩四大特点。

9.3.3.1 工艺流程

选料与整理→腌制→煮制→压蹄→成品

9.3.3.2 配料标准

以每100只蹄髈为标准，食盐14~16 kg，白糖1.0 kg，葱段250 g，姜片250 g，白酒250 g，明矾30 g，花椒75 g，八角75 g，硝水30 g（预先溶于5 kg的清水中）。

9.3.3.3 操作要点

（1）选料与整理　选择卫生检验合格以及优质薄皮的猪前后蹄髈（前蹄髈最好）为原料，先除毛，再去除肩胛骨、臀骨和大小腿骨，去掉爪、筋，皮面朝下放在操作台上。

（2）腌制　用铁钎在每只蹄髈的瘦肉上戳若干小孔，用食盐均匀地涂抹在蹄髈各处，盐含量控制在6%左右，然后皮面朝下层层叠叠放在腌制缸中，叠时用硝水溶液洒在每层肉上，多余的食盐同时撒在肉面上。冬季腌制6~7天，每只蹄髈用盐90 g；春秋季为3~4天，用盐110 g，夏季为1~2天，用盐125 g。腌制时温度最好控制在8 ℃以下。蹄髈中心部位肌肉变红时从腌制缸内取出，用15~20 ℃的清水浸泡2~3 h（冬季浸泡3 h，夏季浸泡2 h），适当减轻咸味并除去涩味，然后刮去皮上污物，用清水漂洗干净。

（3）煮制　取清水、食盐及明矾粉混合加热煮沸，撇去表层浮沫，使其澄清。将上述澄清盐水注入锅中，加入白酒、白糖以及含有花椒、八角、鲜姜和葱的香料袋，然后将蹄髈放入锅内，皮面朝上，逐层摆叠，最上一层皮向下，用竹编的盖盖好，使蹄髈全部浸没在汤中。用旺火烧开后撇去浮在表层的泡沫，用重物压在竹盖上，再改用小火煮保持微开 90 min，温度保持在 95 ℃左右，然后将蹄髈上下翻换，重新放入锅内在沸腾状态下再煮 3 h，用竹筷子试一试，竹筷很容易刺入则说明肉已煮烂。捞出香料袋，肉汤留下继续使用。

（4）压蹄　准备长、宽为 40 cm，边高 4.3 cm 平盘 50 个，每个盘内基本放猪蹄髈 2 只，皮向上。将 5 个盘压在一起，上面再盖空盘 1 个，经 20 min 后，将盘内的汁液倒入锅内，用旺火煮制沸腾，撇去浮油。然后放入明矾 15 g，清水 2.5 kg，再煮沸撇去浮油。将汤卤舀入蹄盘内，使汤汁淹满肉面，放置于阴凉处冷却凝冻（天热时凉透后放入冰箱凝冻），即成晶莹透明的浅琥珀状水晶肴肉。

（5）成品　将肴肉真空包装，并在 4 ℃的环境下贮藏和销售。

9.3.3.4　质量标准

感官指标如表 9-4 所示，微生物指标如 9-5 所示。

表9-4　肴肉的感官指标

项目	指标
色泽	皮白、肉呈微红色
组织状态	肉汁呈透明晶体状，表面湿润，有弹性
气味	芳香，具有独特的肴肉香味，无异味
滋味	滋味醇厚，清香可口，回味悠长

表9-5　肴肉的微生物指标

项目	指标
菌落总数/（CFU/g）	≤30000
大肠杆菌/（MPN/100g）	≤70
致病菌（沙门菌、金黄色葡萄球菌、志贺菌）	不得检出

9.3.4　酱牛肉

酱牛肉是一种味道鲜美、营养丰富的酱肉制品。酱牛肉的传统加工方法煮制时间长、耗能多且产品出品率低。现代工艺多采用盐水注射、真空滚揉的快速腌制、低温熟制、真空包装、高温杀菌等方法，使得肉制品的肉质鲜嫩、风味独特且出品率大大提高。酱牛肉的种类很多，深受消费者欢迎，尤以北京月盛斋的酱牛肉最为有名。产品表面光亮，肉质鲜嫩，风味独特，软硬适中，出品率可高达 70%。

9.3.4.1 工艺流程

原料选择整理→盐水注射→滚揉腌制→煮制→冷却→真空包装→高温杀菌→冷却、检验→成品

9.3.4.2 配料标准

以每 100 kg 牛肉为标准，食盐 3 kg，白糖 1 kg，姜 2 kg，葱 1 kg，山楂 400 g，枸杞 300 g，山药 300 g，草果 200 g，八角 200 g，花椒 150 g，桂皮 100 g，丁香 40 g，肉豆蔻 50 g。

9.3.4.3 操作要点

（1）原料选择与整理　选择经卫生检验合格的优质牛肉，常选用牛腱子肉，剔除表面脂肪、淋巴以及血污，洗净切成 0.3~0.4 kg 的肉块。

（2）盐水注射　将适量的花椒、桂皮、肉豆蔻、八角等腌料配制成盐水溶液，充分搅拌均匀后，过滤后备用。根据产品特点或者消费者需求调整腌料或者添加其他配料。利用盐水注射器将盐水注入肉块中。

（3）滚揉腌制　将注射后的牛肉块放入滚揉机中，滚揉转速一般控制在 8 r/min，温度控制在 3~5 ℃，滚揉时间 40 min/h，间歇时间 20 min/h，总处理时间 14~18 h。通过滚揉，使得肉块变得松弛，利于腌料的渗透和扩散，促进可溶性蛋白的溶出，提高肉的保水性以及嫩度。

（4）煮制　煮制在夹层锅中操作。先将各种香辛料装入双层纱布中作为料包，于水中煮沸后保温 1 h，制备风味浓郁的老汤。将滚揉好的肉块放入夹层锅中，加入食盐和白糖，焖煮 30 min 后撇去浮沫，再加入酱油，85~90 ℃保温 2 h。出锅前根据个人口味加入适量酒和味精，增强肉的鲜香味。

（5）冷却、真空包装　煮熟后的牛肉捞出，冷却至室温后将肉块放入真空包装袋中进行真空包装。每个包装袋中，肉块约占包装袋总体积的 2/3。

（6）高温杀菌　将包装好的肉块放入 100 ℃的锅中，蒸煮 15~20 min。杀菌参数可根据产品的保质期、袋装量以及生产的卫生情况而定。

（7）冷却、检验　高温杀菌后，将制品在 4 ℃的环境下冷却 24 h，使其温度达到 4 ℃。

9.3.5 烧鸡

烧鸡是一大类禽类酱卤制品。道口烧鸡是最典型的产品之一，是河南滑县道口镇传统的风味佳肴，至今已有 300 多年的历史。经过不断的技术更新，道口烧鸡已成

为我国著名的特产。其制品食用冷热均可，属于方便风味制品。成品烧鸡造型美观，鸡体完整，鸡皮不破不裂，黄里带红，色泽鲜艳，味香肉嫩，有浓郁的鸡香味。

9.3.5.1 工艺流程

原料选择→宰杀→造型→油炸→煮制→出锅→冷却→成品

9.3.5.2 配料标准

以每 100 只鸡为标准，食盐 3 kg，桂皮 90 g，白芷 90 g，良姜 90 g，陈皮 30 g，草果 30 g，砂仁 15 g，豆蔻 15 g，硝酸钠 100 g。

9.3.5.3 操作要点

（1）原料选择　一般选择生长半年以上、两年以内，重量为 1~1.25 kg 的健康土鸡，最好是雏鸡和肥母鸡。不建议选择肉用仔鸡和老母鸡，否则因鸡龄太小或者太大影响肉品风味。

（2）宰杀　选择切断三管法放血，宰杀切口要小。宰杀完成后放入 65 ℃左右热水中浸泡 2~3 min，取出迅速拔毛，鸡爪切去，内脏取出，肛门割去，体腔和口腔清晰干净。

（3）造型　将鸡身放在操作台上，腹部朝上，按住鸡身，用刀将肋骨切开，取一束适当长度的高粱秆（20~30 cm）撑开鸡腹，两腿交叉入刀口内，两翅交叉插入口腔，使鸡体成两头尖的半圆形。然后用清水冲洗，吊挂沥水，彻底去除表皮水分以待油炸。

（4）油炸　将蜂蜜（饴糖）和水以 3∶7 的比例配制成蜂蜜水，均匀地涂抹在晾挂后的鸡体表身，晾干后放入 150~160 ℃的植物油翻炸 30~60 s，鸡体呈柿黄色时捞出，凉透。值得注意的是油炸温度应严格控制，且不能破皮。温度太低，鸡体不易上色；温度太高，容易焦化。

（5）煮制　将油炸好的鸡体按照鸡大小、老嫩顺序整齐码好，加入老汤，并按照比例加入食盐以及香辛料，用竹箅压住鸡身，使液体表面高出鸡身 2 cm 左右。卤煮时，先用旺火烧开，沸腾后加入适量硝酸钠以促使鸡色鲜艳，然后改用文火，90~95 ℃焖煮。具体焖煮时间随季节、年龄、体重决定。一般母鸡 4~5 h，公鸡 2~4 h，雏鸡 1.5~2 h。

（6）出锅　熟制后立即出锅。注意的是出锅前应小心操作，先将汤表面的浮油捞出，然后用专用鸡叉、筷子等工具将鸡捞出，保持鸡身不破不散。另外，出锅前可以用鸡汤冲洗鸡身，这样使得烧鸡的颜色和光泽更加鲜艳。出锅经冷却包装后即为成品。

9.3.5.4 质量标准

感官指标如表 9-6 所示，理化指标如表 9-7 所示，微生物指标如 9-8 所示。

表 9-6　烧鸡的感官指标

项目	指标
色泽	色泽浅红，微带黄色，油润光亮
组织状态	鸡皮不烂不裂，外形完整，无绒毛，肉质鲜嫩，熟烂脱骨
气味	具有浓郁的香味，无异味
滋味	滋味醇厚，清香可口，回味悠长

表 9-7　烧鸡的理化指标

项目	指标
水分/%	≤70
蛋白质含量/%	≥15
亚硝酸盐（以 $NaNO_2$ 计）/（mg/kg）	≤30

表 9-8　烧鸡的微生物指标

项目	指标
菌落总数/（CFU/g）	≤10000
大肠杆菌/（MPN/100g）	≤50
致病菌（沙门菌、金黄色葡萄球菌、志贺菌）	不得检出

9.3.6　传统糟肉

我国一些地区有酿酒的习俗，选用自家的糯米，将糯米蒸熟，冷却后加入麦曲，放入酒缸内发酵制备米酒，将酒汁过滤剩下的是酒糟。将酒糟与熟制后的肉放在一起，糟醉制备的产品为糟肉。糟肉一般以猪肉为原料，产品具有独特的糟香味，醇厚柔和，皮黄肉红，鲜嫩酥软，肥而不腻，鲜美可口。

9.3.6.1　工艺流程

选料与整理→煮制→制卤汁→制糟卤→糟制→包装→杀菌→成品

9.3.6.2　配料标准

以每 100 kg 猪肉为标准，酒糟 5 kg，食盐 1~2 kg，白糖 1 kg，葱 2 kg，姜 2 kg，

黄酒 1.5 kg，五香粉 0.5 kg。

9.3.6.3　操作要点

（1）选料与整理　选择皮薄肉嫩的猪腿肉、猪肋排，斩成 11 cm×15 cm 的长方形肉块，然后去除杂毛，清洗干净。

（2）煮制　将肉块放入锅中，加入适量食盐以及水，加热至沸腾后煮制 1 h 左右，直到骨头容易抽出为止取出，剔除骨头。

（3）制卤汁　将煮制后的汤中的浮油和杂质撇去，过滤。滤液中加入白糖、食盐、葱、姜以及五香粉等辅料，搅拌均匀后煮制沸腾，然后冷却至室温。

（4）制糟卤　将酒糟边搅拌边加入黄酒和卤汁，搅拌均匀，没有结块就可停止。将酒糟过滤，收集卤液。

（5）糟制　将煮制好的肉放入锅中，倒入糟卤没过肉面，密封，低温下放置 4~6 h，即为成品。

9.3.7　软包装糟卤牛肉

近年来，随着酱卤工艺的发展，酱卤制品的加工技术以及工艺设备不断更新，已经向工厂化模式转型，因此，市场上出现了许多新型的酱卤肉制品，例如，软包装糟卤牛肉、烧鸡、五香猪蹄等。

9.3.7.1　工艺流程

原料选择与整理→腌制滚揉→预煮→白卤→糟制→装袋→真空包装→杀菌→冷却→产品

9.3.7.2　配方标准

以每 100 kg 牛肉为标准，冰水 15 kg，鸡骨架 10 kg，食盐 4.2 kg，白糖 2.7 kg，玉米淀粉 1 kg，复合磷酸盐 300 g，亚硝酸盐 10 g，异抗坏血酸钠 50 g，小苏打 200 g，葱 300 g，姜 300 g，豆蔻 0.6 kg，葱 1 kg，砂仁 0.3 kg，姜 0.5 kg，八角 0.1 kg，桂皮 0.1 kg，月桂叶 0.1 kg，丁香 0.04 kg，黄酒 0.2 kg，香糟卤 6.6 kg，鸡精 100 g，卡拉胶 200 g，乙基麦芽酚 2 g，食用色素 30 g。

9.3.7.3　操作要点

（1）原料选择与整理　选择牛前腿、后腿、腰部的肌肉，剔除脂肪、软骨、淋巴以及血污，切成 250 g 左右的小块，清洗肉块，沥干水分。

（2）腌制滚揉　将冰水、50%食盐、复合磷酸盐、亚硝酸盐、异抗坏血酸钠、小苏打、50%白糖、玉米淀粉以及姜葱汁与肉块混合均匀腌制。腌制温度应控制在 8 ℃左右。腌制时间不应少于 36 h。最后将腌制与滚揉技术相结合，真空滚揉、间歇式滚揉效果最好。滚揉时间视具体情况而定。

（3）预煮　将肉块放入沸水中，预煮时间一般为 15~20 min，使得肉的表面浸提蛋白或附加蛋白能快速凝固，减少肉内水分流失。预煮的过程中要不断地撇去表面的浮油和杂物。

（4）白卤　将鸡骨架和水按照 1∶10 的质量比一起放入锅中，将香辛料用纱布包裹起来后放入锅中熬制 2 h，捞出鸡骨架，过滤去除沉渣和浮物。然后加入剩下的50%食盐和白糖以及预煮好的牛肉，在 90~95 ℃的温度下焖煮 40 min，捞出牛肉冷却至 15 ℃以下。

（5）糟制　将白卤汤、香糟卤和黄酒混合均匀制备糟卤，然后加入白卤好的牛肉，在温度低于 20 ℃的环境下糟制 30 min。建议在预冷车间进行糟制。

（6）装袋　首先制备糟卤冻，取糟卤 10 kg，加入鸡精、卡拉胶、乙基麦芽酚和食用色素于夹层锅中煮至沸腾，冷却至形成凝胶。按照产品规格要求将牛肉以及糟卤冻放入包装袋中，每个包装袋中建议牛肉至少有 1~2 块。最后真空包装。

（7）杀菌　根据产品的贮藏销售条件选择最优的杀菌工艺。杀菌参数根据产品大小进行调整。建议冷藏销售的低温肉制品采用巴氏杀菌，否则建议高压杀菌。

第 **10** 章

干肉制品加工

干肉制品是将原料肉先经熟制后，再成型干燥或者先干燥后成型而制成的一类可常温下保藏的干熟类肉制品。目前，干肉制品主要包括肉干、肉脯和肉松三大类。成品多呈小的片状、条状、粒状、团粒状、絮状存在。以前干肉制品的目的是便于肉类的贮藏，早在游牧时代就已有加工。现代干肉制品加工的主要目的不是长期保藏，而是满足消费者的需求。肉制品经过干制后，水分含量减少，产品耐贮藏；体积小，质量轻，风味独特，美味可口，食用方便，便于保存和携带，特别适合于休闲、旅游消费，也适合航天、行军、探险、地质勘探、野外探险等特殊工作的需要。

10.1 ▸▸ 肉干加工

肉干是以畜禽瘦肉为原料，经过修割、预煮、切丁（条、片）、调味、复煮、收汤、干燥等工艺制成的干熟肉制品。由于原辅料、加工工艺、形状、产地等的不同，肉干的种类有很多。按照原料可以将其分为猪肉干、牛肉干、鱼肉干等；按形状可以分为片状、条状、粒状等；按风味可以分为五香味、麻辣味、孜然味和咖喱味等。

10.1.1 肉干的传统加工工艺

10.1.1.1 工艺流程

原料肉选择与修整→预煮→切坯→复煮→收汁→脱水→冷却→包装

10.1.1.2 配方

（1）上海咖喱牛肉干 鲜牛肉 100 kg，精盐 3 kg，酱油 3.1 kg，白糖 12 kg，白酒 2 kg，咖喱粉 0.5 kg。

（2）上海咖喱猪肉干　猪瘦肉 100 kg，高粱酒 2 kg，精盐 3 kg，白糖 12 kg，味精 500 g，咖喱粉 500 g，酱油 3 kg。咖喱粉配料（每 100 kg）：姜黄粉 60 kg，白辣椒 13 kg，芫荽子 8 kg，小茴香 7 kg，碎桂皮 12 kg，姜片 2 kg，八角 4 kg，花椒、胡椒适量。混合后磨成粉末即可。

（3）新疆马肉五香肉干配方　鲜肉 100 kg，食盐 2.86 kg，白糖 4.5 kg，酱油 4.8 kg，黄酒 750 g，花椒 150 g，八角 200 g，茴香 150 g，丁香 50 g，桂皮 300 g，陈皮 750 g，甘草 100 g，姜 500 g。

（4）成都麻辣猪肉干　猪瘦肉 100 kg，精盐 1.5 kg，酱油 4 kg，白糖 1.5~2 kg，芝麻油 1 kg，白酒 500 g，味精 100 g，辣椒面 2~2.5 kg，花椒面 300 g，五香粉 100 g，芝麻面 300 g，菜油适量。

（5）天津果汁牛肉干　牛肉 100 kg，精盐 2~3 kg，白糖 4.3~4.4 kg，硝酸钠 150 g，酱油 3 kg，葱 1 kg，姜 500 g，白酒 500 g，丁香 50 g，八角 100 g，桂皮 150 g，果汁 200 g，香精少许。

（6）羊肉干　羊肉 100 kg，精盐 3~3.2 kg，豆油 5~7 kg，白糖 2.1 kg，生姜 1~1.5 kg，葱 0.5~1 kg，味精 200 g，花椒 200~300 g，白酒 200~400 g，胡椒面 300~500 g。

10.1.1.3　操作要点

（1）原料肉选择与修整　选择经卫生检疫合格的新鲜原料肉，一般选用前后腿瘦肉为最佳。将原料肉的皮、骨、脂肪和筋腱剔去，顺着肌纤维切成 1 kg 左右的肉块，然后用清水浸泡 1 h 左右除去血水、污物，沥干备用。

（2）预煮　将修整好的肉块放入煮沸的水中，以水淹没肉块为宜，水温保持在 90 ℃以上，并及时撇去汤面污物。预煮时间随肉的嫩度及肉块大小而异，以切面呈粉红色、无血水为宜。肉块捞出放在干净的操作台上晾至室温，汤汁过滤待用。预煮的目的是通过煮制进一步挤出血水，并使肉块变硬以便下一步切坯。

（3）切坯　肉块冷却后，根据工艺要求顺着肌纤维的方向在切坯机中切成小片、条、丁等形状，并保持大小均匀一致。

（4）复煮、收汁　为进一步熟化和入味，将切好的肉坯放在调味汤中煮制。复煮汤料配制时，取肉坯重 20%~40%的过滤预煮汤，将配方中不溶解的辅料装袋放入锅中，煮沸后加入其他辅料及肉坯，用大火煮制 30 min 左右后，然后改用下火煨煮 1~2 h，并及时翻动，以防焦锅，待汤汁基本收干时将肉捞出。复煮汤料配制时，各种调味料和香辛料的用量变化较大，应根据适合消费者口味及富有地方特色的肉干配方进行调整。

（5）脱水　肉干常规的脱水方法有三种。

① 烘烤法　将肉坯铺在竹筛或铁丝网上，置于三用炉或远红外烘箱烘烤中。烘

烤前期控制温度在80~90 ℃，后期控制温度在50 ℃左右。一般需要5~6 h脱水至表面呈褐色，含水量降低到20%以下，A_w低于0.79。注意在烘烤过程中要定时翻动。

② 炒干法　肉坯在锅中文火加温，并不停翻搅，炒至肉块表面微出现蓬松茸毛时，即可出锅，冷却后即为成品。

③ 油炸法　肉切条后先与2/3的辅料（其中白酒、白糖、味精后放）混合拌匀，腌制10~20 min后，投入135~150 ℃的植物油锅中油炸，炸至肉块微黄色后捞出，并滤净油，再将酒、白糖、味精和剩余的1/3辅料加入拌匀即可。一般牛肉干的出品率为50%左右，猪肉干的出品率为45%左右。在实际生产中，也可以先烘干再上油衣。例如，四川麻辣牛肉干会在烘干后用菜油或麻油油酥起锅。

（6）冷却、包装　将脱水后的产品置于清洁室内摊晾、自然冷却。必要时采用机械排风，但不宜在冷库中冷却，否则易吸水返潮。冷却后直接包装，包装袋以复合膜为好，尽量选用阻气、阻湿性能好的包装材料，如PET/Al/PE等复合膜，但其费用较高；PET/PE、NY/PE效果次之，但较便宜。如果肉干用纸袋包装，需要再烘烤1 h，防止发霉变质，延长保存期。如果肉干受潮发软，可再次烘烤，但是滋味较差。

10.1.1.4　肉干成品标准

感官指标见表10-1，理化指标见表10-2，微生物指标见表10-3。

表10-1　肉干的感官指标

项目	指标
色泽	黄色或黄褐色，色泽基本均匀
组织状态	呈小的片状、条状、粒状、絮状或团粒状，表面常带有细微绒毛或香辛料
气味	具有特有的香味，无异味
滋味	滋味鲜美醇厚，甜咸适中，回味浓郁

表10-2　肉干的理化指标

项目	指标
水分/%	≤20.0
铅（Pb）/（mg/kg）	≤0.5
无机砷/（mg/kg）	≤0.05
镉（Cd）/（mg/kg）	≤0.1
总汞（以Hg计）/（mg/kg）	≤0.05
亚硝酸盐（以$NaNO_2$计）/（mg/kg）	≤30

表10-3　肉干的微生物指标

项目	指标
菌落总数/（CFU/g）	≤10000

项目	指标
大肠杆菌/（MPN/100g）	≤30
致病菌（沙门菌、金黄色葡萄球菌、志贺菌）	不得检出

10.1.2 肉干生产新工艺

随着肉类加工业的发展和生活水平的提高，消费者要求干肉制品向着组织较软、色淡、低糖方向发展。在中式干肉制品的配方、加工和质量的基础上，对传统中式肉干的加工方法进行改进，并把这种改进工艺生产的肉干称为莎脯（shafu）。

10.1.2.1 工艺流程

原料肉修整→切块→腌制→熟化→切条→脱水→包装

10.1.2.2 操作要点

选用卫生检疫合格的牛肉、羊肉、猪肉或其他畜禽肉，剔除脂肪和结缔组织，切成 4 cm 左右的肉块，每块约重 200 g。按配方要求加入各种辅料，混合均匀后置于 4~8 ℃温度下腌制 48~56 h。腌制结束后，在 100 ℃蒸汽下加热 40~60 min，肉块中心温度为 80~85 ℃，然后冷却至室温，切成大约 3 mm 厚的肉条。将肉条置于 85~95 ℃温度下脱水至肉表面成褐色，含水量低于 30%，成品的 A_w 低于 0.79（通常为 0.74~0.76），最后真空包装即可。

10.2 ▸▸ 肉脯加工

肉脯是指瘦肉经切片（或绞碎）、调味、腌制、摊筛、烘干、烤制等工艺制成的干、熟薄片型的肉制品。与肉干加工方式不同的是肉脯不需要经过水煮，直接烘干即可。同肉干一样，随着原料、辅料、产地等的不同，肉脯的名称及品种不尽相同。肉脯加工工艺包括传统工艺和新工艺两种。

10.2.1 肉脯传统加工工艺

10.2.1.1 工艺流程

原料选择与预处理→冷冻→切片→解冻→腌制→摊筛→烘烤→烧烤→压平→成

型→包装

10.2.1.2 配方

（1）猪肉脯配方　原料肉 100 kg，食盐 2.5 kg，硝酸钠 0.05 kg，白酱油 1.0 kg，小苏打 0.01 kg，蔗糖 1 kg，高粱酒 2.5 kg，味精 0.3 kg。

（2）牛肉脯配方　牛肉片 100 kg，酱油 4 kg，山梨酸钾 0.02 kg，食盐 2 kg，味精 2 kg，五香粉 0.30 kg，白砂糖 5 kg，维生素 C 20 g。

10.2.1.3 操作要点

（1）原料选择与预处理　传统肉脯一般是由猪、牛肉加工而成，但现在也选用其他畜禽肉。选用新鲜的牛、猪后腿肉，将脂肪、结缔组织剔除，顺着肌纤维方向切成 1 kg 大小肉块。要求肉块外形规则，边缘整齐，无碎肉、淤血。

（2）冷冻　将修整好的肉块置于 −20～−10 ℃ 的冷库中进行速冻，以便于切片。冷冻时间以肉块深层温度达 −5～−3 ℃ 为宜。

（3）切片　将冻结后的肉块放入切片机中切片，必须顺着肌肉纤维方向进行切片，以保证成品不易破碎。切片厚度一般控制在 1～3 mm 范围内。但是国外肉脯有向超薄型发展的趋势，最薄的肉脯只有 0.05～0.08 mm，一般在 0.2 mm 左右。超薄肉脯的透明度、柔软性、贮藏性都比较好，但是加工技术难度较大，对原料肉及加工设备要求较高。

（4）拌肉、腌制　将辅料与切好的肉片混合拌匀，在温度低于 10 ℃ 的冷库中腌制 2 h 左右让其入味，并且使肉中盐溶性蛋白质尽量溶出，便于在摊筛时使肉片之间粘连。肉脯配料根据地方习俗有所不同。

（5）摊筛　在竹筛上涂刷食用植物油，将腌制好的肉片平铺在竹筛上，肉片之间彼此靠溶出的蛋白质粘连成片。

（6）烘烤　烘烤的目的主要是促进发色和脱水熟化。将摊放肉片的竹筛上架晾干水分后，进入三用炉或远红外烘箱中脱水、熟化。烘烤温度控制在 55～75 ℃，前期烘烤温度可略高。一般肉片厚度为 2～3 mm 时，烘烤时间为 2～3 h。

（7）烧烤　烧烤是将半成品放在高温下进一步熟化并使其质地柔软，产生良好的烧烤味和油润的外观。烧烤时可把半成品放在远红外空心烘炉的转动铁网上，200 ℃ 左右烧烤 1～2 min 至表面油润、色泽深红为止。成品中含水量小于 20%，一般以 13%～16% 为宜。

（8）压平、成型、包装　烧烤结束后用压平机将肉块压平，按规格要求切成一定的形状。冷却后及时包装。使用塑料袋或复合袋需要真空包装，马口铁听装加盖后锡焊封口。

10.2.1.4 肉脯的卫生标准

参考 GB/T 31406—2015。肉脯的感官指标见表 10-4，理化指标见表 10-5，微生物指标见表 10-6。

表10-4 肉脯的感官指标

项目	指标
色泽	色泽均匀透明有油润光泽，可呈现棕红、深红、暗红色
组织状态	片形规则，薄厚均匀，允许有少量脂肪析出和少量空洞，无焦片、生片
气味	具有特有的香味，无异味
滋味	咸甜适中，香味纯正

表10-5 肉脯的理化指标

项目	指标
水分/%	≤16
铅（Pb）/（mg/kg）	≤0.5
无机砷/（mg/kg）	≤0.05
镉（Cd）/（mg/kg）	≤0.1
总汞（以 Hg 计）/（mg/kg）	≤0.05
亚硝酸盐（以 $NaNO_2$ 计）/（mg/kg）	≤30

表10-6 肉脯的微生物指标

项目	指标
菌落总数/（CFU/g）	≤30000
大肠杆菌/（MPN/100g）	≤40
致病菌（沙门菌、金黄色葡萄球菌、志贺菌）	不得检出

10.2.2 肉脯加工新工艺

由于传统工艺加工肉脯存在着切片、摊筛困难，难以利用小块肉和小畜禽及鱼肉以及无法进行机械化生产的问题，因此提出了肉脯生产新工艺，在生产实践中被广泛应用。

10.2.2.1 工艺流程

原料肉处理→斩拌→腌制→抹片→表面处理→烘烤→压平→烧烤→包装

10.2.2.2 鸡肉脯配方

鸡肉 100 kg，$NaNO_3$ 0.05 kg，浅色酱油 5.0 kg，味精 0.2 kg，糖 10 kg，姜粉 0.30 kg，

白胡椒粉 0.3 kg，食盐 2.0 kg，白酒 1 kg，维生素 C 0.05 kg，复合磷酸盐 0.3 kg。

10.2.2.3　操作要点

（1）斩拌、腌制　将原料肉经预处理后，与辅料入斩拌机斩成肉糜。肉糜斩拌的细度影响最大，肉脯厚度次之，而腌制剂的浓度和腌制时间对肉脯质地及口感的影响相对较小。肉糜斩拌得越细，腌制剂的渗透就越迅速、充分，越能促进盐溶性蛋白的溶出。而且，肌原纤维蛋白也容易充分延伸为纤维状，形成蛋白的高黏度网状结构，其他成分充填于其中而使得产品具有韧性和弹性。因此，在一定范围内，肉糜越细，肉脯质地和口感越好。肉糜置于 10 ℃以下腌制 1.5~2 h。腌制时间对肉脯色泽没有明显的影响，但是对质地和口感影响很大。这是因为即使不进行腌制，发色过程也可以在烘烤过程中完成。但是腌制时间不足或者机械搅拌不充分，肌动球蛋白转变不完全，加热后不能形成网状絮凝体，产品口感粗糙，缺少弹性和柔韧性。腌制时间以 1.5~2.0 h 为宜。在腌制时添加 0.01%~0.03% 的复合磷酸盐能明显改善肉脯的质地和口感。

（2）抹片　竹筛表面涂油后，将腌制好的肉糜均匀地涂摊在竹筛上，涂抹厚度以 1.5~2.0 mm 为宜。随着涂抹厚度的增加，肉脯的柔性和弹性降低，且质脆易碎。

（3）表面处理　烘烤前在肉脯的表面用 50% 的全鸡蛋液涂抹表面。

（4）烘烤　将经过表面处理的样品置于 70~75 ℃的温度下烘烤 2 h。如果烘烤温度过低，会耗时耗能，产品香味不足，色泽、质地松软。如果温度过高（超过 75 ℃），肉脯容易卷曲，质脆易碎，而且颜色变成褐色。

（5）压平　由于肉脯中的水分含量在烧烤前比在烧烤后高，容易压平，因此样品在烧烤前压平效果更好。另外，压平会减少污染。通过抹平与压平，可以使得肉脯表面平整，光泽增加，防止风味损失和延长货架期。

（6）烧烤　在 120~150 ℃温度下烧烤 2~5 min。如果温度超过 150 ℃，肉脯表面会起泡加剧，边缘焦糊、干脆。当烧烤温度高于 120 ℃，则能使肉脯具有特殊的烤肉风味，并能改善肉脯的质地和口感。

10.3 ▶▶ 肉松加工

肉松是指以畜禽肉为原料，经修整、切片、煮制、撇油、调味、收汤、炒松、搓松或加入食用植物油或谷物粉等工艺炒制而成的肌肉纤维蓬松成絮状或团粒状的干熟肉制品。按照原料进行分类有猪肉松、牛肉松、兔肉松、鱼肉松等肉松；按照形状分为绒状肉松和粉状（球状）肉松，分别以太仓肉松（绒状肉松）和福建肉松（粉状肉松）为代表。

10.3.1 太仓肉松

太仓肉松是江苏省太仓的著名特产，相传创制于 1874 年清同治年间，具有悠久的历史。其特点是纤维蓬松、颜色金黄、松软如绒、油净干爽、脂香回甜、营养丰富、老少皆宜，尤其对病弱、产妇及婴儿更好，食用方便，是旅游携带的佳品。

10.3.1.1　工艺流程

选料→煮制→炒压→炒松→搓松→拣松→包装

10.3.1.2　配方

瘦肉 100 kg，黄酒 4 kg，白糖 3 kg，白酱油 15 kg，八角 0.12 kg，生姜 1 kg，味精适量。

10.3.1.3　操作要点

（1）选料　传统肉松是由猪瘦肉加工而成。剔除肉中的皮、骨、肥膘以及结缔组织，结缔组织一定要剔除干净，否则加热过程中胶原蛋白水解后，导致成品黏结成团块而不能呈良好的蓬松状。将修整好的原料肉切成 1.0~1.5 kg 的肉块。切块时尽可能避免切断肌纤维，以免成品中短绒过多。用清水冲洗血污。

（2）煮制　将香辛料用纱布包好后和肉一起入夹层锅，按照 1∶1 的比例加水，用蒸汽加热常压煮制，直至以筷子稍用力夹肉块，肌肉纤维能分散时停止。煮沸后撇去油沫。煮肉时间为 2~3 h。肉不能煮得过烂，否则成品绒丝短碎。

（3）炒压（打坯）　肉块煮烂后，改用中火，加入白酱油、黄酒，边炒边压碎肉块。然后加入白糖、味精，减小火力，收干肉汤，并用小火炒压肉丝至肌纤维松散时即可进行炒松。

（4）炒松　炒松分为人工炒和机炒，实际生产中可将两种炒松方式结合使用。当汤汁全部收干后，用小火炒至略干，转入炒松机内继续炒至水分含量低于 20%，颜色由灰棕色变为金黄色，具有特殊香味时即可结束炒松。肉松中的糖较多，容易造成塌底起焦，要注意掌握炒松时的火候。一旦发生塌底起焦现象，应及时起锅，清洗锅巴后方可继续炒松。

（5）搓松　为了使炒好的松更加蓬松，可利用滚筒式搓松机搓松，使肌纤维成绒丝松软状。

（6）拣松　将肉松中焦块、肉块、粉粒等拣出，提高成品质量。搓松后送入包装车间的木架上凉松。肉松凉透后便可拣松。

（7）包装　肉松吸水性很强，不宜散装。短期贮藏可选用复合膜包装，贮藏 3 个月左右；长期贮藏多选用玻璃瓶或马口铁罐，可贮藏 6 个月左右。传统肉松生产工艺中，在肉松包装前需要约 2 d 的凉松。凉松过程不仅增加了二次污染的概率，而且肉松含水量会提高 3%左右。

10.3.1.4 肉松卫生标准

参考 GB/T 31406—2015。肉松的感官指标见表 10-7，理化指标见表 10-8，微生物指标见表 10-9。

表 10-7 肉松的感官指标

项目	指标
色泽	呈浅黄色和金黄色
组织状态	呈絮状，纤维柔软蓬松，无焦头，无肉眼可见杂质
气味	具有该产品特有的香味，无不良气味
滋味	咸甜适中，香味纯正

表 10-8 肉松的理化指标

项目	指标
水分/%	≤20
铅（Pb）/（mg/kg）	≤0.5
无机砷/（mg/kg）	≤0.05
镉（Cd）/（mg/kg）	≤0.1
总汞（以 Hg 计）/（mg/kg）	≤0.05
亚硝酸盐（以 $NaNO_2$ 计）/（mg/kg）	≤30

表 10-9 肉松的微生物指标

项目	指标
菌落总数/（CFU/g）	≤30000
大肠杆菌/（MPN/100g）	≤40
致病菌（沙门菌、金黄色葡萄球菌、志贺菌）	不得检出

10.3.2 福建肉松

福建肉松的加工工艺基本与太仓肉松工艺相同，只是增加油酥工序。经炒好的肉松坯再放到小锅中用小火烘焙，随时翻动，待大部分松坯都成酥脆的粉状时，用筛子把小颗粒筛出，剩下的大颗粒松坯倒入已液化猪油中，不断搅拌，使松坯与猪油均匀结成球形圆粒，即为成品。福建肉松的成品呈均匀的粒状，无纤维状，金黄色，香甜有油，无异味。因成品含油量高而不耐贮藏。

10.3.3 其他肉松配方

温州猪肉松配方：瘦猪肉 100 kg，酱油 4 kg，精盐 1.6 kg，葱 1 kg，姜 1 kg，绍兴酒 2 kg，白糖 5 kg，八角 100 g，茴香 100 g，花椒 100 g，桂皮 200 g。

哈尔滨牛肉松配方：瘦牛肉 100 kg，酱油 18 kg，精盐 2 kg，白糖 6 kg，味精 400 g，绍兴酒 3 kg。

羊肉松配方：瘦羊肉 100 kg，精盐 7~8 kg，醋 3 kg，白糖 5~8 kg，生姜 500 g，胡椒 100~200 g，味精 200~300 g，白酒 1.5~2 kg。

鸡肉松（成都）配方：鸡肉 100 kg，精盐 1 kg，白糖 4 kg，白酒 500 g，姜 500 g，酱油 6 kg，肉豆蔻 200 g，胡椒 500 g，葱 500 g。

10.3.4 肉松加工新工艺

传统工艺加工肉松时存在着以下两个方面的缺陷：一是复煮后收汁工艺费时，且工艺条件不易控制。若复煮汤不足则导致煮烧不透，给搓松带来困难：若复煮汤过多，收汁后煮烧过度，使成品纤维短碎。二是炒松时肉直接与炒松锅接触，容易塌底起焦，影响风味和质量。因此，蒋爱民等人以鸡肉为原料，提出了在肉松生产中改进工艺、参数及加工中的质量控制方法。研究表明，改进工艺只需要添加的调味料和煮烧时间适宜，精煮后无需收汁即可将肉捞出，所剩肉汤可作为老汤供下次精煮时使用。这样不仅能简化工艺，而且又煮烧适宜和入味充分。而且，精煮时加入部分老汤，能丰富产品的风味。另外，传统生产工艺精煮收汁结束后脱水完全靠炒松完成。但是利用远红外线烤箱或其他加热脱水设备进行脱水，则既有利于工艺条件控制，稳定产品质量，又有利于机械化生产。因此，改进工艺在炒松前增加了烘烤脱水工艺。

10.3.4.1 工艺流程

原料鸡处理→初煮、精煮（不收汁）→烘烤→搓松→炒松→成品

10.3.4.2 操作要点

（1）初煮、精煮　初煮的目的是初步熟化肉块以便剔骨，而精煮的目的是进一步熟制以利于搓松，并赋予产品风味。初煮和精煮的时间决定了成品的色泽、入味程度、搓松难易程度和成品形态。研究表明初煮 2 h，精煮 1.5 h，成品色泽金黄，味浓松长，且碎松少。随着煮制时间的延长，成品颜色变深、碎松增加，这主要归因于加

热过程中发生非酶褐变；但是煮制时间过短，成品的风味不足，颜色苍白，且不易搓成松散绒状，常以干棍状肉棒存在。

（2）烘烤　研究结果表明，精煮后的肉松坯在 70 ℃烘烤 90 min 或 80 ℃烘烤 60 min，肉松坯的烘烤脱水率为 50%左右时搓松效果最好。新工艺中精煮后肉松坯的脱水在红外线烘箱中进行操作。如果肉松坯在烘烤脱水前水分含量高，那么几乎无法进行搓松；随着水分含量的降低和黏性的增加，当脱水率为 30%左右、黏性最大时搓松最为困难；随着脱水率的进一步增加以及黏性的进一步减小，容易进行搓松。注意的是脱水率超过一定限度，肉松坯变干，搓松又变得难以进行，甚至在成品中出现干肉棍。

（3）炒松　肉松含水量要求在 20%以下，但是鸡肉经初煮和复煮后脱水率为 25%~30%，烘烤脱水率 50%左右，搓松后含水量为 20%~25%。因此，炒松的目的是进一步脱水，同时改善产品的风味、色泽以及发挥杀菌作用。搓松后肌肉纤维松散，炒松时间仅 3~5 min 即可。

第11章

熏烤肉制品加工

熏烤肉制品是以畜禽肉或其可食副产品为原料，添加相关辅料，经腌、煮等工序进行处理后，再以烟气、热空气、火苗或者热固体等介质进行熏烤、焙烤等工艺生产的肉制品，可分为熏制品和烤制品两种。熏烤肉制品有着悠久的历史，游牧人首先发现肉悬挂在火焰上可以获得诱人的风味。同时发现烟熏后烟熏物质在肉等产品表面沉积附着，可提高产品的贮藏期。由于冷藏技术的发展，冰箱、冰柜进入一般家庭，烟熏防腐已降为次要位置。烟熏由原来的仅仅为了保存逐渐转变为增加风味、改善外观以及提高嗜好性。

11.1 ▸▸ 熏制产品

11.1.1 沟帮子熏鸡

沟帮子是辽宁省的一座集镇，以盛产味道鲜美的熏鸡而闻名北方地区。沟帮子熏鸡已有100多年的历史，深受北方人的喜爱。产品具有色泽枣红发亮、肉质细腻、熏香浓郁、味美爽口、风味独特的特点。

11.1.1.1 工艺流程

原料选择→宰杀、整形→投料打沫→煮制→熏制→涂油→冷却→包装→成品

11.1.1.2 配方

鸡100只，食盐10 kg，白糖2 kg，味精200 g，香油1 kg，胡椒粉50 g，香辣粉50 g，五香粉50 g，丁香150 g，肉桂150 g，豆蔻50 g，沙姜50 g，白芷150 g，陈

皮 150 g，草果 150 g，鲜姜 250 g。以上辅料是在有老汤的情况下的用量，如果没有老汤，则应将以上辅料用量增加 1 倍。

11.1.1.3　操作要点

（1）原料选择　选用一年内的健康活鸡，优先选择公鸡，母鸡因脂肪多，成品油腻，影响质量。

（2）宰杀、整形　颈部放血，烫毛后煺净毛，腹下开膛，取出内脏，清水冲洗干净并沥干水分。用木棍将鸡的大腿骨打折，用剪刀将膛内胸骨两侧的软骨剪断，鸡腿盘入腹腔，头部拉到左翅下。

（3）投料打沫　先将老汤煮沸，盛起适量煮沸的老汤浸泡新添辅料约 1 h，然后将辅料与汤液一起倒入沸腾的老汤锅中，继续煮沸约 5 min，捞出辅料，并将上面浮起的沫子撇净即可。

（4）煮制　把处理好的白条鸡放入锅中，汤水淹没鸡体，大火煮沸后改用小火慢煮。煮到半熟时加入食盐，一般老鸡要煮制 2 h 左右，嫩鸡煮 1 h 即可。煮制过程中要经常翻动鸡身，出锅前要保持微沸的状态，切忌停火捞鸡，这样出锅后鸡躯干清爽质量好。

（5）熏制、涂油　出锅前趁热在鸡体上刷一层香油，放在铁丝网上，下面架有铁锅，铁锅内装有白糖与锯末（白糖与锯末的比例为 3∶1），然后点火干烧锅底，使其发烟，盖上锅盖 15 min 左右，鸡皮呈红黄色即可出锅。熏好的鸡再抹一层香油。

（6）冷却、包装　冷却、包装后即为成品。

11.1.2　培根

培根，其原意是烟熏肋条肉（即方肉）或烟熏咸背脊肉。其风味不仅有适口的咸味外，而且具有浓郁的烟熏香味。培根外皮油润呈金黄色，皮质坚硬，瘦肉呈深棕色，切开后肉色鲜艳。培根有大培根（又称丹麦式培根）、排培根、奶培根三种，制作工艺相近。

11.1.2.1　工艺流程

原料选择→剔骨→整形→配料→腌制→浸泡、清洗→再整形→烟熏→成品

11.1.2.2　配方

原料猪肉 100 kg，食盐 8 kg，硝酸钠 50 g。盐硝的配制：食盐 4 kg，硝酸钠 25 g，将硝酸钠溶于少量水中配制成液体，再加食盐拌匀即为盐硝。盐卤的配制：食盐 4 kg，硝酸钠 25 g，将食盐、硝酸钠放入缸中，加入适量清水，搅拌均匀，盐卤浓

度为 15%。

11.1.2.3　操作要点

（1）原料选择　选择经兽医卫生检疫合格的中等肥度猪，经屠宰后吊挂预冷。

① 选料部位　大培根原料取自猪的白条肉中端，即前始于第 3~4 根肋内，后止于荐椎骨的中间部分，割去奶脯，保留大排，带皮。排培根原料取自猪的大排，有带皮和无皮两种，去除硬骨。奶培根原料取自猪的方肉，即去掉大排的肋条肉，有带皮和无皮两种，去除硬骨。

② 膘厚标准　大培根最厚处以 3.5~4.0 cm 为宜，排培根最厚处以 2.5~3.0 cm 为宜，奶培根最厚处约 2.5 cm。

（2）剔骨　做到骨上不带肉，肉中无碎骨，肋骨脱离肉体。

（3）整形　经整形后，每块长方形原料肉的重量，大培根要求 8~11 kg，排培根要求 2.5~4.5 kg，奶培根要求 2.5~5 kg。

（4）腌制　腌制分为干腌与湿腌两种方法。

① 干腌　将配制好的盐硝敷在坯料上，并轻轻搓擦，坯料表面必须无遗漏地搓擦均匀，待盐粒与肉中水分结合开始溶化时，将坯料上面的盐抖落下来，装缸置于冷库（0~4 ℃）内腌制 20~24 h。

② 湿腌　缸内先倒入少许盐卤，然后将坯料一层一层叠入缸内，每叠 2~3 层，须再加入少许盐，直至装满。最后一层皮向上，用石块或其他重物压于肉上，加盐卤至淹没肉的顶层为止，所加盐卤总量和坯料的重量比约为 1:3。因干腌后的坯料中带有盐料，入缸后盐卤浓度会增加，如浓度超过 16 °Bé，须用水冲淡。在湿腌过程中，须每隔 2~3 天翻缸一次，湿腌期一般为 6~7 天。

（5）浸泡、清洗　将腌好的肉坯用水浸泡约 30 min。夏天选择用冷水，冬季选择用温水。如果腌制后的坯料咸味过重，可适当延长浸泡时间。可以割取瘦肉一小块，用舌尝味，也可以煮熟后尝味评定。

（6）再整形　将不成直线的肉边修割整齐，刮去皮上的残毛和油污。然后在坯料靠近胸骨的一端距离边缘 2 cm 处刺 3 个小孔（排培根刺 2 个小孔），穿上线绳，串挂于木棒或者竹竿上，每棒（竿）4~5 块，块与块之间保持一定距离，沥干水分，6~8 h 后可进行烟熏。

（7）烟熏　选用硬质木先预热烟熏室，待室内平均温度升至所需烟熏温度后，加入木屑，挂进肉坯。烟熏室的温度一般保持在 60~70 ℃，时间约 10 h，待坯料肉皮呈金黄色，表面烟熏完成，自然冷却至室温即为成品。出品率约为 83%。

（8）包装　选用白蜡纸或者薄尼龙袋包装。若不包装，吊挂或平摊，一般可保存1~2 个月，夏天可保存 7 天。

11.1.2.4 质量标准

感官指标见表11-1，理化指标见表11-2。

表11-1 培根的感官指标

项目	指标
色泽	呈金黄色
组织状态	无黏液，无霉点
气味	具有该产品特有的香味，无异味，无酸败味

表11-2 培根的理化指标

项目	指标
过氧化值（以脂肪计）/（g/100 g）	≤0.5%
酸价（以脂肪计）/（mg/g）	≤4.0
苯并芘/（μg/kg）	≤5.0
铅（Pb）/（mg/kg）	≤0.2
无机砷/（mg/kg）	≤0.05
亚硝酸盐（以 $NaNO_2$ 计）/（mg/kg）	≤30

11.2 ▸▸ 烤制产品

11.2.1 北京烤鸭

北京烤鸭是我国著名特产，具有悠久的历史。北京烤鸭的鸭体美观，表皮和皮下结缔组织以及脂肪混为一体，以色泽红艳、肉质细腻、外脆内嫩、味道醇厚、肥而不腻等特点被誉为"天下美味"而驰名中外。按照烤制方法的不同，可以分为焖炉烤鸭和挂炉烤鸭两种。焖炉烤鸭以"便宜坊"为代表，创办于明代永乐年间，距今已有600 多年的历史；挂炉烤鸭以"全聚德"为代表，创办于清代同治年间，在国内外有很多分店。挂炉烤鸭由于炉内炭火闪烁，烤鸭诱人的香味在空气中流淌，人们在品尝美味的同时还具有一定的观赏成分，因此成为北京烤鸭的主流。

11.2.1.1 挂炉烤鸭

1. 工艺流程

选料→宰杀→造型→冲洗烫皮→浇挂糖色→晾坯→灌汤打色→挂炉烤制→成品

2. 操作要点

① 选料　原料必须是经过填肥的北京填鸭，饲养期为 55~65 日龄，活重以 2.5~3.0 kg 最为适宜。

② 宰杀　将鸭倒挂，用刀在鸭脖处切以花生米大小的刀口，切断气管、食管、血管，然后立刻用手捏住鸭嘴，在脖颈拉直将血流净，置于 60~65 ℃ 的热水中煺毛。

③ 造型　剥离颈部食管周围的结缔组织，将食管打结，在刀口处插入气筒给鸭体充气，使皮下脂肪和结缔组织之间充气，充至八九成即可，拔出气嘴。然后从腋下开膛，取出全部食管、气管以及内脏。把一根 8~10 cm 的秸秆或者小木条从刀口插入鸭腔内，竖直立起，上端卡入胸骨与三叉骨，下端放置在脊柱上并向前倾斜，使鸭体腔充实，造型美观。

④ 冲洗烫皮　通过腋下切口用清水反复冲洗胸腔几次，直至洗净即可。拿鸭钩钩住鸭的胸脯上端 4~5 cm 处的脊椎骨，提起鸭坯，用 100 ℃ 的沸水淋烫表皮，使表皮蛋白受热凝固，减少烤制时脂肪流出，并达到烤制时表皮酥脆的目的。烫制时先烫刀口处，使鸭皮紧缩，严防从刀口跑气，然后再烫其他部位。一般 3~4 勺沸水使鸭体烫好。

⑤ 浇挂糖色　将 1 份麦芽糖与 4 份水混合调制成糖水溶液浇淋在鸭坯上，浇遍鸭体表皮，一般三勺即可。目的是使鸭坯在烤制时发生美拉德反应，形成诱人的枣红色，同时使烤制后的成品表皮酥脆，食之不腻。

⑥ 晾坯　上糖色之后的鸭坯放在阴凉、干燥、通风的地方进行风干，使鸭皮干燥。一般在春秋季晾 2~4 h，夏季晾 4~6 h，冬季时适当延长晾的时间。晾坯的目的是使鸭坯在烤制后表皮膨化、酥脆。

⑦ 灌汤打色　将 7~8 cm 的带节高粱秆插入鸭体肛门处，然后由鸭身的刀口处灌入 100 ℃ 的沸水 80~100 mL，使鸭坯在烤制时水分能剧烈汽化，达到"外焦里嫩"的目的。灌好后的鸭体再淋入 3~4 勺糖水，弥补上糖色时的不均匀，此方式称为"打色"。

⑧ 挂炉烤制　炉温一般控制在 230~250 ℃，时间大约为 40 min。烤制的木材通常为苹果木、梨木等，以枣木最佳。将鸭坯放入炉内，先挂在前梁上，先烤刀口处，促进鸭体内汤水汽化，使其快熟。当右侧烤至橘黄色时，转动鸭体，使左侧向火，待两侧呈现相同的颜色时，将鸭用杆挑起，近火燎至底档，反复几次，使腿间和下肢着色，再烤左右两侧鸭脯，使全身呈现橘黄色。把鸭体挂到炉内的后梁，烤鸭体的后背，鸭身上身已基本均匀，然后转动鸭体，反复烘烤，直至鸭体全身呈枣红色，即可出炉。一般 1.5~2 kg 的鸭坯在炉内烤 35~50 min 即可全熟。出炉后，可在鸭体表面趁热刷一层香油，增加表皮光亮程度，并可去除烟灰，增加香味，即为成品。一般鸭坯在烤制过程中失重 1/3 左右。烤制过程中炉内的温度与时间应适当调节。温度过高、时间过长或造成表皮焦煳，皮下脂肪大量流失，形成皮下空洞；温度过低、时间过短

会造成鸭皮收缩、胸部下陷，影响烤鸭的外观和食用品质。为使鸭子烤得熟透均匀，要用烤杆不断翻动鸭坯。

3. 质量标准 感官指标见表 11-3，理化指标见表 11-4，微生物指标见表 11-5。

表 11-3 烤鸭的感官指标

项目	指标
色泽	鸭皮色油亮，呈酱红色
组织状态	肉质细腻，肌肉切面无血水，脂肪滑而脆
气味	具有该产品特有的香味，无异味，无异臭
滋味	烤香浓郁，外脆内嫩，味道醇厚，肥而不腻

表 11-4 烤鸭的理化指标

项目	指标
复合磷酸盐（以 PO_4^{3-} 计）/（g/kg）	≤5.0
总汞/（mg/kg）	≤0.05
苯并芘/（μg/kg）	≤5.0
铅（Pb）/（mg/kg）	≤0.5
无机砷/（mg/kg）	≤0.05
亚硝酸盐（以 $NaNO_2$ 计）/（mg/kg）	≤30

表 11-5 烤鸭的微生物指标

项目	指标
菌落总数/（CFU/g）	≤50000
大肠杆菌/（MPN/100g）	≤90
致病菌（沙门菌、金黄色葡萄球菌、志贺菌）	不得检出

11.2.1.2 焖炉烤鸭

焖炉与挂炉的区别是焖炉带有炉门。焖炉烤鸭的工艺流程与挂炉烤鸭流程相似，先将焖炉预热到 200 ℃作用，然后放入处理好的鸭坯，在 200~230 ℃的条件下烤制 45 min 左右。

11.2.2 叉烧肉

叉烧肉是我国南方的风味肉制品，起源于广东，一般称为广东叉烧肉。叉烧肉呈深红棕色，块状整齐，软硬适中，肉质香甜可口，咸甜适宜。

11.2.2.1 工艺流程

选料→腌制→上铁叉→烤制→上麦芽糖→成品

11.2.2.2 配料标准

以鲜猪肉 50 kg 计，精盐 2 kg，白糖 6.5 kg，酱油 5 kg，50°白酒 2 kg，五香粉 250 g，桂皮粉 350 g，味精、葱、姜、色素、麦芽糖适量。

11.2.2.3 操作要点

（1）选料　选择去皮猪腿瘦肉或肋部肉，剔除皮、骨和脂肪等，切成长约 35 cm、宽约 3 cm、厚约 1.5 cm 的肉条，用温水冲洗干净，沥干水分备用。

（2）腌制　将切好的肉条与全部辅料混合均匀，不断搅拌均匀，使得辅料均匀地渗入肉内，腌制 1~2 h。

（3）上铁叉　将肉条穿上特制的倒丁字铁叉（每条铁叉穿 8~10 条肉），肉条之间须间隔一定的间隙，使制品均匀受热。

（4）烤制　先将烤炉烧热，然后将放有肉条的铁叉置于炉内进行烤制，炉内控制在 250 ℃左右。约 15 min 后打开炉盖翻动肉块，继续烤制 15 min 左右。

（5）上麦芽糖　等肉稍微冷却后，在肉表面刷一层糖胶状的麦芽糖，即为成品。麦芽糖使得产品的表面油光发亮，更加美观，且能适度地增加产品的甜味。

11.2.3　烤鸡

烤鸡外观颜色均匀一致，呈枣红色或者黄红色，有光泽，鸡体完整，肌肉切面紧密，压之无血水，肉质鲜嫩，香味浓郁。

11.2.3.1 工艺流程

选料→屠宰与整形→腌制→上色→烤制→成品

11.2.3.2 配料标准

以肉鸡 100 只计，食盐 9 kg，八角 20 g，茴香 20 g，草果 30 g，砂仁 15 g，豆蔻 15 g，丁香 3 g，肉桂 90 g，良姜 90 g，陈皮 30 g，白芷 30 g，麦芽糖适量。

11.2.3.3 操作要点

（1）选料　选用 8 周龄以内，体态丰满，肌肉发达，活重 1.5~1.8 kg，健康的肉鸡为原料。

（2）屠宰与整形　采用颈部放血的方法，60~65 ℃热水烫毛，煺毛后冲洗干净，腹下开口取出内脏，斩去鸡爪，两翅按自然屈曲向背部反别。

（3）腌制　腌制采用湿腌法。具体操作是将香辛料用纱布包好放入锅中，加入清水与食盐，煮沸 20~30 min，冷却至室温。湿腌料可多次利用，但是使用前需要添加部分辅料。将鸡放入湿腌料中，上面用重物压住，使鸡淹没在液体下面，时间为 3~12 h，气温低时间长些，反之则短。腌好后捞出沥干水分。

（4）上色　用铁钩把鸡体挂起，逐只浸没在烧沸的麦芽糖水[水与糖的比例为（6~8）：1]中，浸烫 30 s 左右，取出挂起晾干水分。还可以在鸡体腔内装填姜片 2~3片，水发蘑菇 2 个，然后入炉烤制。

（5）烤制　多采用远红外线烤箱烤制，炉内温度恒定在 160~180 ℃，烤制时间45 min。最后升温至 220 ℃烤 5~10 min。鸡体表面呈枣红色时出炉即为成品。

11.2.3.4　质量标准

烤鸡的质量标准与烤鸭标准一样。

11.2.4　烧鹅

烧鹅在我国各地均有制作，其中以广东烧鹅最为出名。烧鹅的特点是色泽鲜红，皮脆肉香，味美适口。选择经过肥育的鹅为最好，重量在 2.3~3.0 kg 之间。

11.2.4.1　配料

以 50 kg 鹅计：精盐 2 kg，五香粉 200 g，50 度白酒 50 g，碎葱白 100 g，芝麻酱100 g，生抽 200 g，混合均匀成酱料。麦芽糖溶液适量。麦芽糖溶液是每 100 g 麦芽糖掺 0.5 kg 凉开水。

11.2.4.2　加工工艺

将活鹅宰杀、放血、去毛后，在鹅体尾部开直口，取出内脏，并在第二关节处除去脚和翅膀，清洗干净。然后再在每只鹅坯腹腔内放进酱料 2 汤匙，使其在体腔内均匀分布，用竹针将刀口缝合，以 70 ℃热水烫洗鹅坯，再把麦芽糖溶液涂抹鹅体外表，晾干。把已晾干的鹅坯送入烤炉，先以鹅背向火口，用微火烤 20 min，将鹅身烤干，然后把炉温升高到 200 ℃，转动鹅体，使胸部向火口烤 25 min 左右，就可出炉。在烤熟的鹅坯表层涂抹一层花生油，即为成品。烧鹅出炉后稍冷时食用最佳。烧鹅应现做现吃，保存时间过长，质量会明显下降。

11.2.5　叫花鸡

叫花鸡是江南名吃，历史悠久，是将加工好的鸡用泥土和荷叶包裹起好，用烘烤的方法制作而成。其中江苏常熟叫花鸡最为出名。该产品的特点是色泽金黄，油润细致，鲜香酥烂，形态完整。

11.2.5.1 工艺流程

选料→原料处理→辅料加工→填料→烤制→成品

11.2.5.2 配方

新鲜鸡1只，虾仁25 g，鲜猪肉（肥瘦各半）150 g，熟火腿25 g，猪网油适量，鲜猪皮适量（以能包裹鸡身为宜），酒坛的封口泥5块，大荷叶（干的）4张，细绳6米，透明纸1张，熟猪油50 g，酱油150 g，玉果1~3粒。黄酒、精盐、味精、芝麻油、白糖、姜、丁香、八角、葱段、甜面酱各少许，也可配入干贝、蘑菇等。

11.2.5.3 加工工艺

（1）选料　选用鹿苑鸡、三黄鸡（常熟一带品种鸡），体重1.75 kg左右的新母鸡最为适宜，其他鸡也可以。

（2）原料处理　制作叫花鸡的鸡坯，应从翼下（即翅下）切开净膛（即开月牙子，掏出腔内内脏），剔除气管和食管，用清水洗净并沥干水分，用刀背拍断鸡骨，切忌破皮，然后浸入特制卤汁（卤汁可只用酱油，亦可由八角、黄酒、白糖、味精、葱段等调味料配制而成），浸泡30 min后取出沥干。

（3）辅料加工　将熟猪油用旺火烧热后加入葱段、姜、玉果、八角，随后立即放入肉丁、熟火腿丁、肉片、虾仁等，边炒边加入酒、酱油及其他调料，炒至半熟起锅。

（4）填料　将炒过的辅料，沥去汤汁，从翼下开口处填入胸腹腔内并把鸡头曲至翼下由刀口处塞入，在两腋下各放丁香一颗（粒），用盐10~15 g撒于鸡身，用猪网油或鲜猪皮包裹鸡身，然后将浸泡柔软的荷叶两张裹于其外，外覆透明纸一张，再覆荷叶两张，用细绳将鸡捆成蛋形，不松散。最后把经过特殊处理的坛泥平摊于湿布上，将鸡坯置于其中，折起四角，紧箍鸡坯。酒坛泥的制备方法，将泥碾碎，筛去杂质，用绍兴黄酒的下脚料酒、盐和水搅成湿泥巴。

（5）烤制　将鸡体放入烤鸡箱内，或直接用炭火烤，先用旺火烤40 min左右，把泥基本烤干后改用微火。间隔10~20 min翻一次，翻动4次，一般烤4~5 h。

（6）产品　产品成熟后，去下泥、绳子、荷叶、肉皮等，装盘，浇上芝麻油、甜面酱即可食用。

11.2.6 烤乳猪

烤乳猪是广州最著名的特色菜。早在西周时就已被列为"八珍"之一，那时称为"炮豚"。在南北朝时，贾思勰把烤乳猪作为一项重要的烹饪技术成果记载在《齐民要术》中。清朝康熙年间，烤乳猪是宫廷名菜，成为"满汉全席"中的一道主要菜肴。随着"满汉全席"盛行，烤乳猪曾传遍大江南北。在广州，烤乳猪在餐饮业中久盛不衰，深受消费者青睐。产品具有色泽红润、光滑如镜、皮脆肉嫩、香而不腻的特点。

11.2.6.1　工艺流程

原料整理→上料腌制→烧烤→产品

11.2.6.2　配方

原料为一只重 5~6 kg 乳猪，辅料为香料粉 7.5 g，食盐 7.5 g，白糖 150 g，干酱 50 g，芝麻酱 25 g，南味豆腐乳 50 g，蒜和酒少许，麦芽糖溶液少许。

11.2.6.3　加工工艺

（1）原料整理　选用皮薄、身躯丰满的乳猪。宰后的猪身要经兽医卫生检验合格，用清水冲洗干净。

（2）上料腌制　将猪体洗净，将香料粉炒过，加入食盐抹匀，涂于猪的胸腹腔内，腌制 10 min。在内腔中按配料比例加入白糖、干酱、芝麻酱、南味豆腐乳、蒜、酒等，用长铁叉把猪从后腿穿至嘴角，然后用 70 ℃的热水烫皮，浇上麦芽糖溶液，挂在通风处吹干表皮。

（3）烧烤　烧烤有两种方法，一种是明炉烧法，另一种是挂炉烧法。

① 明炉烧法　用铁制的长方形烤炉，将炉内的炭烧红，把腌好的猪用长铁叉叉住，放在炉上烧烤。先反烤猪的内胸腹部，约烤 20 min 后，再在腹腔安装木条支撑，使猪体成型，顺次烤头、尾、胸部的边缘部分和猪皮。猪的全身特别是鬃头和腰部，须进行针刺和扫油，使其迅速排出水分，保证全猪受热均匀。使用明火烧烤，须有专人将猪频频滚转，并不时针刺和扫油，费工较大，但质量好。

② 挂炉烧法　用一般烧烤鸭鹅的炉，将炭烧至高温，再将乳猪挂入炉内，烧 30 min 左右，在猪皮开始转色时取出针刺，并在猪身泄油时将油扫匀。

第 *12* 章

调理肉制品加工

调理肉制品是一种方便肉制品，有一定的保质期，其包装内容物预先经过了不同程度和方式的调理，食用非常方便，并且具有附加值高、营养均衡、包装精美和小容量化的特点，深受消费者喜爱，现已成为国内城市人群和发达国家的主要消费肉制品品种之一。调理肉制品的种类不断发展演变，从传统火腿到风味火腿，从熏制肉品到炭烧食品，从西式炸鸡块到红烧肉，从比萨饼到回锅肉。调理肉制品逐渐从过去的方便储存、保鲜转向家庭菜肴，引导健康饮食文化潮流。伴随着冷藏链、冰箱、微波炉的普及，调理肉制品不仅满足了消费者的饮食需求，而且大大缩短了消费者的备餐时间。目前市场上常见的调理肉制品油炸类如炸鱼排、炸大虾、炸鸡块等；烧烤类如炭烤腿肉串、烤牛肉串、川香烤鸡翅等；菜肴类如鱼香肉丝、宫保鸡丁、酸菜鱼等；乳化类如鱼肉丸、羊肉丸、鸡肉丸等；汤羹类如滋补鸡汤、羊肉汤、鱼汤等；肉酱类如酱香鸡肉酱、羊肉酱、香菇肉酱等。

12.1 ▸▸ 调理肉制品的发展概况

12.1.1 调理肉制品的概念及特点

随着人们生活水平和肉食消费观念的提高以及冷链的不断完善，调理肉制品的消费量逐步增加，成为当今世界上发展速度最快的食品类别之一。根据《调理肉制品加工技术规范》NY/T 2073—2011，调理肉制品是以畜禽肉为主要原料，经绞制或切碎后添加适量的调味料或蔬菜等辅料后，经滚揉、搅拌、成型等预调制加工过程，或经蒸煮、油炸等预加热工艺加工而成，以包装或散装形式在冷冻（−18 ℃）或冷藏（7 ℃以下）或常温条件下贮存、运输、销售，可直接食用或经简单加工、处理就可食用的肉制品，又称预制肉制品。

调理肉制品不仅是快餐业、饭店和企业及高校食堂的重要原料，而且已经成为大众家庭消费不可缺少的部分。由于市场需求量大，加工企业重视产品加工技术研发，调理肉制品已经形成向规范化、大规模方向发展的趋势。

12.1.2　调理肉制品的分类

调理肉制品按其加工工艺分为预制调理肉制品和预加热调理肉制品。调理肉制品按照贮藏方式不同分为冷藏调理肉制品和冷冻调理肉制品。

12.1.2.1　预制调理肉制品

预制调理肉制品是指用人工或机器预处理好的肉块（肉片、肉条、肉馅等），经过浸泡或滚揉后，不经过熟制即行冷冻的肉制品。该产品食用前必须进行加热熟制，具有食用方便、风味独特、品种多样、加工方法简单的特点，消费者可以根据自己的喜好进行熟制，并且不同的口感和风味受到广大消费者的喜爱，特别适合现代人快节奏的生活方式。

12.1.2.2　预加热调理肉制品

预加热调理肉制品是指调理肉制品在冷冻前，经过加热简单熟制，食用前再经油炸、煎炸或蒸制的一类肉制品。该产品由于经过初步的熟制，食用前加工比较简单方便。

12.1.2.3　冷藏调理肉制品

冷藏调理肉制品是采用新鲜原料，经过一系列的调理加工后真空封装于塑料或者复合材料袋中，经巴氏杀菌、快速冷却，再经低温冷藏的一种新型方便肉制品。由于杀菌温度低，可最大限度地保持肉制品的色香味以及营养成分和原有的组织状态，使产品具有良好的鲜嫩度和口感。由于包装形式采用真空包装，可有效地控制肉制品成分的氧化和好氧微生物的生长繁殖，并且先包装后杀菌可以有效地避免二次污染的发生。同时，杀菌后快速冷却，低温保存和流通，能够较好地保证产品的品质和安全性。

12.1.2.4　冷冻调理肉制品

人工制冷技术的问世促进了冷冻调理肉制品的发展，从而给人们的生活带来了极大的方便，现多为速冻调理肉制品。这类肉制品的主要特点如下：①在肉制品调理加工完毕后进行包装并立即冻结，产品必须在-18 ℃的条件下贮运、销售，风味和品质都能很好保持。②一般不存在加热过度的情况，调理方式更灵活多变。③在生产过程中易被微生物污染，包装后不再灭菌，存在着卫生安全方面的隐患。④必须构建配套完善的冷链流通系统，才能保证产品品质和经济效益。

12.2 ▶▶ 调理肉制品加工实例

12.2.1　牛排

牛排（又称"牛扒"）是块状的牛肉，是西餐中最常见的食物之一。清末小说中已出现牛排、猪排等西菜菜品，可能是因形似上海大排（猪丁排），故名"排"。广东又称作牛扒。牛排的烹饪方法以煎和烧烤为主。

12.2.1.1　牛排的分类

（1）按照来源分类　牛排的种类有许多，常见的有菲力牛排、肉眼牛排、西冷牛排、T骨牛排以及一种特殊顶级牛排（干式熟成牛排）。

① 菲力牛排　又称嫩牛柳、牛里脊，是牛脊上最嫩的肉，瘦肉较多，蛋白含量高。几乎没有肥膘。由于肉质嫩，煎成三成熟、五成熟或者七成熟皆宜。

② 肉眼牛肉　肉眼牛排一般是指取自牛身中间的无骨部分，"眼"是指肌肉的圆形横切面，这个部分的肌肉不经常活动，因此肉质十分柔软、多汁，并且均匀地布满雪花纹脂肪。由于含有一定的肥膘，这种肉煎烤味道比较香。肉眼牛排不要煎得过熟，三分熟最好。

③ 西冷牛肉　西冷牛排又称沙朗牛排，是牛外脊上的肉，含有一定的肥油，在肉的外延带一圈呈白色的肉筋，总体口感韧度强，肉质硬，有嚼劲，适合年轻人和牙口好的人。制作时连筋带肉一起切，不要煎得过熟。

④ T骨牛排　又称丁骨，呈"T"字形或"丁"字形，是牛脊上的脊骨肉。T形两侧一边量多一边量少，量多的是西冷，量少的是菲力。既可以尝到菲力牛排的鲜嫩，又可以感受西冷牛排的芳香。

⑤ 干式熟成牛排　干式熟成（dry aged，简称 DA）是为了满足世界各地食客对于牛肉口感品质的要求才研制出的一种方法，是一种保持牛肉品质与口感最佳的保存方法，起源于美国。简单点说是将新鲜牛肉从牛身体上切割下来，立即进行分割去除杂物，甚至在牛肉还有余温的时候放入无尘室，温度必须保持在 $-1\sim0$ ℃，湿度保持在 75%~80%。

（2）按照成熟度分类

① 近生牛排　正反面在高温板上各加热 30~60 s，以锁住牛排内的水分，使外部肉质和内部生肉产生口感差，外层便于挂汁，内层保留原来风味且视觉效果不会

像吃生肉那么难以接受。

② 一分熟牛排　牛排内部为血红色，且内部各处保持一定的温度，同时有生熟部分。

③ 三分熟牛排　大部分肉接受热量渗透到中心，但还未发生大变化，切开后上下两侧的熟肉呈棕色，向中心处转为粉色，再向中心转为鲜肉色，伴随着刀切有血渗出。

④ 五分熟牛排　牛排内部为区域粉红，夹杂着熟肉的浅灰和棕褐色，整个牛排温度口感均衡。

⑤ 七分熟牛排　牛排内部大部分为浅灰或棕褐色，夹杂着少量粉红色，质构偏厚重，有咀嚼感。

⑥ 全熟牛排　牛排通体为熟肉褐色，肉体整天已经烹熟，口感厚重。

12.2.1.2　牛排的加工

（1）工艺流程

原辅料验收→切片→解冻→滚揉→腌制→摆盘→速冻→真空包装→金属探测→装盒、装箱→入库

（2）操作方法

① 原辅料验收　原辅料质量达到原辅料采购及验收标准要求。

② 切片　冻品原料出库后无须解冻，拆去包装后，用切割锯锯成片，按要求确定切片厚度、重量。

③ 解冻　解冻环境控制在 12~15 ℃，解冻时间 2~6 h，解冻后原料中心温度控制在 0~6 ℃。

④ 滚揉　首先配制辅料，将液体辅料和粉状辅料分别预先混合后依次加入冰水中配制成腌制液。原料入滚揉机按比例加入配制好腌制液，进行真空滚揉，按要求设定滚揉速度、时间、真空度，滚揉间温度 0~5 ℃，原料肉出机温度≤8 ℃。

⑤ 腌制　腌制时间 0~5 ℃，静腌 10 h。

⑥ 摆盘　摆入铺有薄膜的冻盘中。

⑦ 速冻　放入-35 ℃的速冻库中，至产品中心温度-18 ℃以下。

⑧ 真空包装　按照 1 片/袋的标准进行装袋，然后真空包装。

⑨ 装盒、装箱　按照要求进行二次包装，装盒前将生产日期等信息喷在专用盒子正面，1 袋/盒，并配置酱包和油包，再将包装装入盒中，在箱子侧面勾上相应的产品。打印生产日期。

⑩ 入库　置于-18 ℃以下的冷库中贮存。入库后产品要标识明确，符合库房管理规定。

12.2.2 冷冻鸡排

冷冻鸡排属于重组肉制品,其改变了鸡肉原有的自然结构,使鸡肉组织、脂肪组织和结缔组织得以合理化分布和转化,借助于机械和添加辅料以提取肌肉纤维中的基质蛋白质和利用添加剂的黏合作用,使肉颗粒和肉块重新组合,经过冷冻后可以直接出售或经预热后保留和完善其组织状态。

12.2.2.1　工艺流程

原料的选择→解冻→真空滚揉→腌渍→上浆→裹屑→油炸→速冻→包装→入库

12.2.2.2　配料标准

以鸡胸肉 80 kg 计,冰水 20 kg,食盐 1.5 kg,白砂糖 0.6 kg,复合磷酸盐 0.2 kg,味精 0.3 kg,核苷酸二钠(I+G) 0.03 kg,白胡椒粉 0.16 kg,蒜粉 0.05 kg,其他香辛料 0.8 kg,天博 6309 鸡肉香精 0.1 kg,21067 鸡肉香精 0.01 kg。

12.2.2.3　操作要点

(1)原料的选择、解冻　鸡胸肉需要经兽医卫生检验合格,要求每块 30~36 g,脂肪含量低于 10%。将鸡胸肉拆去外包装纸箱和内包装塑料袋,放入解冻室内自然解冻至肉中心温度为 2 ℃即可。

(2)真空滚揉　将鸡胸肉、香辛料和冰水放在滚揉机里,盖好盖子,抽真空,正转反转各 20 min。

(3)腌制　在 0~4 ℃的冷藏间静置 12 h,以利于肌肉对盐水的充分吸收入味。

(4)上浆　将腌制好的鸡胸肉放在打浆机的传送带上,给肌肉均匀打浆,浆液采用专门的浆液,粉与水的比例为 1∶1.6。打浆 3 min,浆液黏度均匀即可。

(5)裹屑　在不锈钢盘中,放入适量的市售专用裹粉,将沥干部分腌渍液的肉块放入裹粉中,轻轻按压,裹屑均匀,成较薄的柳叶状,最后放入塑料网筐,轻轻抖动,抖去表面的附屑。

(6)油炸　将油炸机预热到 185 ℃,将裹好的鸡肉块依次放入起酥油或棕榈油中,油炸 25~30 s。也可以不用油炸,根据加工的条件来调整工艺。

(7)速冻　将鸡排平铺在不锈钢盘上,不要积压和重叠,放进速冻机中速冻。速冻机温度-35 ℃,时间 30 min。要求速冻后的中心温度-8 ℃以下。

(8)包装入库　将速冻后的鸡排放入塑料包装袋中,利用封口机密封,打印生产的日期,包装后送入-18 ℃冷库保存。产品从包装至入库时间不得超过 30 min。

12.2.3　肉丸

肉丸是指以切碎的肉类为主要原料而做出的球形食品，通常由薄皮包裹肉质馅料通过蒸煮烹制而成，可以更好地锁住肉质营养和美味，使得肉质更加鲜嫩可口。

12.2.3.1　速冻鸡肉丸

我国肉鸡资源丰富，以鸡肉为主要原料生产鸡肉丸子，不仅可以促进鸡肉深加工的开发以及精加工产品，而且可以增加鸡肉的附加值。

（1）工艺流程

原料肉的选择→原辅料处理→计量→混合→成型→油炸→水煮→预冷→冻结→检验→包装→冷藏

（2）配料标准　以鸡肉 60 kg 计，猪肉 40 kg，洋葱 28 kg，大豆蛋白 2 kg，鸡蛋 3 kg，淀粉 6 kg，食盐 1 kg，大蒜 1 kg，生姜 0.5 kg，磷酸盐 0.15 kg，味精 0.1 kg，白胡椒粉 0.15 kg，水适量。

（3）操作要点

① 原料肉的选择　选择来自非疫区的经兽医卫检合格的新鲜（冻）去骨鸡肉和适量的瘦猪肉作为原料肉。添加猪肉的原因是鸡肉的含脂率太低，需要添加适量含脂率较高的猪肉来提高产品的口感和嫩度。解冻后的鸡肉和猪肉需进一步修净皮、软骨以及碎骨等。

② 原辅料处理　选择新鲜的大蒜清洗干净，切成米粒大小；大豆蛋白加水搅拌均匀，鸡蛋打在清洁容器里；解冻后的鸡肉、猪肉切成条块状，低温下绞成肉末。处理后的材料随即加工使用，不可长时间放置。

③ 混合与成型　称取原料肉的肉末放入搅拌机里，添加食盐和适量的水，充分搅拌均匀，然后添加磷酸盐、鸡蛋、大豆蛋白和洋葱等辅料继续搅拌混合，最后添加淀粉并搅拌均匀。整个过程中要控制温度在 4 ℃以下。成型用手工或用肉丸成型机，调节好肉丸成型机的速度，使肉丸饱满。

④ 油炸与水煮　成型出来的肉丸随即放入沸腾的油锅里油炸，外壳形成一层漂亮的浅棕色或者黄褐色后立刻捞出，冷却后放入沸水锅中煮沸。

为了保证煮熟和达到杀菌效果，产品的中心温度要达到 70 ℃，维持 1 min 以上。水煮时间不宜太长，否则产品出油而影响风味和口感。

⑤ 预冷与冻结　煮熟后的肉丸放入预冷室预冷，预冷温度 0~4 ℃，空气需要用清洁的空气机强制冷却。预冷结束后进入速冻库冻结，库温 −23 ℃或者更低，将产品的中心温度迅速降到 −15 ℃以下。

⑥ 检验与包装　产品重量、形状、色泽以及味道等必须检验合格。采用薄膜小袋包装，再按照要求装若干小袋为一箱。

⑦ 冷藏　合格产品置于–18 ℃以下的冷库冷藏，贮藏期为 10 个月。

12.2.3.2　牛肉丸

牛肉丸是一种比较高档的速冻食品，主产于福建、广东、香港、浙江、上海等南方地区，用于火锅、汤类等；北方主要以火锅涮食用为主。

（1）工艺流程

原料处理→绞肉→调味→冷藏→成型→浸水→煮制→浸凉、沥水→预冷→冻结→检验→包装→冷藏

（2）配料标准　鲜精牛肉 5 kg，干淀粉 750 g，精盐 120 g，味精 50 g，白糖 200 g，食粉 10 g，胡椒粉 25 g，陈皮末 7 g。

（3）工艺要点

① 原料处理、绞肉　选择精牛肉，洗净，剔除筋膜，用绞肉机绞三次。

② 调味、冷藏　将精盐、食粉、味精、白糖以及胡椒粉与肉混合，搅打至起胶。干淀粉用水调匀，然后分多次加入牛肉盆中搅匀，继续搅打至起胶，用手触摸有弹性时停止，用盖子盖好后放入冰箱中冷藏一夜。

③ 成型、浸水　将冷藏好的牛肉取出来，加入陈皮末搅拌均匀，然后挤成 15 g 左右的肉丸，放入清水中浸泡 15 min。

④ 煮制　炒锅上火并加入清水，放入浸好的牛肉丸，小火煮至成熟捞出，放入清水中浸凉后，捞出沥干水分。

⑤ 预冷和冻结　煮熟后的肉丸进入预冷室预冷，预冷温度 0~4 ℃。然后立即进入速冻库冷冻，牛肉丸的中心温度达到–15 ℃以下。

⑥ 检验和包装　经检验合格后，用薄膜小袋包装，再按要求装若干小袋为一箱。

⑦ 冷藏　合格的产品放入–18 ℃以下的冷库中冷藏。

12.2.3.3　鱼丸

鱼丸又称"鱼包肉""水丸"，古时称"氽鱼丸"。其是用鳗鱼、鲨鱼或者淡水鱼剁蓉，加甘薯粉（淀粉）搅拌均匀，再包以猪瘦肉或虾等馅制成的丸状食物，因为它味道鲜美，多吃不腻，可作点心配料，又可作汤，是沿海人们不可少的海味佳肴。鱼丸其色如瓷，富有弹性，脆而不腻，为宴席常见菜品。

（1）工艺流程

原料鱼整理→洗涤→采肉→漂洗→脱水→精滤→擂溃→成丸→加热→冷却→包装→冷藏

（2）配方

① 水发鱼丸配方　鱼肉 20 kg，淀粉 4 kg，白砂糖 0.2 kg，黄酒 2 kg，食盐 0.5 kg，味精 0.1 kg，复合磷酸盐 0.1 kg，清水适量。

② 油炸鱼丸配方　鱼肉 50 kg，淀粉 5 kg，味精 0.5 kg，白砂糖 0.8 kg，食盐 1.5 kg，姜末 1 kg，葱末 1.2 kg，黄酒 0.7 kg，复合磷酸盐 0.2 kg，清水适量。

（3）工艺要点

① 原料处理　根据鱼丸生产的不同要求，前处理工序上也有所区别，质量要求较高的水发鱼丸，原料鱼只能机械采肉 1~2 次，且必须漂洗、脱水。质量要求略低的油炸鱼丸，可采用多次重复的鱼肉作原料，并可以省略漂洗、脱水工艺操作。

② 擂溃　擂溃可以促进鱼肉蛋白质充分溶出并形成空间网状结构，水分固于其中，使得制品具有一定的弹性，是鱼丸生产中的关键步骤，能够直接影响鱼丸质量。操作中应注重以下几点：一是温度，擂溃是研磨破坏组织的过程，会使鱼糜温度升高，需添加冰水或碎冰降低温度，也可选用带冰水冷却夹套的擂溃机（又称双锅擂溃机型）进行擂溃，控制擂溃投料量，把握擂溃时间。二是空气，擂溃时空气混入过多，加热时膨胀会影响制品外观和弹性，理想的方法是采用真空擂溃。三是添加配料次序，首先分数次加入食盐、复合磷酸盐、白砂糖等品质改良剂，擂溃半小时左右，具体视投料品种、数量而定。再加入淀粉和其他调味料擂溃至所需黏稠度。擂溃必须充分又不过度，可取一小匙鱼糜投入冷清水中，鱼糜浮出水面即可停止擂溃，大生产中尽量选择高速擂溃机，以提高劳动生产率，节省擂溃时间。

③ 成丸　现代大规模生产时均采用鱼丸成型机连续生产，生产数量较少时也可用手工成型，随即投入冷水中，使其收缩定型。擂溃后的鱼糜放置一段时间会转变为凝胶，成型发生困难，所以最好及时成型。擂溃后的鱼糜也可在低温下保存备用，但成型时应加热回温，以免温度过低导致加热后成品出现外熟内生现象。

④ 加热　鱼丸加热有两种方式：水煮和油炸。水发鱼丸用水煮熟化，油炸鱼丸用油炸熟化。水煮鱼丸最好采用分段加热法，先加热到 40 ℃保持 20 min，再升温到 75 ℃至完全熟化。或使用夹层锅加热，10 min 内将鱼丸中心温度升至 75 ℃，保持一段时间，经常翻动，以防鱼丸互相粘连或粘锅，待鱼丸全部漂起时捞出，沥去水分。

油炸鱼丸保藏性好，可消除腥臭味并产生金黄色泽。一般使用精炼植物油，产量较大的连续生产，应设有低油温锅，使鱼丸定形，待鱼丸表面受热凝固后，再转入高油温锅中油炸。油炸开始时油温保持在 180~200 ℃之间，否则鱼丸投入后油温下降，产品易老化，失去鲜香味。油炸 1~2 min，待鱼丸炸至表面坚实，浮起呈浅黄色时捞起，沥油片刻。用自动油炸锅则经二次油炸，第一次油温 120~150 ℃，鱼丸中心温度至 60 ℃左右，第二次油温 160~180 ℃，鱼丸中心温度 75~80 ℃。为节省用油，可将鱼丸先在水中煮熟，沥干水分后再油炸，这种产品弹性较好，油炸时间短，出品率高，且可减少或避免成型后直接油炸所出现的表面皱褶，但此法制作的产品的口味较差。

⑤ 冷却　熟化后的鱼丸用水冷或风冷的方法快速冷却。

⑥ 包装　剔除不成型、焦枯、油炸不透等不合格品，凉透后按规定用塑料袋分装或采用罐头包装。

⑦ 冷藏　塑料包装的鱼丸在 5 ℃以下可保存 3~5 天，冻藏品和罐藏品可保存数月。

12.2.4　羊肉串

随着人们对健康的重视和对环保意识的加强，街头吃烧烤的少了，而包装精美的羊肉串产品进入千家万户，待在家里就可以吃上羊肉串。

12.2.4.1　工艺流程

羊腿肉（冻品）→解冻→切丁→真空滚揉→腌制→穿串→速冻→包装→入库

12.2.4.2　配料标准

羊腿肉 70 kg，冰水 20 kg，羊油丁 5 kg，食盐 1.3 kg，白砂糖 0.6 kg，复合磷酸盐 0.25 kg，味精 0.3 kg，I+G 0.03 kg，白胡椒粉 0.16 kg，孜然粉 1 kg，孜然精油 0.2 kg，羊肉香精 S5001，花椒精油 0.2 kg，辣椒粉 0.5 kg。

12.2.4.3　操作要点

（1）解冻　经兽医检验合格的羊腿肉，拆去外包装纸箱及内包装塑料袋，放在解冻室自然解冻，直至肉的中心温度−2 ℃。

（2）切丁　将羊肉切成 3 g 左右大小的肉丁。

（3）真空滚揉与腌制　将肉丁、香辛料和冰水放在滚揉机中，真空滚揉，正转 20 min，反转 20 min，然后在 0~4 ℃的冷藏间静置 12 h，目的是利于肌肉对盐水的充分吸收入味。

（4）穿串　将羊肉丁用竹签依次串联起来，要求规格 30 g，保持形状整齐美观。

（5）速冻　将羊肉串平铺在不锈钢盘中，不要挤压和重叠，进入速冻机速冻。速冻机温度−35 ℃，时间 30 min，肉丁的中心温度达到−8 ℃以下后包装入库。

（6）包装　速冻后的羊肉串放入塑料包装袋中，利用封口机密封，打印生产的日期，包装后送入−18 ℃冷库保存。

12.2.5　川香鸡柳

川香鸡柳是一种采用新鲜鸡胸肉为原料，经过滚揉、腌制、上浆、裹屑、速冻以及包装的一种鸡肉调理肉制品。根据消费者需求，口味分为香辣、原味、孜然和咖喱等，其中多以香辣为主。食用时采用 170 ℃的油温油炸 3~5 min 即可。该产品食用方便，外表鲜艳金黄色，口感鲜香筋道，深受消费者喜爱。

12.2.5.1　工艺流程

鸡胸肉（冻品）→解冻→切条→真空滚揉→腌制→上浆→裹屑→油炸→速冻→包装→入库

12.2.5.2　配料标准

鸡胸肉 100 kg，冰水 20 kg，食盐 1.5 kg，白砂糖 0.6 kg，复合磷酸盐 0.2 kg，味精 0.3 kg，I+G 0.03 kg，白胡椒粉 0.16 kg，蒜粉 0.05 kg，其他香辛料 0.8 kg，鸡肉香精 0.2 kg。其他风味可在此配方基础上进行调整，如香辣风味加辣椒粉 0.5 kg，孜然味加孜然粉 0.8 kg，咖喱味加咖喱粉 0.5 kg。

12.2.5.3　操作要点

（1）解冻　选择经兽医检验合格的鸡胸肉，脂肪含量 10% 以下，拆去外包装纸箱及内包装塑料袋，放在解冻室不锈钢案板上自然解冻至肉中心温度−2 ℃即可。

（2）切条　将鸡胸肉沿肌纤维方向切割成条状，每条重量为 7~9 g。

（3）真空滚揉与腌制　将鸡胸肉、香辛料和冰水放入滚揉机，抽真空，正转 20 min，反转 20 min，共 40 min。在 0~4 ℃的冷藏间静止放置 12 h，以利于肌肉对盐水的充分吸收入味。

（4）上浆　将切好的鸡肉块放在上浆机的传送带上，给鸡肉块均匀的上浆。浆液配比为粉∶水=1∶1.6。打浆 3 min，直至浆液黏度均匀。

（5）裹屑　在不锈钢盘中，放入适量的市售专用裹粉，将沥干部分腌渍液的胸肉条放入裹粉中，用手对上浆后的鸡肉条均匀地上屑，轻轻按压，裹屑均匀，最后放入塑料网筐中，轻轻抖动，抖去表面的附屑。或者采用专用上屑机进行裹屑操作。

（6）油炸　将油炸机预热到 185 ℃，将裹好的鸡肉块依次放入起酥油或棕榈油中，油炸 25~30 s。也可以不用油炸，根据加工的条件来调整工艺。

（7）速冻　将无骨鸡柳平铺在不锈钢盘上，不要积压和重叠，放进速冻机中速冻。速冻机温度−35 ℃，时间 30 min。要求速冻后的中心温度−8 ℃以下。

（8）包装、入库　将速冻后的无骨鸡柳放入塑料包装袋中，利用封口机密封，打印生产的日期，包装后送入−18 ℃冷库保存，产品从包装至入库时间不得超过 30 min。

12.2.6　骨肉相连

骨肉相连是一道以鸡腿肉为主要原料的菜品，它是将新鲜的鸡腿肉加上鸡胸部的脆嫩软骨用特别的香辣调料腌制，滚揉后串上竹签，每一串上有多块软骨、多块鸡肉，经过烘烤箱经过特殊工艺烤制而成。

12.2.6.1　工艺流程

原料整理→清洗→切块→调味→腌制→成串→装袋→冻藏→成品

12.2.6.2　配料标准

鸡肉 1 kg，HP 酱 45 mL，番茄酱 30 mL，小茴香粉 3 g，白胡椒粉 10 g，姜粉 5 g，辣椒粉 10 g，盐 5 g，白砂糖 15 g。

12.2.6.3　操作要点

（1）原料　整理原料为鸡腿肉和鸡脆骨，脆骨要清洗后去掉带血的黑头部分。

（2）清洗　将处理后的鸡肉和鸡软骨用清水清洗 2~3 遍，沥干水分。

（3）切块　将鸡肉和鸡软骨切成 3 cm 左右的小块。

（4）调味　取容器放入所有调料并混合均匀。然后将其与鸡肉进行充分混合、调味。实际操作中可根据原料多少酌情增减。

（5）腌制　把切好的鸡肉与鸡软骨放入调料中充分腌制约 3 h，腌制期间要每小时翻动一次，以利于调料均匀附着在鸡肉与软骨表面。

（6）成串　将腌制好的鸡肉与软骨取出，然后将鸡肉与软骨按 7∶3 的比例穿到长度为 25~30 cm 的竹签上。

（7）装袋　将竹签装入尺寸适合的复合蒸煮袋中，排干袋中空气，用封口机进行密封。

（8）冻藏　将生产好的产品置于 −18 ℃ 的条件下冷冻保存。

第 *13* 章

功能性肉制品加工

随着人们对饮食与健康关系的不断深入了解，食物成分的营养性和功能性越来越受到消费者的关注，购买健康、有营养的食品如功能性食品成为人们的主流消费趋向。功能性肉制品指具有一定积极作用的成分，通过适当载体添加到传统肉制品中，采用纯天然食品品质保持剂（防腐剂），经食用能达到一定保健目的的肉制品。

清洁标签是在产品标签中尽可能少出现 E 编码（一种区分各种食品添加剂的编码系统），保持标签配料栏中食品的天然的属性。在国内外，尽量少用 E 编码添加剂的清洁标签产品是一种健康的标志，消费者在购买食品时，选择配料表中食品添加剂含量少的产品已经成为一种消费趋势。

作为近些年的研究热点，低盐、低磷、低脂和低硝肉制品具有广阔的市场前景，其符合绿色、环保、营养和较少添加剂的食品理念，与"清洁标签"的理念达成一致。

13.1 ▶▶ 低盐肉制品

食盐拥有"百味之王"的美称，是日常生活中不可或缺的调味品，也是维持人体正常新陈代谢的重要物质之一。肉制品中含有丰富的蛋白质和氨基酸，其营养价值高，并且留香持久、口感醇厚。研究表明脂肪氧化降解及蛋白质降解过程中产生的小分子物质对肉制品风味的贡献较大。食盐对肉制品的风味有很大影响，调节盐含量可以达到调节脂质氧化、蛋白质降解及肉制品风味形成的目的。

人们从肉制品中摄入的食盐约占总摄入食盐的 25%，肉制品已成为食盐的第二大摄入来源，食盐摄入过多不利于人体健康，会引起高血压和心脑血管等疾病。因此，开发具备良好风味的低盐肉制品显得尤为重要，减少肉制品中食盐添加量已成为肉品行业亟待解决的热点问题。

13.1.1　盐在肉制品加工中的作用及低盐的重要性

盐在肉制品的加工过程中，承担着调味和性质改良的重要作用。食盐是肉制品中常用的腌制剂，加入食盐可使肉的持水能力得到增强，从而提高产品的质地。盐还可以提升加工类肉制品的风味，增加肉制品的可塑性和口感，刺激人体的味觉神经，从而促进人的食欲。此外，盐也能够降低产品的水分活度，抑制病原微生物的生长，在发酵肉制品成熟过程中通过控制微生物繁殖生长来影响肉制品的风味。

而食盐中的主要成分 $NaCl$ 在人体中可电离成 Na^+ 和 Cl^-，而 Na^+ 和 Cl^- 是人体所必需的基本元素离子，是人体新陈代谢不可或缺的重要物质，对维持血液的渗透压和酸碱平衡、神经肌肉的兴奋性以及其他正常的生理功能有着极其重要的作用。

（1）细胞外液渗透压主要通过 Na^+ 和 Cl^- 来调节，Na^+ 占胞外的阳离子总量的90%以上，Cl^- 占胞外的阴离子总量的70%左右。所以，$NaCl$ 对人体渗透压的稳定有至关重要的作用，并且还对人体内水的流向有重要影响。

（2）由 Na^+ 和 HCO_3^- 形成的 $NaHCO_3$，在血液中起到缓冲的作用。Cl^- 和 HCO_3^- 在人体血浆和血红细胞之间存在着一种平衡。这种平衡机制使血红细胞中渗出 HCO_3^- 时，Cl^- 可以进入血红细胞中以维持电性的平衡，反之亦同。

（3）人体胃液是一种强酸类物质，其 pH 为 0.9~1.5，它的主要成分有胃蛋白酶、盐酸和黏液。胃液中的主要酸性物质盐酸是由胃底腺中的壁细胞分泌，细胞壁的主要作用是将 HCO_3^- 输入血液，将 H^+ 释放至胃液，为使电性保持平衡，血液中的 Cl^- 会进入胃液，从而生成盐酸。总的来说，Na^+ 能调节人体血液流量的大小，保持血压稳定，参与神经脉冲信号的传递，是肌肉收缩必不可少的物质，而 Cl^- 可调节人体细胞与周围水分的渗透压，促进人体消化吸收，其与 Na^+ 共同保持血液的酸碱平衡。

随着食盐摄入量的增加，人体血液渗透压会随之升高从而加速人体血液循环，并导致口干舌燥、饮水量增加，进一步导致血容量增大而加重了心脏负担。长期的高钠饮食会对身体健康造成不利影响，尤其是提高心血管疾病的患病率。对于心血管等疾病和心肾功能不全的患者，高钠饮食会导致病情加重，情况严重时会出现腹水、全身浮肿、心力衰竭及肾炎等病症。再者，高钠饮食也有可能造成钙量流失以及骨质疏松。人体内多余的 Na^+ 需要通过尿液排出以维持体内离子平衡，而 Na^+ 排出体外会伴随着相应 Ca^{2+} 的流失，加之由于 Na^+ 的增加导致甲状旁腺素分泌增多，激活了腺苷酸环化酶，加速骨骼钙质溶解，诱发人体产生骨质疏松。此外，一些胃溃疡甚至萎缩性胃炎患者的病因也可能是由于高钠饮食引起的胃黏膜受损。人体皮肤也会因过量摄入食盐而加速衰老产生皱纹。因此，高盐饮食已经成为破坏人类健康重要原因之一，低盐肉制品的重要性愈发凸显。

13.1.2 肉制品中降低盐含量手段

开发低钠盐肉制品的技术主要有以下几个方面：①直接降低肉制品中食盐的添加量；②采用食盐的替代物按比例添加到食盐中制成低钠盐，这些替代物主要有钾盐，如氯化钾（KCl）和乳酸钾；氯盐，如氯化钙和氯化镁及其他盐类（如乳酸钙）等；③采用风味提升物质和咸味肽部分替代食盐，在保证肉制品的咸味和特殊风味前提下降低食盐的含量；④改变食盐的物理形态，增强咸味，从而降低使用量；⑤高新技术协同改善低盐肉制品的品质，比如超声波和超高压技术。

13.1.2.1 降低食盐的添加量

起初，英国食品安全局和世界食盐健康行动等组织积极倡导逐步降低消费者食盐摄入量，既保证食物口感，又逐步降低消费者食盐的摄入量，渐渐使消费者改变原有的食盐摄入习惯或者适应低水平的咸度，从而保证消费者的身体健康。在肉制品工业化生产中，通过直接降低食盐的添加量来生产低盐肉制品无疑是最简单便捷的方法。但是直接减盐会造成一系列肉制品品质受损问题，例如肉制品中水分含量及分布的变化、肉制品贮藏期缩短、特征风味的损失和质构品质下降等。

早在 20 世纪末，就有研究发现随着熟制香肠中食盐添加量的降低，香肠的传统风味也会随之产生不良的变化。在之后的研究中，发现直接降低干腌肉制品中食盐添加量会导致干腌肉制品质构品质发生改变，肉制品硬度升高。此外，采用低场核磁研究直接降低食盐添加量的肉制品中水分分布情况时发现，低盐肉制品中水分分布情况明显受食盐添加量影响，且食盐在一定程度上会导致肌肉组织内部结构发生显著变化，食盐浓度为2%时香肠持水力显著提升。在肉制品质构变化的方面，发现猪肉糜的蒸煮得率和硬度、弹性、内聚性均随食盐添加量的增加显著升高。鸡肉的剪切力值与食盐添加量呈正相关，且食盐添加量在一定范围内可增加蛋白结合能力，提高鸡肉的质构特性。此外，也有研究显示肉制品的颜色和储藏期也会受到食盐添加量的变化的影响。

因此，为了解决减盐带来的肉制品品质损失，提出了更多的既能降低食盐含量又能保证肉制品品质的方法技术。

13.1.2.2 钠盐替代物

因为 KCl 和 CaCl$_2$ 等氯盐的化学性质与食盐十分相似且具有咸味，因此常用部分氯盐来代替肉制品中的食盐含量从而达到减盐的目的。肉制品中最常使用的食盐的替代物是 KCl 和 CaCl$_2$，但是目前的许多研究都表明大量添加这类氯盐来替代食盐会使肉制品产生令人厌恶的苦涩味，并且对肉制品的质构特性具有不良影响。此外，镁盐、铵盐、乳酸钾、乳酸钙等非钠盐及咸味肽等可以成为食盐的替代物。

（1）一种或多种食盐的替代物复配的方法　目前，采用不同比例的一种或多种食盐的替代物已有研究。在国外，20世纪80年代就有学者研究了采用KCl和MgCl₂降低肉糜中食盐的添加量对其储藏期品质变化的影响，发现等离子强度下两种盐完全替代食盐会对肉糜造成不良影响，KCl和MgCl₂都会加速肉糜的腐败。随着研究的不断深入，发现采用部分替代而非完全替代的方法降低肉制品中食盐的添加量更有利于肉制品的品质质量。如采用30%~40%KCl单独替代食盐，发酵香肠的产品风味和其他感官指标与非替代组相比没有显著差别。采用50%CaCl₂替代发酵香肠中的食盐，发现香肠的贮藏过程中硬度和总游离氨基酸的释放增加，肌浆蛋白的降解减少。同单独添加食盐的香肠比较，黏弹特性和稳定性基本一致。

采用复配盐来替代食盐从而降低肉制品中食盐的含量也有广泛的研究。例如，研究低盐法兰克福香肠，发现用12.5%的KCl和12.5%的CaCl₂与食盐复配来降低食盐添加量的方法与单独添加食盐组的各项理化指标及感官评价无显著差异。研究低钠复配盐对干腌咸肉品质的影响时，发现采用55%食盐、30%KCl、15%乳酸钾腌制72 h时，肉干的硬度显著下降，质构特性明显改善，此时与传统工艺相比食盐添加量降低了45%。但是，采用复配盐的方法也会带来负面的效果。研究表明，当KCl的替代比例高于40%，发酵肠的风味和口感都会降低。不同比例的KCl、MgCl₂、CaCl₂部分替代西班牙干腌火腿中食盐，发现二价钙盐和镁盐会导致火腿产生不良风味，降低其口感。采用KCl、CaCl₂和MgCl₂部分替代传统工艺火腿中的食盐，发现KCl、CaCl₂和MgCl₂会对火腿的水分活度产生显著影响。随着三种替代盐的增加，火腿水分活度降低速度减慢，且盐的渗透速度也相应减慢，腌制时间大大增加。研究发现KCl、CaCl₂、KCl与乳酸钙之间对艾草猪肉脯的亮度值、硬度值及韧性存在显著的交互影响作用，但为保证肉脯原有的特性品质，各替代盐替代比例都不能超过40%。使用其他一种盐或多种食盐替代能够提升肉制品的制作工艺、质构和感官等特性，但是随着替代盐比例的增加，产品的特殊风味及感官特性就会随之遭到破坏。

（2）风味提升物质　为了抑制食盐的替代物所带来的风味及感官品质方面的缺陷，风味增强剂渐渐引起了人们的注意。风味提升物质主要作用于人体口腔和咽喉中的味觉感受细胞，通过刺激这些感受细胞来提升低钠盐的咸度，或起到屏蔽其他盐替代食盐后产生的金属味和苦味的一类物质。例如，用KCl替代50%食盐制作的发酵香肠有明显的苦味和金属味，添加0.03%赖氨酸、0.075%牛磺酸、0.03%肌苷酸二钠（IMP）、0.03%鸟苷酸二钠（GMP）的风味增强剂后，发现香肠的金属味和苦味大大降低几乎消失。还有几种有机酸味剂，如柠檬酸、L-苹果酸、琥珀酸及富马酸等具有增咸和掩盖作用，添加这些酸后低钠盐的金属味和苦味明显减弱，产品综合口感良好。

（3）咸味肽　咸味肽是一种能够呈咸味的肽，在食品中能够起到提鲜促咸的作用，这一发现可以应用于解决低钠盐问题，为人们提供了一种新的思路和方法。咸味肽最早由 Tada 等在 20 世纪 80 年代发现，因这种肽类物质具有咸味，故得此命名。实际上在自然界中多数单个 L-型氨基酸及其盐呈现甜味或苦味，只有少数具有酸味或鲜味。其中 D-型氨基酸多呈现咸味。研究发现 pH 值可以影响多肽溶液的咸味特性。咸味肽也可由人工合成，如鸟氨酸-牛磺酸-氯化物，该物质合成过程中并无 Na^+ 存在且合成方法简便，是一类可以替代食盐产生咸味的新物质。但是由于咸味肽类食盐替代物合成费用昂贵、效益利润低，且不适用于工业化生产，所以至今采用咸味肽来替代食盐并不能为企业认可，发展前景并不好。

13.1.2.3　优化食盐的物理形态

食盐所产生的咸味与其本身的密度、表面积及颗粒的大小有关。一般食盐在口中溶解以后形成 Na^+ 和 Cl^-，刺激人的味觉细胞才会使人感觉到咸味。因此，食盐溶解速度会影响到人们对咸味的感知，一般来说，溶解速度越快，咸味刺激作用效果越明显。由于颗粒越小溶解的速度就越快，所以颗粒大小对食盐的咸味亦有显著的影响。有研究表明，薄片状食盐比颗粒状更易溶解，在肉制品中应用后能够提升肉制品得率及蛋白质溶解度，并能改善产品的感官特性。目前已经存在片状的食盐应用于肉类工业，通过改变食盐形态实现降低钠盐含量主要应用于薯片、饼干等产品中。

13.1.2.4　新型加工技术

（1）超声波　超声波是一种非热技术，在肉制品腌制过程中可以使肉制品中的盐分分布更加均匀，所以即使食盐含量相对较低，也可以使肉制品具备较强的咸味口感。在超声波的作用下，某些酶和细胞被激活并参与各种生理和化学反应，同时增强了细胞内外的质量传输，细胞新陈代谢过程被加速，促进盐在肉中的渗透与扩散作用，最终有效地缩短腌制时间。超声波腌制能够促进食盐和香辛料等的溶出，既缩短了腌制时间，又可以促进腌制液渗入肉制品中，增强肉制品风味，提高产品的口感。此外，超声波处理可以杀死一些微生物，有利于延长食物贮藏期，确保食物安全。超声波技术在肉制品减盐中的应用大有前景，为肉制品中物理技术减盐方法提供更多参考。

（2）超高压　超高压技术也在肉制品加工中有所应用。超高压技术可以显著改善肉制品的品质如嫩度、色泽、风味等。在肉制品中采用超高压技术可以增加肌原纤维断裂，提高蛋白溶解性，有利于蛋白质的空间结构发生变化和相互交联。经过超高压处理后的肉制品达到的凝胶状态与添加食盐所达到的品质状态相近，因此这种处理技术一定程度上可以替代部分的食盐。例如，降低食盐添加量会使鸡肉肠的质构特性及保水性降低，但同时采用高压处理能够减少低盐处理对鸡肉肠品质产生的不良影响。但是，在工业生产中采用高压法成本较高且对设备质量需求较高，使其应用前景受限。

13.2 ▸▸ 低磷肉制品

磷酸盐是目前广泛应用于肉制品中的保水剂，能够增加蛋白质分子间的静电斥力，使分子之间结构疏松，从而提高产品持水能力，减少脂质氧化，并起到改善肉质的作用。磷酸盐对人体健康也起到至关重要的作用，其参与许多代谢途径，如刺激神经肌肉，调节维生素代谢，维持钙的内环境稳定等。通常健康成年人每日摄入的磷含量为 40 mg/kg，超量摄入可能会引发心脑血管疾病等危害。因此，为了向消费者提供更加健康的肉制品，降低磷酸盐在该类产品中的含量逐渐成为研究热点。

近年来，消费者逐渐重视绿色、环保、营养的食品理念，热衷于追求添加剂较少的食品，其与"清洁标签"的理念达成一致。研究人员将富含多糖、植物蛋白等天然物质作为磷酸盐替代物应用于肉制品加工中，提高了产品质构特性并改善了产品品质。另外，一些研究结果表明新型加工技术也会降低肉制品中磷酸盐含量（如超高压处理、超声波处理等），在一定程度上延缓不饱和脂肪酸的氧化、抑制蛋白质氧化变性，其生产出的肉制品更为消费者青睐。

13.2.1 磷酸盐在肉制品中的作用及低磷的重要性

磷酸盐能够提高肉制品品质、改善肉制品口感以及预防肉制品腐败变质等，在肉制品加工行业得到了广泛应用。磷酸盐可作为乳化肉糜类肉制品的保水剂，会使肉中肌原纤维蛋白从等电点（5.0~5.4）移开，进而影响肉的内在 pH 值，因此肉制品中使用的大多数磷酸盐都是碱性的。pH 值远离肌原纤维等电点导致蛋白质之间的静电排斥力增加，使蛋白质主肽链遭到破坏，结构发生松弛，水进入蛋白质之间的空隙，从而提高肉制品的持水能力。

磷酸盐具有螯合特性，通过其阴离子基团螯合肌动球蛋白复合物中的金属离子（例如 Ca^{2+}、Mg^{2+}、Fe^{2+} 和 Fe^{3+}），形成稳定的环状结合物，进而弱化了肌动球蛋白中肌球蛋白与肌动蛋白之间的连接作用，导致了肌球蛋白与肌动蛋白自由体的形成，增加了肉类蛋白质的溶解性，使肉制品柔嫩多汁富有弹性，同时增加肉制品的持水能力。此外，磷酸盐与金属离子螯合对延缓不饱和脂肪酸氧化有积极作用，可有效抑制肌红蛋白氧化成高铁肌红蛋白，抑制产品的变色、酸败。还可保持蛋白质的热稳定性及二级结构的稳定性，抑制蛋白质氧化变性的能力更强。

磷酸盐还可以与氯化钠发生协同作用以提高产品品质。这主要是由于氯化钠对肌原纤维蛋白溶解性有积极影响，进而形成一个均匀、稳定的肌原纤维网状凝胶结构。通常从肌肉中提取肌原纤维蛋白需要最低浓度为 0.6 mol/L 的氯化钠。此外，磷酸盐和氯化钠在肉制品加工中的应用可导致肌球蛋白亲水性末端与水结合，加热后的蛋白会发生 α-螺旋解旋和 β-折叠形成等结构变化，这些结构变化可增加凝胶结构和乳化稳定性，从而增加持水能力并减少蒸煮损失。

13.2.2　肉制品中降低磷酸盐含量手段

多糖、植物蛋白等天然物质作为磷酸盐替代物应用于肉制品加工中，可降低产品中磷酸盐含量，同时也能提高产品质构特性。一些新型加工技术，如超高压、超声波处理等，也会在降低肉制品中磷酸盐含量基础上，延缓不饱和脂肪酸的氧化，抑制蛋白质氧化变性，保障肉制品的质地和风味。

13.2.2.1　磷酸盐替代物

为迎合消费者需求，使用清洁标签配料作为天然的磷酸盐替代物的热度不断攀升，在保持肉制品的持水能力及品质特性的前提下，降低肉制品加工中磷酸盐的使用量，进而开发"清洁标签"食品。目前，磷酸盐天然替代物主要有多糖、植物蛋白和菌菇提取物等。

（1）多糖　多糖是存在于动物、植物和微生物中的生物大分子，由单糖通过糖苷键连接而成。多糖与蛋白质分子的氨基之间能产生较强的静电相互作用，使蛋白质结构松弛，水分进入蛋白质分子之间的空隙，显著改善肉制品的持水能力。另外，多糖具有长链和多羟基结构，其与水分子相结合后，形成的肌原纤维蛋白网状凝胶能截留大量的水，使肉糜具有很好的持水能力、稳定性。当制作博洛尼亚香肠时，利用斯勒奇亚籽多糖替代部分磷酸盐，发现 2% 的斯勒奇亚籽多糖可增加产品的弹性和内聚力，提高乳化稳定性，起到替代产品中 50% 磷酸盐的效果。将壳聚糖凝胶添加到低磷酸盐鱼糜香肠中，发现含有 0.25% 壳聚糖凝胶的产品与对照样品进行比较，添加壳聚糖凝胶可显著提高鱼糜香肠的持水能力，降低蒸煮损失，但添加壳聚糖凝胶对产品内聚性影响较小，导致产品弹性降低。此外，关于添加植物纤维来制备新型健康肉制品的研究也引起了极大的关注。竹笋膳食纤维添加到猪肉糜中，发现与未添加竹笋膳食纤维的样品相比较，添加 2% 的竹笋膳食纤维可以显著降低猪肉糜凝胶的蒸煮损失，并能增强猪肉盐溶性蛋白的持水能力，有望在低磷酸盐乳化肉糜制品的加工中拥有广阔的前景。使用柑橘纤维部分替代磷酸盐应用到博洛尼亚香肠中，得到的产品具有与传统香肠非常相似的质构、颜色和感官特征等。使用植物纤维开发低磷肉制品是可行的，但纤维添加量过高时会发生聚结，造成肉制品乳化稳定性降低。所以，以多糖替代磷酸盐应用于肉制品中，在控制其用量的基础上，可以获得具有良好的感官属性和功能特性的产品。

（2）植物蛋白　植物蛋白具有持水、乳化以及改良质构等功能，其与肌肉蛋白疏水缔合，加强了氢键和二硫键之间的相互作用，导致盐溶性蛋白构象改变并活化部分官能团（如酸侧链和疏水基团），形成新的分子间二硫键，肌原纤维蛋白凝胶网络结构变得更连续、更均匀，促进了肌原纤维蛋白凝胶的持水能力。因此植物蛋白在肉制品加工中得以广泛应用，极大地满足了消费者对产品口感的需求。常见的能够添加到肉制品中的植物蛋白有大豆分离蛋白、花生蛋白、豌豆蛋白等。添加 13%~14% 的大豆分离蛋白使肉糜更加稳定，产品的乳化稳定性更高。添加 3%~7% 的花生蛋白使牦牛肉糜的硬度和咀嚼性逐渐增加，显著改善了牦牛肉糜的色泽，其他感官属性也同传统产品类似。添加 2.5% 和 5% 鹰嘴豆蛋白可以减少产品蒸煮损失，增加持水能力，此时产品的风味和口感与传统香肠相似，但产品硬度略有下降。添加微生物转谷氨酰胺酶能够增加肉糜硬度、黏结性和弹性等结构特性，但降低了肉糜的蒸煮产量。然而大豆分离蛋白增加了蒸煮产量，且不影响肉糜的质地特性。两者协同作用显著提高产品结合水的能力，降低产品蒸煮损失，且总体可接受度较高。虽然各种功能性蛋白质添加剂在肉类工业中的应用仍在增加，但有些蛋白质涉及过敏源，应谨慎对待。

（3）菌菇提取物　菌菇具有较高水平的营养成分，并含有酚类化合物（如槲皮素、没食子酸和原儿茶酸等）和黄酮类化合物，这些抗氧化剂显示出强还原能力、高清除自由基活性和抑制酸败作用，通过其抗氧化作用抑制肉的变色，并改善其感官特性和物理化学性质。此外，菌菇含有相对高水平的碱性氨基酸（例如组氨酸和精氨酸），可以提高肉的 pH 值，增加肉蛋白的净负电荷，螯合肉蛋白中的金属离子，增加肉糜持水能力并减少脂肪的渗出。赖氨酸也可以提高肌球蛋白活性巯基的含量，并可通过与肌球蛋白相互作用提高肌球蛋白的溶解度，有利于蛋白形成均匀、致密的三维网状凝胶结构，从而可以显著提升肉制品持水能力。因为菌菇的抗氧化活性和提高肉糜的 pH 值的能力，它们可以作为天然的磷酸盐替代物应用于肉制品中。添加超过 1.0% 的金针菇粉可以抑制香肠的脂肪渗出，并且能提高香肠的 pH 值、抑制香肠的脂质氧化。添加 2% 双孢菇粉的肉糜能够吸附更多的蛋白质，从而产生良好有序的蛋白网状结构，极大地改善了肉糜的质地性能。所以使用菌菇提取物替代磷酸盐对肉制品的感官属性以及功能特性都具有积极意义，可以作为肉制品中的磷酸盐天然替代物来满足人们对健康的要求。

13.2.2.2　新型加工技术

近年来，消费者更倾向于绿色、环保、营养的食品理念，导致肉制品加工技术正向创新型非热加工技术转变，例如超高压处理、超声波处理、脉冲电场、新型滚揉技术及碱性电解水等。这些新型加工技术在保持肉制品原有产品品质的前提下，降低该类产品中磷酸盐的含量，是一种除添加清洁标签配料来降低磷酸盐含量外同样有效的低磷酸盐肉制品加工新策略。

（1）超高压　如今肉类工业越来越多地采用超高压处理来加工肉制品，不仅可以增加产品保水性和嫩度，有效灭菌延长货架期，同时也基本上不影响肉类风味和营养成分。超高压处理会影响蛋白质的结构，可以破坏蛋白质的二级结构并诱导不可逆的变性，使肌肉内部疏水基和巯基暴露于表面，α-螺旋部分解旋和 β-折叠相应形成，增加了肌原纤维蛋白的溶解度，从而改善肌肉系统的凝胶特性，进而增加肉制品的持水能力。在 150 MPa 超高压处理 5 min 后的低磷酸盐乳化肠的理化特性更好，且产品的硬度、咀嚼性、质地和总体可接受性未受显著影响。但是，300 MPa 超高压处理对产品感官性能有负面影响，产品的总体接受度也有所降低。超高压处理和热处理协同作用低磷酸盐鸡肉肠时，发现两者协同作用可以通过破坏肌原纤维结构，增加蛋白质的溶解度来改善鸡肉肠的品质，在 75℃、200 MPa 处理肉糜 30min 时，得到较高持水能力且质地良好的产品。与未经超高压处理的乳化肠相比较，随着压力的升高，产品的蒸煮损失更低，脂肪颗粒更小，网络结构较为致密。在 200 MPa 超高压处理 9 min 下的乳化肠食用品质最好，但当压力升至 300 MPa 时，乳化肠品质急剧降低，脂质和蛋白质氧化加快。因此，超高压处理肉制品时需严格控制超高压的强度，以达到降低磷酸盐含量但不损失肉制品原有品质的效果。超高压食品具有营养物质损失较少、安全卫生的特点，在生产创新型低磷酸盐肉制品方面具有很好的应用前景。

（2）超声波　超声波处理作为一种创新型技术，在肉制品加工中的应用逐年增多。低强度超声波通常用于改善肉制品的质地、风味和柔软度，因其具有强大的穿透力和空化效应，可以在短时间内促进组织结构的快速破坏，引起物理、化学和生物学变化，并可通过改变振幅以拉伸和收缩肌丝，使肌原纤维和肌节之间产生明显的间隙和空洞，导致肌原纤维膨胀并增加持水能力。此外，短时间超声引起的压力和机械剪切使肉中肌动球蛋白解聚，此时肌动球蛋白的 ATP 酶活性降低，影响肌动蛋白和肌球蛋白相互作用的完整性，解聚成肌动蛋白和肌球蛋白，增加肉制品持水能力。应用不同的超声波操作模式（脱气、正常和扫描）于肉糜中，评估肉糜的蒸煮损失、乳化稳定性、脂质氧化和蛋白质氧化。从该研究得出，在 5.5 min、25 kHz 频率和 60% 振幅的超声波处理中，正常操作模式的肉糜明显具有更好的乳化稳定性、良好的黏结性和咀嚼性，且未增加脂质和蛋白质的氧化。应用 25 kHz 频率、60% 振幅和 230 W 功率超声处理低磷酸盐乳化肠时，发现处理后的产品能够抑制脂质氧化，且肉糜蒸煮损失和乳化稳定性较未超声处理的样品高，可以有效弥补由磷酸盐减少 50% 引起的大多数感官缺陷。25 min 超声（25 kHz 频率、240 W 功率）处理可以显著减少低磷酸盐法兰克福香肠的蒸煮损失，提高其乳化稳定性、质构特性和感官评定指标。有人研究超声波处理对鸡肉糜凝胶强度和持水能力的影响，结果表明，应用 20 kHz 频率、60%振幅和750W超声处理的产品质地良好，显著提升了肉糜pH值和持水能力，且过氧化物和TBARS值未受影响。说明超声波处理不会引起强的氧化问题，而且所得产品与对照组的口感方面感官差异较小，这些结果证实了该新型加工技术的可行性。总之，超声波处理有望成为低磷肉制品加工研究的热点，但是超声波处理产生的空化现象也会带来部分负面影响，这种空化作用使肉糜内部产生气泡，气泡坍塌时释放大量能量，导致肉糜温度升高。因此在肉制品加工过程中，需控制产品温度达到一个肌原纤维蛋白不变性的状态。磷酸盐天然替代物和超声波技术相结合理论上可以达到降低磷酸盐的含量，超声波处理能有效弥补低磷带来的品质缺陷，保障提高肉制品品质。

（3）脉冲电场 脉冲电场是一种应用于食品行业中的非热加工技术，其实用性得到肉品行业极大程度的认同。它是一种适用于液体和半固体间的创新型食品加工技术，其原理是在于向两个电极之间施加电流，从而引起电穿孔现象，进而实现对食品组织结构的修饰，对肉制品的保存、嫩化和保水等方面有着积极影响。高电场强度的脉冲作用能够影响脂肪酸与细胞膜磷脂之间的相互作用，进而扩大肌肉细胞膜现有的孔洞或产生新孔洞，进而增加细胞膜的渗透性，可以显著改善肉制品对磷酸盐、亚硝酸盐等添加剂的吸收，提高其在肉制品中的吸收率，进而减少添加剂的添加量和产品所需的加工时间。此外，脉冲电场诱导的静电相互作用会破坏蛋白质的修饰结构，进而改善肉的结构和质地，使肉制品肉嫩多汁且富有弹性，有助于清洁标签理念的低磷肉制品的开发。将鸡胸肉中提取的肌原纤维蛋白放于不同电场强度（0~28 kV/cm）和脉冲频率（0~1000 Hz）的电场中，结果表明，随着脉冲电场强度的增加，α-螺旋含量增加且β-转角和无规卷曲含量减少，肌原纤维蛋白的溶解度、表面疏水性和巯基含量均得到明显改善，可作为一种有前景的应用于肉制品的绿色降磷技术。但是，当强度超过18 kV/cm时，官能团的相互作用会引起蛋白质的聚集，降低了肌原纤维蛋白的保水性，且产品可接受度会受到轻微影响。尽管脉冲电场是一种创新型非热加工技术，但在高强度电场处理时产生的热量会导致肌原纤维蛋白温度升高，甚至导致肌原纤维蛋白变性，进而降低肉制品持水能力，因此低强度脉冲电场必须保证肌原纤维蛋白处于不变性的状态，再进一步降低肉制品中磷酸盐含量。此外，根据加工参数和处理条件，必须考虑脉冲电场的副作用（如肌原纤维蛋白温度升高或发生电化学反应等）以保持食品质量。因此，脉冲电场在降低肉制品中磷酸盐含量方面具有广阔的前景，是未来开发清洁标签理念的低磷肉制品的一个很好的研究方向。

（4）新型滚揉技术 滚揉技术能够改善肉制品的嫩度、色泽，并能促进盐溶性蛋白的溶出，但传统滚揉技术受真空度、温度等条件的影响，若控制不当处理条件，会造成耗时过长，颜色劣变以及过度失水等风险。近年来，有研究表明，将滚揉工艺与其他工艺结合的新型滚揉技术，如超声辅助变压滚揉、超声辅助呼吸滚揉等新型滚揉技术能够有效地促进食盐、磷酸盐等添加剂的渗透和扩散，进而减少添加剂的使用量，同时显著提高了产品的嫩度和口感。在产品的滚揉过程中，通过调整滚筒内的压力，使原料肉交替处于压缩和舒张状态，进而使原料肉呈现呼吸模式，从而有利于盐溶性蛋白的溶出和添加剂的渗透，以提高滚揉腌制效果，且超声波技术的空化作用、超高压技术的机械作用能辅助滚揉腌制的呼吸模式，破坏肉中的肌原纤维蛋白，使得细胞的内容物释放，蛋白质间空隙变大，从而起到提升肉制品的持水能力的作用。新型滚揉技术对肉类微观结构有着显著影响，其可以在降低磷酸盐添加量的同时提高产品的嫩度和风味，对清洁标签理念的低磷肉制品的研发具有积极意义。如超声辅助呼吸滚揉技术提高了鸡胸肉的腌制吸收率，产品的嫩度和风味也得到一定程度的改善，且 α-螺旋数量显著降低，β-折叠数量显著提高，不易流动水的含量增加，产品的持水能力得到提高，因此，超声辅助呼吸滚揉技术可作为一种潜在的降低肉制品中磷酸盐含量的新型加工技术。此外，将磷酸盐添加量为 0.3% 的鸡胸肉放置于超声辅助变压滚揉技术的设备中处理 100 min，结果表明，经超声辅助变压滚揉处理的产品水分子与蛋白质之间结合更紧密，部分自由水变成不易流动水，产品的持水能力明显提高。但是，新型滚揉技术通常对于滚揉设备的要求比较高，需要使用专业的耐高压材料以及质量较好的填充气体，且在加工过程中需要注意加工时间，以避免在加工过程中肌原纤维蛋白发生变性，这也进一步增加了生产的成本，因此目前处于研究阶段，需要进一步探索其在降低磷酸盐方面的应用。

（5）碱性电解水　碱性电解水通常是由电解盐溶液而得，其中氢离子和钠离子等带正电的离子向阴极移动，进而生成氢气和氢氧化钠，使碱性电解水具有较高的负电荷，并具有较强的还原能力，可明显提高肉制品的 pH 值，导致肌原纤维蛋白 pH 值远离其等电点，蛋白质之间的静电排斥力增加，结构发生松弛，水进入蛋白质之间的空隙，从而具有较强的渗透力和溶解性，以及很强的抗氧化特性。通常在食品中关于碱性电解水的研究主要在于其与酸性和弱酸性电解水进行组合以增强产品的抗菌效果，其在未来降低磷酸盐使用量方面可能会具有很大的发展潜力。用 pH 为 11.6 的碱性电解水部分替代磷酸盐，发现碱性电解水提高了鲇鱼片的持水能力，可将磷酸盐的添加量降低 50%，产品的抗氧化性比使用磷酸盐的处理组的效果更好，但碱性电解水对产品的亮度值、硬度以及弹性没有显著影响。碱性电解水具有较强的持水能力以及抗氧化特性，可以在降低磷酸盐添加量的同时保持肉制品鲜嫩多汁的口感，有助于清洁标签理念的低磷肉制品的开发。但是，当肉制品的 pH 值过高时会严重影响产品的口感，需要进一步注意碱性电解水的用量。关于碱性电解水在实际生产中应用需关注以下问题，包括不同储存条件下碱性电解水的稳定性、耐腐蚀性和氯酸盐残留量等方面的问题，其对更多肉制品的影响还需要进一步研究。此外，碱性电解水可进一步与其他新型技术结合使用，进而降低磷酸盐在产品中的添加量以及改善产品的品质，是未来开发清洁标签理念的低磷肉制品的一个很好的研究方向。

13.3 ▶▶ 低脂肉制品

脂类是人类膳食中的三大营养物质之一，不溶于水而易溶于醇、醚、氯仿和苯等非极性有机溶剂。脂类中的动物脂肪是甘油与一种或多种脂肪酸发生酯化反应所形成的三酰甘油酯，参与机体储存能量、细胞组成和转运活性物质等生理生化活动，对人体生长发育和食品的口感、多汁性、保水性等都起到至关重要的作用。大量研究表明，饱和脂肪酸摄入过多会增加人体内胆固醇、低密度脂蛋白胆固醇等水平，提高罹患冠心病、心血管等慢性疾病的风险。近些年，不同年龄段高肥胖人群比例日渐增加，而这一高增长趋势与肉制品的消费量增加导致的高饱和脂肪酸水平相关。因此，开发低脂肉制品具有重要意义。

13.3.1 脂肪在肉制品中的作用及低脂的重要性

在食品加工的过程中，动物脂肪起着非常重要的作用，例如提供能量和必需脂肪酸，提供一些风味物质，并改善食物的口感。动物脂肪能提供一些风味物质，这主要是因为油脂在高温的环境下发生了氧化反应生成很多具有低香气阈值的化合物，且这些化合物都具有肉香，在香味的释放中起着重要的作用。

脂肪的来源丰富，随着人们生活水平的提高，使得人们更加容易摄入高热量的食物，但是高脂肪膳食是影响健康的一个重要因素。越来越多的证据表明过多摄入膳食脂肪会导致慢性疾病，如缺血性心脏病，某些类型的癌症和肥胖症的风险会增加。由于肉类对脂肪摄入的贡献相对较高，会直接导致这些健康问题的增加。通常认为减少动物脂肪是改善食物脂肪含量的重要策略，所以肉类工业开发清洁标签理念新配方或结合高新技术加工成为研究热点。

13.3.2 脂肪替代物

目前，可用于替代动物脂肪的原料主要是大分子类化合物，在经过各种处理后可形成多种不同性状及结构的基质产物，其具有与动物脂肪相似的润滑性、质构及色泽等，可模拟动物脂肪口感，部分或完全替代肉制品中的动物脂肪。目前用于替代动物脂肪的原料主要包括蛋白质类、碳水化合物类、脂肪基类以及多种原料混合类等四大类。

13.3.2.1 蛋白质类替代脂肪

以蛋白质为基质的脂肪模拟物主要是通过鸡蛋、大豆、蛋白质为原料，通过加热、酶解等方式改变其蛋白质结构形成絮凝的胶体状，使其结构变得更加类似于脂肪。

（1）大豆蛋白　大豆蛋白是以大豆为原料，采用膜分离、孔吸附或醇溶法等技术提取获得的一类植物蛋白，富含 19 种以上氨基酸、磷脂和丰富的钙、磷等矿物质，主要有大豆粉、大豆浓缩蛋白和大豆分离蛋白等。在肉制品加工中常用水包油乳化技术将大豆分离蛋白和酪蛋白酸钠制成乳状液替代动物脂肪，这类乳状液可以有效降低油脂分离程度，从而使产品具有更好的口感，同时增加产品多不饱和脂肪酸含量。例如，大豆分离蛋白、酪蛋白酸钠分别与橄榄油在谷氨酰胺转氨酶诱导下形成乳液凝胶，用其作为法兰克福香肠的脂肪替代物，发现最终产品都具有良好的脂肪和水结合性能，加热处理后没有明显的渗出物，产品硬度、黏合力、咀嚼性等指标也优于全脂法兰克福香肠。目前，大豆蛋白替代动物脂肪制备肉制品工艺较为成熟，不仅可以显著降低肉制品中脂肪含量，还可以保持产品较好的口感。

（2）乳清蛋白　乳清蛋白是从全脂牛奶中分离并经过超滤等浓缩技术制备的一类动物蛋白，因其同时拥有亲水和疏水基团，从而具有较好的凝胶性、保水性以及乳化性。乳清蛋白可在高剪切力和低 pH 作用下通过热力聚合形成直径约为 1.16 μm 的微颗粒乳清蛋白，在口腔中具有与脂肪相似的润滑感。用乳清蛋白和葵花籽油混合物替代猪脂肪生产的香肠类产品具有较好的风味、色泽及质构特性。此外，乳清蛋白替代动物脂肪可使低脂肉制品的成本降低 10%~20%。

（3）胶原蛋白　胶原蛋白主要来源于猪皮、牛皮和鱼皮等，通过酸法、碱法或酶法，结合超高压或均质等技术制备的胶原蛋白粉，其高溶胀性和水结合能力可以减少肉制品在解冻或烹饪过程中保水性的降低。采用胶原蛋白粉替代 75%猪脂肪生产的法兰克福香肠，其产品硬度、保水性、嫩度和感官等特性均得到改善。

13.3.2.2　碳水化合物类替代脂肪

可用于替代动物脂肪的碳水化合物原料主要是多聚体，多由植物多糖（纤维或淀粉）制成。碳水化合物原料可稳固无脂系统中大量水分子，从而形成三维网状凝胶基质。这类凝胶具有与动物脂肪相似的润滑性和流动性，替代动物脂肪制备的肉制品具有较好的凝聚性和保水性等。

（1）淀粉　淀粉基动物脂肪替代原料是利用酶改性、碱法或酸法等技术将变性淀粉、糯米粉等原料降解为小分子物质，并形成凝胶状基质产物，该类物质具有与动物脂肪相似的质构、色泽和感官等特性。在淀粉基类原料中，糯米粉与大豆蛋白凝胶基质结合后，因其溶胀作用使得该结合物具有更强的热致性，可有效防止肉制品水分散失，增加产品黏结性和冻融稳定性等。3%柠檬酸浸泡后的甘薯淀粉经过熔融冷却可制备形成一种热可逆淀粉凝胶，该凝胶不仅有良好的乳化性和持水性，并且具有与动物脂肪相似的熔点，在替代肉制品中动物脂肪方面具有可能性。

（2）亲水胶体　　亲水胶体大多是一类高分子类多糖，在食品中可用作增稠剂，改善产品黏结性和保水性等。亲水胶体可以代替脂肪填充肌肉蛋白凝胶网络结构的孔洞使其变得更加均匀、致密，从而束缚住更多的水分，增加肉制品的多汁性。另外，亲水胶体自身具有很强的水合性和凝胶性，当亲水胶体发生溶胀或凝胶化时，分子中的游离的羟基与水相互作用，从而截留更多的水分，并在一定程度上降低肉制品的蒸煮损失，提高出品率。同时，肌肉蛋白可以与亲水胶体通过静电力、二硫键、氢键或疏水相互作用形成微孔状的蛋白质-亲水胶体复合凝胶网络结构，更加稳定紧凑的复合网络结构增加了凝胶结构的完整性，形成一个相对均匀的分散相，极大程度地改善低脂乳化肉糜制品的硬度、弹性以及咀嚼性等质构特性。

在肉制品加工中常用的食用胶体主要有卡拉胶、黄原胶、瓜尔胶、槐豆胶、海藻酸钠和魔芋胶等。采用 0.9%卡拉胶替代 66.67%鸡脂肪制作的鸡块，其脂肪含量降低7.26%，水分含量增加 5.44%。槐豆胶和 κ-卡拉胶能明显改善低脂乳化香肠的质构特性，提高产品的持水能力。采用魔芋胶替代干发酵香肠中猪脂肪可改善产品硬度、咀嚼性等质构特性。利用海藻酸钠替代 50%脂肪时的法兰克福香肠的硬度、弹性等质构特性明显优于全脂产品，出品率也显著提高，总体可接受度与对照组相当。因此，亲水胶体可以作为肉制品中脂肪的替代物来满足人们对健康的追求。

（3）纤维素　　纤维素类主要从燕麦麸、大麦麸、大米和玉米等原料中获得，经过高压均质或精磨等一系列加工后制备得到一种物质。该物质经过乳化或酶解等技术改性后具有与动物脂肪相近的粒径，可作为动物脂肪替代物应用于肉制品加工中。目前常用于替代动物脂肪的纤维素类原料主要有膳食纤维等，大部分膳食纤维具有高保水性、膨胀性等特性，在口腔中具有与动物脂肪相似的乳脂状和润滑的口感。使用竹笋膳食纤维和猪皮制备的混合物完全替代猪脂肪制作中式香肠，最终产品的脂肪含量和蒸煮损失分别降低 24.05%和 14.75%。使用马铃薯膳食纤维部分替代脂肪制作低脂猪肉丸，经过测定，产品的脂肪含量由原来的 20.28%降到 12.30%，其他营养成分无明显变化，同时改善了肉丸的品质。

13.3.2.3　脂肪基类替代脂肪

可用于替代动物脂肪的脂肪基原料主要有两种，一种是使用其他植物油直接替代动物脂肪，如菜籽油和葡萄籽油等。另一种是利用植物油和凝胶剂制备固体结构化的油凝胶来替代肉制品中的动物脂肪。油凝胶是指将凝胶剂（乙基纤维素、植物甾醇、生物蜡、单甘油酯、脂肪酸等）添加在液态植物油中，经过加热、搅拌溶解以及冷却等一系列加工过程后形成的凝胶体。油凝胶中的植物油不饱和脂肪酸含量高达80%，饱和脂肪酸和胆固醇的含量极低，而且在凝胶化过程中，植物油的脂肪酸组成没有发生任何变化，所以利用油凝胶来替代肉制品中的动物脂肪能够满足人们对健康的追求；与此同时，油凝胶呈现出凝胶或结晶等固体状态，具有与动物脂肪相似的理化特性和感官特性，在替代肉制品中的动物脂肪的同时又能保持产品的良好品质。

（1）植物油　有很多研究直接将富含不饱和脂肪酸的植物油（比如葵花籽油、菜籽油、橄榄油、玉米油等）来替代肉制品中的动物脂肪，以达到降低产品中饱和脂肪酸和胆固醇含量的目的，但是在肉制品加工的过程中直接加入植物油，会对肉糜的流变特性产生显著的负面影响，同时也降低了肉糜本身的黏度。比如利用菜籽油完全替代牛脂肪虽然能明显地降低乳化肉糜制品中的饱和脂肪酸和胆固醇的含量，但是却出现了严重的"漏油"现象，大大降低了产品的整体可接受性。造成这种现象的主要原因是植物油的液滴直径远远小于动物脂肪颗粒，而较小的直径增大了油滴的比表面积，从而导致肉蛋白形成过于致密的网络结构，最终使产品失去柔嫩多汁的特点。

（2）乙基纤维素类油凝胶　乙基纤维素是纤维素的衍生物，与其他低分子量有机凝胶剂相比价格较为低廉，已经在肉制品中得到了充分的研究。如使用乙基纤维素和菜籽油制备的油凝胶部分替代牛肉脂肪后制作法兰克福香肠，发现产品在咀嚼性或硬度方面没有显著差异。乙基纤维素分别与橄榄油和亚麻籽油制备油凝胶，并替代了猪肉汉堡中的全部脂肪，通过研究最终产品的理化特性及感官特性，发现两种配方的产品的蒸煮损失无显著差异，而且乙基纤维素油凝胶的汉堡中健康的脂肪酸的含量更高，而且其硬度明显高于对照组。因此，乙基纤维素油凝胶不会给肉制品的品质特性带来负面影响，同时还可以改变产品中的脂肪酸组成，降低产品的胆固醇含量，因此利用乙基纤维素油凝胶替代肉制品中的动物脂肪是可行的。

（3）生物蜡油凝胶　天然生物蜡凝胶剂由不同的正构烷烃、脂肪醇和脂肪酸组成，是目前使用最多的凝胶因子。天然生物蜡主要来源于植物（向日葵蜡、米糠蜡、巴西棕榈蜡、小烛树蜡等）和动物（蜂蜡、虫胶蜡等），目前在肉制品中应用较多的有米糠蜡、蜂蜡、巴西棕榈蜡。如利用蜂蜡亚麻籽油凝胶替代猪肉背脂制作法兰克福香肠，发现油凝胶香肠的脂肪酸得到了明显的改善，饱和脂肪酸和胆固醇的含量显著降低，油凝胶香肠的黏性和咀嚼性等质构参数也有所增加。蜂蜡诱导芝麻油形成油凝胶并部分替代牛肉汉堡中的动物脂肪，发现替代后的蒸煮损失明显降低，这是因为在动物脂肪减少的汉堡中，油凝胶起到了防止水分流失的屏障作用；而且感官评价的结果显示出含有油凝胶的牛肉汉堡的整体可接受度更高，这可能与油凝胶中芝麻油的特殊味道和气味有关。但是含有油凝胶的汉堡的氧化稳定性较差，这主要归因于蜂蜡油凝胶的组成和生产方法，在生产过程中加热是形成自由基的刺激因素，大量不饱和脂肪酸的存在可能导致氧化反应。使用米糠蜡大豆油油凝胶替代博洛尼亚香肠中的猪肉脂肪，发现含有油凝胶的香肠的产量、乳化稳定性、质构特征以及感官特征与对照相差不大，而油凝胶还能改善博洛尼亚香肠的脂肪酸组成，使得最终产品的营养特性显著提高。使用巴西棕榈蜡和大豆油制备的油凝胶对牛肉汉堡中的动物脂肪的替代时，发现油凝胶替代汉堡中的动物脂肪使得其硬度以及咀嚼性等质构参数显著增加，而且其整体可接受性也与对照组相当。因此，利用天然生物蜡诱导的油凝胶替代肉制品中的动物脂肪具有很大的潜力。

（4）植物甾醇油凝胶和单甘油酯油凝胶　相比于乙基纤维素和天然生物蜡，植物甾醇和单甘油酯作为凝胶剂诱导形成油凝胶在肉制品中的研究与应用相对较少，但随着肉品科学不断的研究和发展，已有很多专家学者证明了植物甾醇油凝胶和单甘油酯油凝胶作为肉制品中的动物脂肪替代物具有较高的可行性。目前，在肉制品中应用较多的植物甾醇是 γ-谷维素和 β-谷甾醇。例如用 γ-谷维素和 β-谷甾醇诱导亚麻籽油制备了油凝胶，并利用油凝胶分别替代了猪肉饼中的 25% 和 75% 的动物脂肪，通过研究最终产品的理化特性和感官特性，发现油凝胶的加入明显地改善了猪肉饼的脂肪酸组成，ω-6/ω-3 脂肪酸的比值显著降低，而且对于两种脂肪替代程度，掺入油凝胶的肉饼与对照肉饼在质地参数如硬度、黏结性和咀嚼性方面没有差异，当油凝胶替代猪肉饼中 25% 的动物脂肪时，其整体感官可接受度较好。利用 γ-谷维素、β-谷甾醇和亚麻籽油制备的油凝胶对干发酵香肠中的动物脂肪的替代潜力，通过分析最终产品的营养及品质特性，发现油凝胶明显地改善了干发酵香肠的脂肪酸组成，多不饱和脂肪酸（PUFA）/饱和脂肪酸（SFA）的比值增高，ω-6/ω-3 脂肪酸的比值显著降低，而且含有油凝胶的香肠的硬度、弹性等质构参数与对照组相差不大，整体感官可接受度明显高于对照组。感官分析显示，所有处理组的香肠的总体可接受性与对照组相似。因此，植物甾醇油凝胶可以用来替代肉制品中的动物脂肪，而且不会显著影响最终产品的理化特性和整体感官可接受性。因此，利用单甘油酯诱导的油凝胶来替代肉制品中的动物脂肪具有很大的潜力。

13.3.2.4　多种原料混合类替代脂肪

单一的脂肪替代物虽能代替部分脂肪，但是其替代脂肪的效果并不是都很好，而复合脂肪替代物则可以在保证肉制品品质的基础上尽可能多地取代食品中的脂肪。还可以采用众多不同原料按照一定比例混合制备，协同生成脂肪替代作用的混合物，常见的原料有植物油、胶原蛋白、菊粉、膳食纤维、天然蜡或胶体类等原料，该类产品具有高乳化稳定性、低蒸煮损失及较好的色泽和质构等特性。复合脂肪替代物就是将上述单一脂肪替代物按照合适的比例进行组合，从而在肉制品中代替一定量的脂肪生产出低脂功能性肉制品。单一脂肪替代物的组合方式和比例决定了生产出来的低脂肉制品的质量。使用魔芋胶和健康油（橄榄油、亚麻籽油、鱼油）替代法兰克福香肠中的脂肪，可以明显增加香肠不饱和脂肪酸含量，在低温条件下，这些复合脂肪替代物能更好地发挥作用。将豆油、乳清蛋白、卡拉胶进行复配，制得一种可用于替代中式香肠中猪肉肥膘的脂肪替代物，可替代中式香肠中 40% 的脂肪。将大豆蛋白和多种胶复配添加到红肠中，得到的产品质构和口味俱佳。添加单一亚麻籽胶的午餐肉的持油持水性较好，但对质构影响较大。亚麻籽胶与卡拉胶复配添加时效果明显优于添加单一亚麻籽胶的样品，并能使样品的品质显著提高，质构也与添加复配胶的对照样品无明显差异。由上述研究可以看出复合型脂肪替代物替代脂肪的效果明显要强于单一脂肪替代物。

使用多种原料混合替代脂肪不仅能够降低产品中脂肪含量，还可以改变产品中胆固醇和饱和脂肪酸含量，提高不饱和脂肪酸比例，所以采用不同原料混合替代动物脂肪生产肉制品具有较好的开发潜力。

13.4 ▶▶ 低硝肉制品

亚硝酸盐是肉制品中应用历史最久、范围最广的添加剂之一，主要品种是亚硝酸钠，具有发色、增香、防腐、抑菌、抗氧等功能，不仅可作为腌肉的发色剂，使产品具有美观鲜艳的色泽，还对肉毒杆菌及其他腐败菌和致病菌有良好的抑制作用，可显著降低肉制品安全风险，延长肉制品保质期。但是亚硝酸盐也可能存在安全隐患，如果使用不当则会在产品中大量残留，进入人体血液中而导致缺氧性的"肠源性紫绀症"，而且制作过程中产生的亚硝胺还具有致癌性。随着经济的发展和人们健康意识的不断增强，"绿色食品"深入人心，基于清洁标签理念的亚硝酸盐替代品的研究也受到了广泛的关注。

13.4.1 亚硝酸盐在肉制品中的作用及低硝的重要性

亚硝酸钠从外观和形状方面呈现出黄、白两种单色的小颗粒状态或粉末形态，同时，亚硝酸钠也是一种常见的工业用盐，有时它可能会被人们误认为食用盐而引起或轻或重的食物中毒事件。硝酸钠在一定条件下会发生还原反应产生亚硝酸钠，在人体内，这一还原过程由相关的还原性细菌完成。反之，如果亚硝酸钠的碱性水溶液在普通环境中放置一段时间，会与空气发生化学氧化反应从而生成硝酸钠。

亚硝酸钠的加入使腌腊肉制品的外观泛起一种鲜艳的红色，达到很好的视觉效果并具有一定程度的抑菌防腐作用，同时还能改善肉制品的特征性风味和口感，延缓肉制品中脂肪的酸败。因此，亚硝酸钠是腌腊肉制品中一种多功能且较为常用的添加剂。在肉制品中有发色、抑菌防腐、抗氧化以及改进风味和完善质构等多种功能，但是亚硝酸盐若保存不当，可能具有慢性毒性，对人体造成危害。亚硝酸盐在一般环境下能够与多种胺类物质发生化学反应，生成致癌物亚硝胺。熏制食品和腌制肉制品中含有的大量亚硝胺类物质，与一些消化系统肿瘤的发病有直接关系。因此，人体中蓄积一定量的亚硝酸盐将增加致癌风险，更引人注意的是孕妇摄入后会存在胎儿致畸的风险。所以降低肉制品中亚硝酸盐含量成为迫切需要解决的焦点问题。

目前主要通过以下几方面来替代亚硝酸盐：一是控制或减少亚硝酸盐的添加量；二是不改变亚硝酸盐用量，通过添加其他物质来阻断亚硝胺的形成；三是使用由发色剂、抑菌剂、抗氧化剂、增味剂等混合组成的添加剂来替代亚硝酸盐。

13.4.2 发色剂替代亚硝酸盐

应用到肉制品中替代亚硝酸盐发色作用的多为天然色素，如红曲色素、番茄红素、亚硝基血红蛋白色素等，而能否作为替代的关键为其色度和稳定性。

13.4.2.1 红曲色素

天然红曲色素是最为常用的替代物之一，是红曲霉以大米为原料经深层发酵获得的天然优质食用色素，具有耐受光、热及氧化还原的特性，性质稳定，且具有较好的蛋白质染色能力，主要用于香肠、火腿、叉烧肉、肉禽罐头等肉制品加工。已有研究证明使用红曲色素作着色剂，可使肉制品呈现良好的色泽，降低亚硝酸盐的添加量，并使肉制品呈现独特的风味，其在 4 ℃ 条件下贮藏 30 天内颜色无明显变化。

13.4.2.2 番茄红素

番茄红素是一种天然植物色素，广泛存在于番茄、辣椒等果蔬中，具有安全性高、着色自然、抗氧化、降血脂、延缓衰老等优点。将干番茄皮渣用于干发酵香肠中，生产出的干发酵香肠品质、感官和综合可行性效果明显。其中干番茄皮渣中高含量的番茄红素发挥了决定性作用。这说明番茄红素作为亚硝酸盐的替代品具有极高的可行性和可操作性。此外，富含番茄红素的番茄酱、番茄汁、番茄粉及番茄皮渣等番茄制品比纯的番茄红素稳定，用番茄粉可部分代替亚硝酸盐于西式低温肠等肉制品的加工，不仅上色良好，且能够延迟脂肪氧化。

13.4.2.3 亚硝基血红蛋白色素

亚硝基血红蛋白色素是目前研究最广泛的血源性肉制品色素，用于肌红蛋白含量低的肉制品的着色，如鸡肉、猪肉等。亚硝基血红蛋白色素对光、Fe^{2+} 敏感，易氧化，耐热性及溶解性好，使用要求简单。研究表明将其添加到香肠中，产品呈色效果良好、风味独特、稳定持久，亚硝酸根（NO_2^-）的残留量仅为 1.75 mg/kg。将其添加到香肠、鸡肉火腿中，呈色效果还优于红曲红色素，产品中亚硝酸根（NO_2^-）残留量均为痕量水平。

13.4.3 抑菌剂替代亚硝酸盐

目前，常用的替代亚硝酸盐的抑菌剂有乳酸链球菌素、山梨酸钾、次磷酸盐等。

13.4.3.1 乳酸链球菌素

乳酸链球菌素是由乳酸链球菌合成的一种多肽抗生素，能有效抑制革兰阳性菌，还可有效阻止肉毒梭菌芽孢萌发，是国际上公认的天然防腐剂，主要用于海产品和低温肉制品中。乳酸链球菌素具有三大优良性质：①人类的胃肠道能够降解多肽类物质，所以它可被人体消化利用且不会造成伤害；②它可以使细菌芽孢对热源更加敏感，能够缩短产品热杀菌时间，从而保留了食品的色香味等感官品质和营养成分；③相较其他同类物质，其对于热源化学稳定性较好，且具有耐酸、耐低温等特点，因此可以长期保存，使用成本低。研究表明在腌腊肉制品中加入一定量的乳酸链球菌素，能够显著减少产品中的亚硝酸盐含量，同时细菌的生长和繁殖得到显著抑制，产品的货架期明显增加。但是，乳酸链球菌素具有一定的局限性，这是由于它的抗菌谱相对较窄，抑制菌种类型较少，因此不能够完全替代亚硝酸盐。

13.4.3.2 山梨酸钾

山梨酸钾是一种不饱和脂肪酸，以碳酸钾或氢氧化钾和山梨酸为制作原料，属酸性防腐剂。山梨酸钾可以在体内参与新陈代谢，最终被分解成二氧化碳和水，几乎没有毒性，因此成为肉制品中最常使用的防腐剂之一，可在肉、鱼、蛋、禽类制品中使用，用于抑制霉菌、酵母菌及需氧菌。山梨酸钾与红曲色素共同使用作为亚硝酸盐替代物制作发酵香肠，产品的色泽和口感都较对照差别不大，成功达到减少亚硝酸盐用量的目的。将山梨酸钾与双乙酸钠和乳酸链球菌素等搭配使用可以发挥更佳的抑菌效果。

13.4.3.3 次磷酸盐

次磷酸盐也有抑制肉制品中的优势菌肉毒梭状芽孢杆菌的作用。其中，次磷酸钠是一种无色单斜结晶或有珍珠光泽的晶体或白色结晶粉末，当单独使用 300 mg/kg 的次磷酸钠时，其对肉毒梭菌的抑制效果与对照接近；调整 pH 达到合适的酸碱环境时，次磷酸钠的抑菌效果更好。次磷酸盐可部分替代亚硝酸盐，但在防腐功能上仍然需要亚硝酸盐的协同作用。

13.4.4 抗氧化物替代亚硝酸盐

应用到肉制品中发挥抗氧化作用的亚硝酸盐替代物包括茶多酚、维生素 C，以及葡萄籽提取物和其他天然植物提取物。

13.4.4.1 茶多酚

茶多酚是一种优良的天然食品抗氧化剂，主要成分为儿茶素类化合物，多来源于茶叶，具有良好的抗氧化性，可部分替代亚硝酸盐。将茶多酚添加到腊肉中，添加0.1%的量即可阻止腊肉中酸价和氧化值的升高，而0.05%的添加量则可抑制香肠哈败。对于乳化肠类产品，添加量在0.03%时的抗氧化活性较好，同时还具有促进发色的作用。将茶多酚部分替代亚硝酸盐生产火腿肠，发现火腿肠中的亚硝酸盐残留量较以往水平明显降低，而且油脂氧化酸败过程得到显著抑制，大大提高了货架期。

13.4.4.2　维生素C

维生素C又称抗坏血酸，其钠盐——抗坏血酸钠具有良好的水溶性。抗坏血酸、抗坏血酸钠等烯二醇类抗氧化剂有较好的分解亚硝酸盐的能力。工业生产中，在腌肉制品中加入维生素C等物质可将亚硝酸盐还原为一氧化氮（NO），NO可与肌红蛋白反应变为鲜红色，不仅有助于发色，还能缩短原料肉的腌制时间。同时，由于维生素C具有还原作用和除自由基的能力，可以延缓肉制类产品中脂肪的氧化进程，进而延长产品货架期。但是，维生素C及其钠盐的性质不稳定，其易受光照和热源影响而分解，并且降解亚硝酸钠的反应受环境温度、pH等因素影响较大，所以用维生素C降解亚硝酸钠时需要严格控制反应环境，优化工艺，故其应用于工业生产具有局限性。

13.4.4.3　葡萄籽提取物

葡萄籽等天然植物中的提取物富含多酚类物质，其抗氧化效果是维生素C和维生素E的30~50倍。将葡萄籽提取物作为抗氧化剂添加到牛肉、鸡肉、羊肉等肉制品中，无论是常温还是低温冻结贮藏，均可显著抑制硫代巴比妥酸值（TBARS）的上升，阻止储存期间产品脂肪的氧化。因此葡萄籽提取物可作为一种天然物质应用于低硝肉制品中。

13.4.4.4　其他天然植物提取物

葱、肉桂、大蒜、姜汁等香辛料提取物都具有较好的抗氧化作用，其中含有的有机硫化物能够有效阻断亚硝酸盐与胺类物质形成亚硝胺类化合物，有较好的防癌作用。芹菜、菠菜、萝卜、生菜的蔬菜粉制品可以阻断硝酸盐转化成亚硝酸盐的过程，是亚硝酸盐的天然替代物。所以在日常生活中，人们可以通过蔬菜与肉制品的合理搭配，来降低患癌概率。

13.4.5　增味剂替代亚硝酸盐

亚硝酸盐的增味作用可通过添加增味剂部分替代，包括一些氨基酸、核苷酸、有机酸，以及动植物水解蛋白、酵母提取物等。

谷氨酸钠等氨基酸类，是目前世界上生产最多、用量最大的一类鲜味剂，能赋予肉制品鲜味，增强腌肉制品风味。鸟苷酸和肌苷酸等核苷酸类，通常与谷氨酸钠配合使用，能使鲜味更加持久丰富。琥珀酸二钠等有机酸类，则可用于水产制品、火腿等产品中。动植物水解蛋白是由肉类或含蛋白的植物类原料通过水解制得，主要用于生产高级调味品和营养强化食品的基料和肉类香精原料。酵母提取物（又称酵母抽提物或酵母浸出物）以面包酵母、啤酒酵母等为原料制成，添加到肉品中不仅可增鲜，还可掩盖苦味和异味，获得更加温和丰满的口感。这些物质可部分替代亚硝酸盐，从而达到低硝的目的。

第 **14** 章

新型肉制品加工技术展望

据统计，我国肉制品总产量与以前相比增长较快，是世界上最大的猪肉加工国，也是排行第一的肉制品消费国，但我国的人均肉类消费量却并不多。从产品结构来看，初加工产品所占比例多，而深加工产品所占比例小。从产品质量来看，原料肉的卫生条件比较差，加工处理技术落后。同时加工产品的种类比较少，产品单一。高新技术在加工中的应用更是少之又少。随着社会进步，人们对健康饮食逐渐重视，因此提高肉制品质量，将"绿色、健康、安全"的新型技术与肉制品加工相结合受到越来越多的关注。新型加工技术，如超声波、超高压、微波、脉冲电场、新型滚揉技术等在改善肉制品品质、杀菌、解冻等方面发挥了重要的作用。

14.1 ▶▶ 超声波

近几年，随着人们生活水平和健康意识的逐渐提升，人们的消费观念发生转变，对于无外源添加剂或外源添加剂较少的食品更加青睐。而肉制品作为日常生活中必不可少的高营养物质，更加要求绿色健康。超声波技术是一种绿色的非热物理加工技术，具有能耗少、能量高、损害小、无化学残留、瞬时高效、穿透力强等优点，能够改善肉品品质，促进腌制，辅助冷冻和解冻，协同杀菌等。

14.1.1 超声波原理

超声波是指频率在 20 kHz 及以上的声波，常见的超声波设备使用频率为 20 kHz~10 MHz。根据频率和能量，超声波通常分为两种类型：低强度高频率（频率>1 MHz，强度<1 W/cm²）的超声波和高强度低频率（20~100 kHz，10~1000 W/cm²）

的超声波。高强度低频率超声波主要用于食品加工领域。

超声波的作用机理主要有空化效应、机械效应和热效应。超声波空化效应是指存在于液体中的微气核空化泡在声波的作用下振动，当声压达到一定值时发生的生长和崩溃的动力学过程。空化效应的产生是由于超声波通过介质传播时，液体介质分子发生周期性的交替拉伸和压缩，这种交替变化会导致液体介质中形成气泡。在超声波的作用下，气穴气泡在短时间内振荡、生长，达到临界尺寸时，在高声压下变得不稳定并剧烈坍塌和破裂，产生高温和高压。机械效应是指空化效应过程中伴随的局部高压、湍流及高能剪切力；热效应是指介质吸收超声波产生能量后发生剧烈振荡，介质之间相互摩擦导致温度上升的过程。

14.1.2　超声波在肉制品加工中的应用

肉制品的理化特性直接影响消费者的接受程度。因此，将一种新技术或新方法应用于肉制品加工时，其对肉制品品质、理化特性的影响至关重要。

14.1.2.1　改善肉制品品质

超声波技术可改善肉制品嫩度、持水性等，显著提升肉制品品质。超声波对肉嫩度的影响可以归因于两个主要方面：直接破坏肌肉组织结构完整性和间接激活相关酶活性。一方面，超声波循环周期中，局部产生的正负交替压力使介质发生压缩或膨胀，导致肌细胞破裂和肌原纤维蛋白结构被破坏，肌纤维沿 Z 线和 I 带断裂；另一方面，由于超声波破坏了组织结构完整性，组织蛋白酶从溶酶体中释放，钙离子从细胞内流出，激活钙蛋白酶，促进蛋白质水解。如超声处理后的五香牛肉肌原纤维间隙增大，肌原纤维沿 Z 线断裂，导致肌肉膨胀和破裂，有效改善了五香牛肉嫩度。超声处理后，鸡肉肌纤维内及周围空化气泡的内爆破坏了肌纤维成分，导致鸡胸肉剪切力显著下降，嫩度提升。同时，超声波产生的机械效应能破坏肌原纤维的结构，有助于肌原纤维容纳更多水分；此外，适当的超声处理会促进蛋白质展开，形成均匀、致密的凝胶网络，从而提高肉制品持水性。

14.1.2.2　腌制

腌制是肉制品加工中常用的保鲜方法，对提高肉制品嫩度、质构、持水性等品质特性十分有益。由于肌肉组织是一个复杂的基质，肌肉中存在肌间脂肪和肌内脂肪，使盐分在肉中的扩散十分缓慢，容易导致盐分分布不匀、腌制时间过长等问题，增加生产成本。其中，超声波作为一种新兴食品加工技术，具有很强的穿透力，能够在不损害肉制品品质的情况下加速腌制过程，是一种很好的促进腌制的方法。

超声辅助碳酸氢钠腌制鸡胸肉时发现，利用超声辅助腌制的鸡胸肉对腌制液的吸收率和鸡胸肉中氯化物含量明显较高，腌制效果得到了改善。可能是由于超声过程中，空化效应排出气体，破坏肌肉组织，使肌束之间的间隙增大，同时肌肉组织内的负压降低了腌料进入肉块的阻力，因而有利于盐水扩散到鸡胸肉组织中。因此，超声能有效缩短肉制品的腌制时间，并促进盐在肉类产品中的均匀分布，提升腌制效率。

14.1.2.3 冷冻和解冻

肉制品因富含蛋白质而容易腐败，因此常用冷冻方式贮藏，冷冻肉制品质量主要取决于冰晶大小状态。通常，缓慢冷冻会产生大且不规则的细胞外冰晶，导致肌肉结构的破坏，从而降低肉类产品的品质；而快速冷冻会产生细小而均匀的细胞外和细胞内冰晶，减小对肌肉组织结构的破坏。与传统冷冻方法相比，超声波具有快速、高效、高能的特点，能在较高温度下诱导晶核形成，能通过碎裂冰晶增加晶核数目，并减小冰晶尺寸，因此可作为一种快速冷冻技术提高冷冻效率。研究表明超声辅助浸渍冷冻能显著加快猪肉的冷冻速率，减小冰晶尺寸，使冰晶分布更均匀，同时超声辅助浸渍冷冻猪肉的色泽、蒸煮损失与新鲜猪肉相比无显著差异。超声波不仅能缩短冷冻所需要的时间，还有助于抑制冷冻肉类产品冻藏过程中的受损和变质。

解冻是冷冻肉及肉制品进一步加工前必不可少的过程，可能会改变肉类产品理化性质，导致肉类产品质量降低。与传统解冻相比，超声波解冻能将声能转化为热能，在加速解冻的同时，降低解冻对肉类产品质量的不良影响。

14.1.2.4 杀菌

超声波产生的局部高压、剪切力、温度梯度等会破坏生物细胞壁、细胞膜和DNA，促进细胞死亡，因此，超声波技术可用于无损杀菌。例如，超声处理（40 kHz、11 W/cm^2）导致牛肉中所含的嗜中性菌，特别是大肠杆菌和嗜冷菌菌数减少。超声也可有效抑制牛背长肌中嗜温、嗜冷和大肠菌群污染。然而，想要达到完全灭菌的效果，超声波单独处理需要非常高的超声强度，因此常联合其他杀菌技术（如高压、热处理、杀菌剂等），以达到满意的杀菌效果。如超声波与巴氏杀菌联用能有效抑制嗜冷菌和乳酸菌生长；超声波和弱酸性电解水对抑制金黄色葡萄球菌生物膜污染具有协同性。因此，不能局限于超声波技术本身对工艺的改良，还应将超声波技术与其他技术结合，充分发挥超声波的优势。

14.2 ▸▸ 超高压

超高压技术（ultrahigh pressure，UHP）是一项高效率、低能耗、无毒无害的非热处理技术，能改变蛋白质空间结构，导致蛋白质变性、聚集或凝胶化。超高压技术能够较好地保留食物固有的感官品质（质地、颜色、外形、生鲜风味、滋味和香气等）以及营养成分（维生素、蛋白质、脂质等），也能够更好地保持产品的质构和口感，在肉制品加工领域有很好的应用前景。

14.2.1　超高压原理

超高压技术是将食品原料包装后密封于超高压容器中（以水或其他流体介质作为传递压力的媒介物），在一定的静高压（压力范围是 100~1000 MPa）和温度范围内处理一段时间，能导致食品成分中的非共价键（例如氢键、离子键和疏水键等）破坏或形成，从而使食品中的酶、蛋白质或淀粉等大分子物质失活、变性或者糊化，还能杀灭食品中的细菌等微生物，最终达到食品灭菌、保藏和加工的目的，同时对食品的原有食用品质基本没有任何负面影响。

14.2.2　超高压在肉制品加工中的应用

14.2.2.1　杀菌

与热处理方法相比，超高压杀菌实现了食品在常温或较低温度下杀菌，较好地保持食品原有的感官品质和营养成分。超高压处理能抑制小龙虾仁的硫代巴比妥酸值、挥发性盐基氮（TVB-N）值及菌落总数的上升，压力越高，抑制效果越显著。在500 MPa 超高压下处理鳕鱼和鲭鱼，发现超高压处理能够抑制细菌菌群，使产品贮藏时间长达 26 天而未腐败。

14.2.2.2　改善肉制品的质构

蛋白溶液经超高压处理后形成的凝胶中二硫键含量明显升高，凝胶网络结构趋于致密，质地逐渐细腻，凝胶强度和保水性都增大。通过研究鸡胸肉肌原纤维蛋白（MP）凝胶的微观结构显示，经过 200 MPa 超高压处理后，MP 凝胶网络更加致密和均匀，呈现典型的"蜂窝"状结构。这种凝胶网络结构有益于增强凝胶强度，并且可以束缚更多的水分，从而增强凝胶保水性。超高压处理会导致蛋白质变性，影响蛋白凝胶的性质进而影响肉制品的质构特性。

14.2.2.3　改善肉制品嫩度

嫩度是指肉的柔软程度，适宜的压力可以提升肉制品的嫩度。在超高压压力条件下处理的样品，咀嚼性好，硬度适中，口感佳，质地优良；而未经超高压处理的样品则咀嚼性较差、偏软、口感欠佳。高压条件下促使蚌肉肌纤维破裂，肌肉结构中大分子物质发生解聚，蚌肉弹性增加较为明显，蚌肉嫩度得到改善。值得注意的是，高压处理对嫩度的影响，并非压强越高越好。如当压力升至 300 MPa 时，乳化肠硬度显著下降，储能模量急剧降低，内部形成了碎片化的松散结构，不利于形成良好的品质。因此，超高压应用于肉制品加工中应选择合适的条件。

14.2.2.4　改善肉制品色泽

超高压处理通常会降低食品色泽的可接受度。经高压处理后肉类会变白，原因是高压导致的球蛋白变性及肌肉失水。这种变化一般是不利的，如水产品加工中，超高压处理影响罗非鱼片外观颜色变化，可能会阻碍其商业化；而河蚌肉经超高压处理后肌红蛋白总量降低，河蚌肉色泽总体呈现黄白色或白色，影响到综合评分。对猪肉的研究也有类似的结果。随着超高压处理压强增大，猪肉质量损失增大，肉块形状收缩，色泽从红色变为白色、灰白色。不过也有研究表明，超高压处理对肉类颜色的影响不显著，甚至在某些条件下可起到改善作用。如虾肉在室温下 L^*（明度）值和 b^*（黄度）值随着压力和时间的增加而增加，但是 a^*（红度）值随着压力和时间的增加而减少，从而赋予虾肉更明亮和温和的外观。所以，针对不同肉类产品，消费者对色泽的喜好会有所不同。因此，在评价超高压对肉色的影响时，应考虑消费者偏好因素。

14.2.2.5　解冻冷藏

超高压技术应用于肉类的冷冻，可保持肉质并提高效率。高压处理在解冻不同类型肉上效果有所差异。有针对三黄鸡的研究表明，超高压可以加快解冻速度，但同时会造成汁液流失增加、颜色变化、硬度和咀嚼性升高、酶活和可溶性蛋白含量下降等，因此，超高压可能并不适合三黄鸡解冻。而另一项针对银鲳鱼的研究显示高压解冻处理可显著缩短解冻时间，降低蒸煮损失和解冻损失，并且解冻后质构性质更好，脂质氧化更低。高于 150 MPa 的会导致肉色显著改变。因此，100 MPa 高压解冻可用于高品质冷冻鱼类产品。

一般的冷冻保藏经冷冻和解冻后，由于冰晶的影响，肌肉组织往往发生不可逆变性影响，破坏肉制品品质。超高压不冻冷藏优势在于，水在高于 200 MPa 压力处理影响下，即使在−20 ℃时仍处液体状态，可以有效避免冰晶的产生，结合超高压本身的抑菌和灭菌作用，可使肉制品长期冷藏保存。有研究发现肉制品在常压−19 ℃冷冻保藏和在常温 200 MPa 超高压下保藏效果非常相似。而超高压不冻冷藏不仅可以杀灭抑制腐败菌，而且食用时无需解冻，可以有效降低能耗。

14.3 ▶▶ 微波

微波技术是一种加热速度快、效率高、低能耗、安全无污染的热加工技术,且微波具有可控性,切断电源后立即停止加热,易于精确掌控加热状态。相比于常规加热方法,微波加热耗时短,无外部污染物,且能很好保留食品原有的营养成分和风味,因而能很好保证食品质量。所以,近年来微波技术越来越多地应用于肉制品加工中。

14.3.1 微波原理

微波是一种频率范围在 300 MHz~300 GHz 之间的电磁波,对应的波长分别是 1 m 和 1 mm。工业微波的频率是 915 MHz 和 2450 MHz,而家用微波炉的频率通常是 2450 MHz。与传统的热传导加热不同,微波加热时极性分子在微波高频电场的作用下产生剧烈运动,导致分子间摩擦,产生大量的摩擦热。由于水是极性分子,所以物料在有水存在时会被加热。此过程是由微波的电能直接转换为材料的热能,使物料的内部和外部被同时加热。微波具有比较良好的穿透性和被吸收性,它可以穿过陶瓷、玻璃、耐热塑料等容器,从而被食物吸收。

14.3.2 微波在肉制品加工中的应用

近年来,随着微波技术的发展,其在肉制品加工中的应用越来越广泛。目前微波技术主要应用于肉制品解冻、干燥、杀菌、萃取等方面。

14.3.2.1 微波解冻

传统解冻方式有自然解冻和水解冻,均解冻速度慢,耗时久,而且营养物质易流失,导致食品品质下降。而微波解冻可以使食品的表层和内部同时解冻,具有耗时短、均匀性和安全性好等特点。而且微波快速解冻后的食品品质几乎与新鲜产品无异。使用微波设备解冻冷冻肉品,既能减少解冻的时间和空间,增加解冻产量,又能使产品的品质得到提升。如四种不同解冻方式:热水解冻、冷水解冻、空气解冻和微波解冻,结果表明微波解冻效果最好,较好地保持了猪肉的品质。

14.3.2.2 微波干燥

传统干燥方法有风干、晒干、冷冻干燥和喷雾干燥。与传统干燥方法相比,微波加热干燥不但加热效率高,加热时间短,而且处理温度低,能够较好地保持物料中原有的物质成分,较好地保持物料中原有的色、香、味和营养物质含量。特别是对一些含有热敏性营养物质的食品，采用微波加热能够对其营养成分起到很好的保护作用。如利用微波干燥制得的牦牛肉干营养成分丰富，风味良好，感官接受程度较高。使用微波干燥时应依据不同产品选择恰当的加热功率及加热时间，提升干燥效率的同时也能够保证产品品质。

14.3.2.3 微波杀菌

微波杀菌机理具有热效应和非热效应两个方面。热效应理论认为，食品微生物细胞内的极性分子在外加交变电场的作用下，出现偶极化现象，开始高频振动并互相摩擦，由此产生的热效应使得温度升高，进而蛋白质结构发生变化而失去活性，微生物生命代谢和繁殖被阻断，微生物最终死亡。非热效应理论则认为在微波的作用下，生物体内产生了强烈的生物响应，一些高分子物（如蛋白质、核酸等）的聚合排列状态和运动规律发生异常改变，微波场的感应电子流通过干扰细胞膜两侧的离子分布使细胞膜破裂，破坏其生理代谢活动，导致微生物死亡。

微波杀菌的效果已经在各种肉制品加工中得到验证。如微波处理 20 s 能够有效抑制卤制猪肉菌落总数的增加，并保持较好的感官品质，货架期延长到 30 天以上。采用微波对兔肉进行杀菌处理，能够很好地保障兔肉的品质，同时延长了兔肉的保质期。同时微波对香肠制品具有良好的杀菌效果。

14.4 ▸▸ 脉冲电场

脉冲电场是一种非常有前景的非热加工技术。简言之，就是将样品放置在两个电极板之间，通过改变电压、频率和处理时间，对样品施加电压短脉冲。脉冲电场使食品的结构发生改变，不会产生有害微生物污染，处理时能量的损失比较小。相比于传统的热处理技术，脉冲电场处理作用时间短，能量损失小以及食品成分的变化较小，因而最大限度地保持食品色泽、风味和营养价值，其在学术界和食品行业日益受到关注。

14.4.1 脉冲电场原理

目前，关于脉冲电场对细胞的影响最广为接受的机制是细胞膜的电穿孔理论。电穿孔理论：脉冲电场会改变脂肪的分子结构和增大部分蛋白质通道的开度，细胞膜在外加电场的作用下收缩并形成小孔，使膜失去半透膜性质，小分子物质如水分子可透过细胞膜进入细胞内，致使细胞体积膨胀而死。

14.4.2 脉冲电场在肉制品加工中的应用

脉冲电场技术在肉制品中主要应用于肉类杀菌、改善肉制品嫩度和过冷等几个领域。

14.4.2.1 杀菌

近十年来，脉冲电场杀菌在冷鲜鱼肉、鸡肉、羊肉、牛肉、猪肉和肉糜加工等制品中得以应用，多数研究结果显示脉冲电场对肉品表面部分微生物有显著杀灭作用。

脉冲电场通过形成亲水性孔，打开细胞膜中的蛋白质通道，导致酶失活以及破坏致病微生物。在高电场强度大于 20 kV/cm 下，脉冲电场在大气温度或接近大气温度下对许多腐败菌和致病菌具有致死性的作用。在高电场强度为 65 kV/cm 下，脉冲电场对鸡胸肉中病原微生物（如弯曲菌属、大肠杆菌和肠炎沙门菌）有明显杀灭作用。脉冲电场可以用作常规巴氏杀菌工艺的替代品，用来杀死肉制品中微生物，同时保留产品的营养及感官特性。

14.4.2.2 改善肉制品嫩度

脉冲电场能够用于改善肉制品嫩度。电场强度 2 kV/cm，脉冲数 100 处理可改善猪肉组织的持水性，减少蒸煮过程中的质量损失，使产品质地更加柔软。高压脉冲电场对肉的嫩化作用可能是由于电场破坏了肌肉细胞膜，使得 Ca^{2+} 释放，而使肉质变嫩。与其他一些嫩化方法不同，脉冲电场加工不会引起副作用，例如严重的结构破坏、发生氧化变化以及产生异味。此外，它不会产生环境污染。

14.4.2.3 过冷

过冷是指将温度降低到产品通常的冰点以下而不形成冰晶的过程，过冷是水的亚稳态，可以用来防止由于冷冻过程中冰晶的形成而导致解冻时肉质下降。有报道研究发现电场和磁场处理相结合会影响水分子的迁移性，并探索了这两种技术的结合来实现鸡胸肉过冷状态的扩展。脉冲电场有希望在改善冷冻肉制品品质中得到应用。

14.5 ▶▶ 新型滚揉技术

随着现代肉类工业的发展，滚揉技术已经作为一种高效腌制方法被广泛应用于肉制品加工中。滚揉技术常与注射腌制相结合，可以改善肉品品质，增强其嫩度。但传统滚揉技术具有局限性，其腌制效率较低，腌制时间长，仍不能满足高效腌制的要求，因此将滚揉技术协同新型加工技术应用于肉制品中，开发出不同种类的新型滚揉技术势在必行。

14.5.1　滚揉技术原理

在滚揉过程中，肉块在滚揉筒中不断地旋转，通过机械作用使肉块不断发生碰撞、摩擦，肌原纤维发生松弛断裂。此时肌肉的完整细胞被破坏，使腌制液更易渗入，同时渗透压促进腌制液在肌束和肌纤维之间迁移，使其在原料肉中分布得更快、更均匀，提升腌制效率，缩短腌制时间。此外，滚揉导致肌细胞被破坏，大量钙离子被释放，从而激活并提高了 μ-calpain（钙激活中性蛋白酶）的活性，从而降解了维持肌纤维结构的细胞骨架蛋白，提高了肉制品嫩度。

滚揉技术也可降低产品的蒸煮损失。滚揉促进了腌制液中阴离子与肌肉中阳离子结合，导致更多带负电荷的多肽链羧基末端被释放，从而增大了体系的静电斥力，给水提供了更多的空间；同时滚揉使肌纤维断裂，作为黏合剂的肌纤维蛋白数量增加，因滚揉作用移动到肌肉表面，增强产品的保水性。

14.5.2　新型滚揉技术在肉制品加工中的应用

因现代肉制品加工需要，常根据加工环境、加工要求将新型腌制技术协同滚揉技术联合使用以提高加工效率，例如，脉动真空、超声波、超高压、脉冲电场、冲击波等，而目前已有部分技术应用于肉制品加工中。

14.5.2.1　脉动真空滚揉

脉动真空腌制技术是一种高效的静态腌制方法，是指在腌制的过程中压力在真空和常压的周期性交替变化过程，能比较好地保存产品形状，缩短腌制时间。

将脉动真空腌制与滚揉技术联用，具有更好的效果。原料肉在滚筒中不断摔打、摩擦，产生机械冲击力，使得肌纤维松弛，肌肉结构松散，又因为在滚揉过程中真空与常压的周期性变化而产生动力机制。在真空阶段，滚揉使肉的组织结构膨胀，迫使肉内部的气体被抽出，导致肉组织中产生细小空隙，到常压阶段时，腌制液便从这些孔隙渗透入肉的内部，如此反循环往复，提高了腌制率。例如，对比静态液体腌制，常压滚揉腌制、真空滚揉腌制、脉动真空滚揉腌制对猪肉的腌制吸收率都是显著增加的，其中脉动真空滚揉的腌制效率最高，蒸煮损失和剪切力最小。而在腌制牛肉时，利用脉动真空滚揉技术得到的产品出品率达到 117.88%，腌制吸收率为 99.37%，蒸煮损失为 12.54%，显著优于静置腌制和常压滚揉腌制。脉动真空腌制与滚揉技术联用相较于传统滚揉方式更有利于腌制液的吸收，能有效提升腌制效率。

14.5.2.2 变压滚揉

真空加压腌制，又叫变压腌制，是采用真空和加压周期性变化的腌制技术，能够有效改善肉制品的品质和色泽。

将真空加压腌制与滚揉技术结合即为变压滚揉腌制技术，又称为呼吸式滚揉腌制技术，是在滚揉的过程中以真空和压力交替变换的环境中对肉块进行腌制的技术。在腌制的过程中，肉块内部交替出现松弛和压缩，使得腌制液周期性地进入或者排出肉块组织结构中，从而提高腌制效率。与传统滚揉技术相比，变压滚揉过程中，物料在滚筒内不仅需要克服因翻滚作用产生的摩擦阻力，还需克服由于压力的变化产生的气体摩擦力，从而增加了机械力的整体冲击力，加速了肉块的嫩化速度。此外，传统真空滚揉需注意滚揉的时间和真空度，一旦真空度过高，腌制液和肉块组织中的营养成分就会过度渗出，蛋白质性质会完全改变，而变压滚揉会在一定程度上减少这种不利影响。研究表明相较于真空滚揉，变压滚揉能够有效地改善猪肉的咀嚼性和硬度，提高了产品的出品率。

变压滚揉能有效提高腌制效率，减少腌制时间，改善肉品品质。但变压滚揉对设备材料的要求较高，不但需要耐高压，还需要耐低温，这是因为在滚揉过程中，为了防止机械摩擦产生高温，促使原料肉中微生物生长繁殖，影响产品的货架期。所以将变压滚揉与产品参数（如 pH、含盐量、微生物存活率等）相结合的研究还有待进一步深入探索。

14.5.2.3 超声辅助变压滚揉

近年来，超声波技术作为一种创新性食品加工技术，越来越多地应用于肉制品加工中。许多研究表明超声处理能够使腌制更加均匀有效，显著提高腌制率。

将超声波与滚揉技术联用也是现代肉制品腌制技术的一个研究方向。超声波具有强大的穿透力，在介质中能够形成空穴，随着声波的不断循环推进，在肉制品组织中形成的空穴发生塌陷，释放出高温和压力，破坏了肌肉的微观结构，Z 线发生断裂并使得肌动球蛋白解离，细胞的完整性被破坏，加快了腌制液的渗透率。经过超声处理后的猪肉保水性和组织结构都会有所改善，且食盐渗透率较高，缩短了腌制时间，降低了蒸煮损失，提高了产品品质。此外在变压滚揉的作用下，肌纤维相互碰撞挤压，其表面张力下降，再加上配合气体压强变化，周期性作用于肌纤维上，使肌肉结构松散，细胞膜失去屏障作用，因此硬度再次降低，腌制液更易渗透。对鸡肉腌制采用静态液腌、真空滚揉、超声辅助变压滚揉后，发现超声辅助变压滚揉后的鸡肉持水力最强，结构性能最好，腌制效率也最高。超声处理结合变压滚揉可以显著提高原料肉的嫩度、吸收率和口感，加速肌球蛋白轻链的降解，其原因是间歇性的超声作用使溶解在肌肉中的气体快速释放，有规律的压力波动使肌肉组织内部或与盐水之间产生强烈的分子振动，两者的协同作用提高了产品品质。

超声波辅助变压滚揉腌制优于传统滚揉腌制，但在实际操作中对超声强度及各种参数设置还在初级研究阶段，声波强度过高可造成蛋白质过度变性，这将直接影响产品品质。实际生产加工中，超声能够诱导水分子同源裂变，引入易使产品氧化的自由基，因此，工业上使用超声波时应考虑引入自由基淬灭剂来控制。此外，带有超声模式的变压滚揉机成本较高，相较于传统真空滚揉机操作较难，工业化生产具有一定的难度。

参考文献

[1] 曹玮. 超高压处理对皖西白鹅食用品质的影响及在其产品中的应用[D]. 合肥：安徽农业大学, 2015.

[2] 成永帅. 斩拌、搅拌和腌制对鸡胸肉糜及烤肠品质影响的研究[D]. 南京：南京农业大学, 2019.

[3] 崔艳飞. 斩拌对肉糜制品乳化特性的影响[D]. 郑州：河南农业大学, 2010.

[4] 董学文, 张苏苏, 李大宇, 等. 脂肪替代物在肉制品中应用研究进展[J]. 食品安全质量检测学报, 2017, 8(6): 1961-1966.

[5] 高艳蕾, 张丽, 余群力, 等. 动物脂肪替代物及其在肉制品中的应用研究进展[J]. 食品与发酵工业, 2021, 15: 315-324.

[6] 顾恩特尔·海因茨, 彼得·霍辛吉. 中小规模肉类加工企业生产技术手册[M]. 北京: 中国农业出版社, 2009.

[7] 顾思远. 超声波在肉品加工中应用研究[J]. 现代食品, 2019, 12: 95-97.

[8] 管俊峰, 李瑞成. 超声波技术在肉品加工中的研究进展[J]. 肉类研究, 2010, 24(7): 82-85.

[9] 韩格, 秦泽宇, 张欢, 等. 超高压技术对低盐肉制品降盐机制及品质改良的研究进展[J]. 食品科学, 2019, 40(13): 312-319.

[10] 郝修振, 申晓琳. 畜产品工艺学[M]. 北京: 中国农业大学出版社, 2015.

[11] 胡娟. 脉冲电场对肌原纤维蛋白结构、乳化及凝胶特性的影响[D]. 扬州：扬州大学, 2021.

[12] 胡志军, 彭增起, 汪张贵, 等. 肉糜的乳化及斩拌终点的研究进展[J]. 食品工业科技, 2010, 31(06): 353-357.

[13] 黄亚军, 周存六. 超声波技术在肉及肉制品中的应用研究进展[J]. 肉类研究, 2020, 5: 91-97.

[14] 孔保华, 韩建春. 肉品科学与技术[M]. 2版. 北京: 中国轻工业出版社, 2011.

[15] 孔保华, 陈倩. 肉品科学与技术[M]. 北京: 中国轻工业出版社, 2018.

[16] 李培迪, 张德权, 田建文. 低盐低脂功能性肉制品的研究进展[J]. 食品工业科技, 2014, 35(16): 391-394.

[17] 李鹏, 王红提, 孙京新, 等. 超声辅助变压滚揉对鸡肉蛋白质结构及含水量的影响[J]. 农业工程学报, 2017, 33(16): 308-314.

[18] 廖彩虎, 芮汉明, 张立彦, 等. 超高压解冻对不同方式冻结的鸡肉品质的影响[J]. 农业工程学报, 2010, 26(2): 331-337.

[19] 彭增起, 毛学英, 迟玉杰. 新编畜产食品加工工艺学[M]. 北京: 科学出版社, 2021.

[20] 任双, 叶浪, 乔晓玲, 等. 天然抗氧化剂替代部分亚硝酸钠对乳化肠护色及抗氧化效果的影响[J]. 肉类研究, 2018, 1: 9-15.

[21] 宋玉. 竹笋膳食纤维的改性及在中式香肠中的应用研究[D]. 贵阳：贵州大学, 2018.

[22] 孙迪, 张志国. 低硝肉制品研究进展[J]. 中国调味品, 2016, 41(6): 156-160.

[23] 孙平. 新编食品添加剂应用手册[M]. 北京: 化学工业出版社, 2016.

[24] 王柏琴, 杨洁彬, 刘克. 红曲色素在发酵香肠中代替亚硝酸盐发色的作用[J]. 食品与发酵工业, 1995(3): 60-61.

[25] 王建新, 衷平海. 香辛料原理与应用[M]. 北京: 化学工业出版社, 2017.

[26] 王仕钰, 张立彦. 有机酸味剂对低钠盐增咸作用的研究[J]. 食品工业科技, 2012, 33(6): 370-373.

[27] 王卫. 硝盐在肉制品中的作用及其替代物应用[J]. 四川农业科技, 2018, 8: 50-52.

[28] 谢媚, 曹锦轩, 张玉林, 等. 高压脉冲电场杀菌技术在肉品加工中的应用进展[J]. 核农学报, 2014, 28(1): 97-100.

[29] 杨琪, 唐善虎, 韦婕妤. 不同钙盐、植物蛋白、膳食纤维对牛肉糜质构特性的影响[J]. 食品科学, 2018, 43(11): 142-148.

[30] 余健, 郇延军. 低钠复合腌制剂对干腌咸肉品质的影响[J]. 食品工业科技, 2018, 39(7): 197-202.

[31] 余涛, 许倩, 牛希跃, 等. 低盐肉制品加工技术研究进展[J]. 食品与机械, 2019, 218(12): 214-220.

[32] 詹文圆. 肉制品加工中变压滚揉腌制技术研究[D]. 无锡：江南大学, 2008.

[33] 赵改名, 银峰, 祝超智, 等. 滚揉腌制对牛肉盐水火腿品质的影响[J]. 食品科学, 2020, 41(15): 72-78.

[34] 赵宏蕾, 常婧瑶, 刘骞, 等. 乳化肉糜制品中降低磷酸盐的加工技术新策略研究进展[J]. 食品科学, 2021, 42(7): 329-335.

[35] 郑海波, 朱金鹏, 李先保, 等. 高压和食盐对鸡肉肠品质特性的影响[J]. 食品科学, 2018, 39(21): 109-115.

[36] GB/T 9959.2—2008.

[37] GB/T 29605—2013.

[38] GB/T 24864—2010.

[39] GB/T 27643—2011.

[40] GB/T 22210—2008.

[41] GB/T 4789.17—2003.

[42] GB/T 9961—2008.

[43] GB/T 17238—2008.

[44] GB 16869—2005.

[45] GB/T 9959.3—2019.

[46] GB/T 39918—2021.

[47] NY/T 631—2002.

[48] NY/T 676—2010.

[49] NY/T 1760—2009.

[50] NY/T 1760—2009.

[51] NY/T 630—2002.

[52] NY/T 1759—2009.

[53] GB 29921—2013.

[54] 朱蓓薇, 张敏. 食品工艺学[M]. 北京：科学出版社, 2018.

[55] Campagnol, P. C. B., Dos Santos, et al. Lysine, disodium guanylate and disodium inosinate as flavor enhancers in low-sodium fermented sausages. Meat Science, 2012, 91, 334-338.

[56] Cichoski, A. J., Rampelotto,et al. Ultrasound-assisted post-packaging pasteurization of sausages. Innovative Food Science and Emerging Technologies,2015, 30, 132-137.

[57] Garcia, E., Totosaus. Low-fat sodium-reduced sausages: Effect of the interaction between locust bean gum, potato starch and κ-carrageenan by a mixture design approach. Meat Science, 2008, 78, 406-413.

[58] Kang Z L, Wang T T, Li Y P, et al. Effect of sodium alginate on physical-chemical, protein conformation and sensory of low-fat frankfurters. Meat Science, 2020, 162, 1-7.

[59] Li Y, Feng T, Sun J X, Guo L P,et al. Physicochemical and microstructural attributes of marinated chicken breast influenced by breathing ultrasonic tumbling. Ultrasonics Sonochemistry, 2020, 64, 1-11.

[60] Powell, M. J., Sebranek, et al. Evaluation of citrus fiber as a natural replacer of sodium phosphate in alternatively-cured all-pork Bologna sausage. Meat Science, 2019, 157, 107883.

[61] Zhang Z Y, Yang Y L, Zhou P, et al. Effects of high pressure modification on conformation and gelation properties of myofibrillar protein. Food Chemistry,2017, 217, 678-686.